全国高职高专“十三五”规划教材

大学计算机应用基础教程

主　编　舒望皎　訾永所

副主编　赵云薇　邱鹏瑞

中国水利水电出版社
www.waterpub.com.cn
·北京·

内 容 提 要

本书根据教育部大学计算机课程教学指导委员会对大学计算机基础课程教学基本要求，以及云南省普通高等学校非计算机专业学生计算机知识及应用能力一级考试大纲的要求，充分考虑应用型本科及高职高专院校各专业学生的特点及培养目标的需要，以及各专业学生的基础差异，以实现分类、分层的多样化教学目标而编写。

全书由计算机基础知识，Windows 7 操作系统，文字处理软件 Word 2010，电子表格处理软件 Excel 2010、演示文稿制作软件 PowerPoint 2010、数据库管理系统 Access 2010、计算机网络与应用、多媒体技术基础、网页设计基础等内容组成。在编写方法上突出实用性，注重学生的基本技能和计算机再学习思维能力的培养。

本书具有"系统、实用、通俗"的特点，理论叙述语言精炼，实例引用丰富且注重与生产、生活实践贴近。学生通过本书的学习和本书配套的实训教程的实训训练，可以达到掌握计算机基础操作，理解计算机基础原理和基本方法，具备解决实践问题的能力。

图书在版编目（CIP）数据

大学计算机应用基础教程 / 舒望皎，訾永所主编. -- 北京 : 中国水利水电出版社，2017.7（2019.7 重印）
全国高职高专"十三五"规划教材
ISBN 978-7-5170-5385-9

Ⅰ. ①大… Ⅱ. ①舒… ②訾… Ⅲ. ①电子计算机－高等职业教育－教材 Ⅳ. ①TP3

中国版本图书馆CIP数据核字(2017)第100247号

策划编辑：寇文杰　责任编辑：李 炎　封面设计：李 佳

书　名	全国高职高专"十三五"规划教材 大学计算机应用基础教程 DAXUE JISUANJI YINGYONG JICHU JIAOCHENG
作　者	主　编　舒望皎　訾永所 副主编　赵云薇　邱鹏瑞
出版发行	中国水利水电出版社 （北京市海淀区玉渊潭南路 1 号 D 座　100038） 网址：www.waterpub.com.cn E-mail：mchannel@263.net（万水） sales@waterpub.com.cn 电话：（010）68367658（营销中心）、82562819（万水）
经　售	全国各地新华书店和相关出版物销售网点
排　版	北京万水电子信息有限公司
印　刷	三河市铭浩彩色印装有限公司
规　格	184mm×260mm　16 开本　17.25 印张　423 千字
版　次	2017 年 7 月第 1 版　2019 年 7 月第 3 次印刷
印　数	15001—21000 册
定　价	35.00 元

凡购买我社图书，如有缺页、倒页、脱页的，本社营销中心负责调换

前　言

“大学计算机应用基础”是应用型本科及高职高专院校各专业学生的一门公共基础课程，是学校各专业学生计算机应用能力及计算机再学习思维能力培养的基础，在实现人才培养目标中具有重要的基础地位和作用。本书根据教育部大学计算机课程教学指导委员会对大学计算机基础课程教学基本要求，以及云南省普通高等学校非计算机专业学生计算机知识及应用能力一级考试大纲的要求，充分考虑应用型大学及高职高专各专业学生的特点及培养目标的需要，以及各专业学生的基础差异，以实现分类、分层的多样化教学目标而编写。

全书由计算机基础知识、Windows 7 操作系统、文字处理软件 Word 2010、电子表格处理软件 Excel 2010、演示文稿制作软件 PowerPoint 2010、数据库管理系统 Access 2010、计算机网络与应用、多媒体技术基础、网页设计基础等内容组成。在编写方法上突出实用性，注重学生的基本技能和计算机再学习思维能力的培养。本书内容具有“系统、实用、通俗”的特点，理论叙述语言精炼，实例引用丰富且注重与生产、生活实践贴近。学生通过本书的学习和本书配套的实训教程的实训训练，可以达到掌握计算机基础操作，理解计算机基础原理和基本方法，具备解决实践问题的能力。

在教学方面，各学校可根据课时和各专业学生的实际情况，选取教材所需内容进行教学，其他内容可作为自修或选修内容进行学习；在教学方法上，可先操作实训，后理论讲解。理论和概念性的内容可以采取精炼讲解并指导学生自学的方法，操作性的内容可以通过介绍软件特点和使用方法以及具体案例应用来掌握软件的使用，过程中要突出培养学生对计算机软件使用方法的触类旁通，举一反三的学习思维能力。

本书建议的教学总学时为 43～54 学时，每章的教学课时安排参考如下：

章节	学时
第 1 章　计算机基础知识	3～4
第 2 章　Windows 7 操作系统	6
第 3 章　文字处理软件 Word 2010	6～8
第 4 章　电子表格处理软件 Excel 2010	6～8
第 5 章　演示文稿制作软件 PowerPoint 2010	4～6
第 6 章　数据库管理系统 Access 2010	4～6
第 7 章　计算机网络与应用	4
第 8 章　多媒体技术基础	6～8
第 9 章　网页设计基础	4

本书由长期从事计算机基础教学的一线教师共同编写完成，由舒望皎、訾永所任主编，赵云薇、邱鹏瑞任副主编。第 1 章由赵云薇、王瑛淑雅编写，第 2 章由舒望皎、罗玲、刘云昆编写，第 3、4 章由舒望皎编写，第 5 章由杨正元编写，第 6 章由钱民编写，第 7 章由邱鹏瑞

编写，第 8、9 章由訾永所编写，全书的目录审定及统稿由舒望皎负责完成，赵云薇负责课件制作工作，周永莉，陈春兰，尹晟，郑凌参加了大纲讨论和部分编写工作，编写过程中得到了王跃及崔霞主任的大力支持，在此表示衷心的感谢。

本书提供了电子教案及相关的教学资源（课件、案例素材、样张、习题答案等）可供使用本教材的学校和教师使用，读者可与作者联系，联系邮箱 shuwangjiao@126.com。由于时间仓促及作者水平有限，书中难免有不妥甚至错误之处，恳请读者批评指正。

作 者

2017 年 4 月

目　　录

第 1 章　计算机基础知识

1. 了解计算机的定义、特点、分类和应用领域。
2. 了解计算机发展历程和计算机发展趋势。
3. 掌握计算机系统的组成及软件系统和硬件系统的基本知识。
4. 了解计算机的基本工作原理。
5. 掌握几种数制之间的转换及信息在计算机中的编码。
6. 熟悉微型机的硬件组成和软件配置。
7. 掌握计算机的主要技术性能评价指标。
8. 了解计算机安全的基本知识。
9. 掌握计算机病毒的基本知识及防范措施。
10. 了解非法访问及计算机电磁辐射和硬件损坏防范。

1.1　计算机概述

计算机是处理数据并将数据转化成有用信息的电子设备。也可以说计算机是一种可以接受输入、处理数据、生成输出并存储数据的电子装置。计算机具有运算速度快、计算精度高、可靠性高，通用性强、自动执行程序等特点，是人类 20 世纪最伟大的发明创造之一。

经过 70 年的发展，计算机的应用已经渗透到我们日常生活、学习、工作的方方面面。主要应用领域包括科学计算（SC）、数据处理（DP）、办公自动化（OA）、过程检测与控制（PD&C）、计算机辅助设计（CAD）、计算机辅助制造（CAM）、计算机集成制造系统（CIMS）、计算机辅助教学（CAI）、人工智能（AI）、计算机网络通信（CNC）、虚拟现实（VR）、多媒体技术应用（MTA）等。

随着计算机技术的不断发展和应用范围的日益广泛，计算机的类型越来越多样化。按用途可分为：通用机和专用机；按主要性能指标（如字长、存储容量、运算速度、规模和价格）可分为：巨型机、大中型机、小型机、工作站、微型机等。巨型机，也称为超级计算机，是指存储容量和体积最大、运算速度最快、价格最贵的计算机。它的运算速度在每秒百万亿次以上，主要应用于空间技术、中长期天气预报、战略武器实时控制等领域。微型机，也称为个人计算机（PC 机），是以微处理器为核心，在过去二十年中得到迅速发展，已成为计算机的主流。今天，微型机的应用已遍及社会的各领域，从工厂到政府，从商店到家庭，几乎无所不在。微型机种类很多，常见的有台式机、笔记本式计算机、个人数字助理（PDA）等。

1.1.1　计算机的发展

世界上第一台计算机 ENIAC（Electronical Numerical Integrator And Calculator）1946 年 2

月在美国宾夕法尼亚大学研制成功。之后每隔数年，计算机的软硬件都会有重大突破。从性能和电子元件角度看，计算机已经历了四代。

第一代（1946－1958 年）——电子管计算机时代，其特征是采用电子管作为计算机的基本元件，运算速度一般为每秒几千次至几万次，内存仅几千字节，用机器语言和汇编语言编写程序，计算机主要应用于科学计算。

第二代（1958－1964 年）——晶体管计算机时代，其特征是采用晶体管作为计算机的基本元件，运算速度达每秒几百万次，体积和价格比第一代计算机有所下降，用汇编语言、高级语言 FORTRAN 和 COBOL 编写程序，计算机主要应用于商业领域、大学和政府部门。

第三代（1964－1970 年）——中小规模集成电路计算机时代，其特征是采用中小规模集成电路（在几毫米的单晶硅片上集成几十个甚至几千个晶体管元件）作为计算机的基本元件，运算速度达每秒几千万次，计算机体积变得更小，价格更低，软件方面也日渐成熟。这时期的发展出现了操作系统，计算机被广泛应用于科学计算、文字处理、自动控制、信息管理等方面。

第四代（1964－今）——大规模集成电路计算机时代，其特征是采用大规模或超大规模集成电路（一块晶片包括了几十万到上百万个晶体管元件）作为计算机的基本元件，运算速度达每秒几百万到上亿次。这一时期计算机操作系统不断完善，应用软件层出不穷，计算机发展进入到以网络为特征的时代。

我国计算机从 1956 年开始研制，1958 年第一台计算机研制成功，1964 年第一台晶体管计算机问世，1971 年又成功研制出第一台集成电路计算机，1985 年研制出第一台 IBM 兼容微型机，2001 年我国第一款通用的 CPU 芯片——“龙芯”芯片研制成功。

1983 年我国自行研制成功第一台亿次/秒运算速度的“银河-Ⅰ巨型机”，1992 年研制成功 10 亿次/秒运算速度的“银河-Ⅱ巨型机”，1997 年研制成功 130 亿次/秒运算速度的“银河-III 巨型机”。

2000 年研制成功高性能计算机“神威Ⅰ”，其每秒 3480 亿浮点的峰值运算速度位列世界高性能计算机的第 48 位。2002 年推出了具有自主知识产权的“龙腾”服务器。2004 年自主研制的曙光 4000A 超级服务器，峰值运算速度达 11 万次/秒。

2010 年 11 月 15 日，国际 TOP500 组织在网上公布最新全球超级计算机前 500 强排行榜，中国首台千万亿次超级计算机“天河一号”雄居第一，由国防科技大学研制，运算速度可达 2570 万亿次。

从物理元件上来说，目前计算机的发展处于第四代水平。随着计算机技术的发展和应用领域的扩展，计算机还将朝多极化、网络化、媒体化、智能化四个方向发展，但它们都属于“冯·诺依曼”体系结构。人类还在不断地研究更好、更快、功能更加强大的计算机，“冯·诺依曼”体系结构的计算机有一定的局限性，未来新型的计算机将可能在光子计算机、生物计算机、量子计算机等方面取得革命性突破。

1.1.2 计算机系统的组成

计算机系统由硬件（hardware）和软件（software）两大部分组成，如图 1-1 所示。

计算机硬件系统是指构成计算机的各种物理装置，包括组成计算机的各种电子、光电、机械等设备，是计算机工作的物质基础。计算机软件系统是计算机硬件设备上运行的各种程序、相关的文档和数据的总称。计算机硬件系统和计算机软件系统共同构成完整的系统，相辅相成，缺一不可。

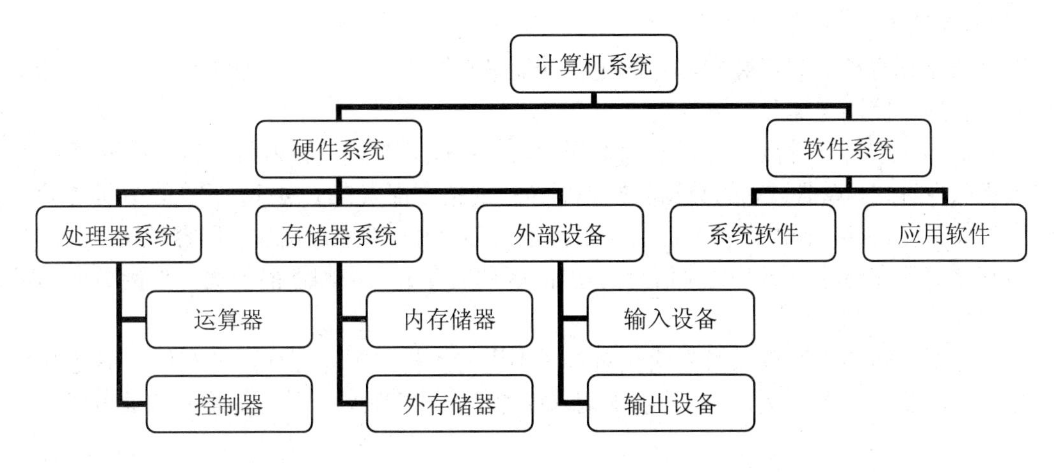

图 1-1　计算机系统组成

1. 计算机硬件系统

计算机硬件系统由运算器、控制器、存储器、输入设备和输出设备五大部件组成。如图 1-2 所示，实线为数据流，虚线为控制流。输入输出设备用于输入原始数据或程序，输出设备用于输出处理后的结果，存储器用于存储程序和数据，运算器用于执行运算，控制器用于从存储器中取出指令，对指令进行分析、判断，并对指令进行译码，之后对其他部件发出指令，指挥计算机各部件协同工作，控制整个计算机系统逐步地完成各种操作。

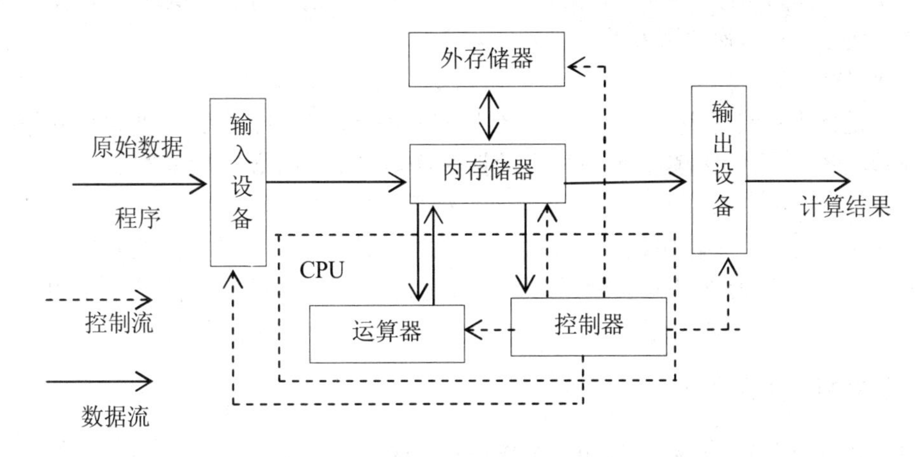

图 1-2　计算机硬件系统

（1）运算器（ALU）

运算器也称算术逻辑单元。它的功能是在控制器的控制下对内存中的数据进行算术运算（加、减、乘、除）和逻辑运算（与、或、非、比较、移位）。

（2）控制器（Controller）

控制器也叫控制单元，是计算机的指挥系统。它的基本功能是从内存取指令和执行指令。控制器通过地址访问存储器，逐条取出选中单元指令，分析指令，并根据指令产生的控制信号作用于其他各部件来完成指令要求的工作。

运算器和控制器统称为中央处理器，即（CPU），它是整个计算机的核心部件，是计算机的“大脑”。

（3）存储器（Memory）

存储器是计算机的记忆装置，它的主要功能是存放程序和数据。通常分为内存储器（主存储器）和外存储器（辅助存储器）。

内存储器主要用于存放计算机运行期间所需的程序和数据。输入设备输入的程序和数据首先被送入内存，运算器运算的数据和控制器执行的指令都来自于内存，运算的中间结果和最终结果也保存在内存，输出设备的信息也来自于内存。内存存取速度快，但容量较小。由于其担当着存储信息和与其他部件交流信息的功能，因此内存的大小和性能的优劣直接影响计算机的运行速度。

外存储器一般用于存放长时间或相对暂时不用的各种数据和程序，外存储器不能被处理器直接访问，必须将外存储器中的信息先调入内存储器才能使用。外存储器存取速度慢，但容量大。

（4）输入设备和输出设备（I/O）

输入设备是从外部向内部传送信息的设备。功能是将数据、程序及其他信息转换为计算机能够识别的二进制代码存放在存储器中。常用的输入设备有键盘、鼠标、光笔、扫描仪、数码相机、麦克风、条形码阅读器等。

输出设备是将计算机的处理结果转换为人们所能接受的形式并输出。常见的输出设备有显示器、打印机、绘图仪、语音输出系统等。

2. 计算机软件

计算机软件是指为运行、维护、管理、应用计算机所编写的所有程序和数据的集合，通常按功能分为系统软件和应用软件两大类。

（1）系统软件

系统软件是指为系统提供管理、控制、维护和服务等功能的软件，主要包括操作系统、各种语言编译程序、计算机故障诊断程序、数据库管理程序及网络管理程序等。

（2）应用软件

应用软件是为解决某个特定领域的需要而开发的软件，常用的软件形式有定制软件（针对某个应用而定制的软件，如火车售票系统）、应用程序包（如财务管理软件包）、通用软件（如微软办公软件 Office、网页三剑客、计算机辅助设计软件、网络通信软件等）。

1.1.3 计算机的工作原理

美籍匈牙利数学家冯 • 诺依曼提出了计算机设计的三个基本思想：

（1）计算机硬件由运算器、控制器、存储器、输入设备和输出设备五个基本部分组成。

（2）计算机内部采用二进制来表示程序和数据。

（3）将程序（由一系列指令组成）和数据放入存储器中，计算机能够自动高速地从存储器中取出指令加以执行。

其工作原理是在控制器的控制下，把程序和数据通过输入设备送入计算机的存储器存储，即“存储程序”。在需要执行时，由控制器对指令进行译码，并根据指令的操作要求向存储器和运算器发出存储、取数命令，经过运算器计算并把结果存放在存储器内。在控制器的控制下，通过输出设备输出计算结果。执行过程不需要人工干预而是自动连续地一条一条指令运行，即“程序控制”。冯 • 诺依曼计算机的工作原理的核心是“存储程序和程序控制”。现在的大多数计算机都按照“存储程序和程序控制”原理进行工作。

1.2　信息在计算机内部的表示和编码

由于技术上的原因，在计算机中无论参与运算的数值型数据，还是字符、图形、图像、声音等非数值型数据都以二进制代码 0 或 1 表示和存储，而在编程中又经常使用十进制，有时为了方便还使用八进制、十六进制。计算机中区分不同信息，是靠不同的编码规则来进行。

1.2.1　进位计数制数的概念

进位计数制就是用一种进位方式来实现计数，也称进位制。计算机中常用的进位制有：十进制（D）、二进制（B）、八进制（O）、十六进制（H）。我们把反映进位制基本特征的数，叫基数 R。如表 1-1 所示表示了计算机中常用的进位制的特点及示例。

表 1-1　常用的进位制的特点及示例

进位制	计数符	基数 R	进（借）位法则	示例
十进制	0～9	10	逢 10 进 1，借 1 当 10	$(15.6)_{10}$ 或 15.6D
二进制	0,1	2	逢 2 进 1，借 1 当 2	$(101.1)_2$ 或 101.1B
八进制	0～7	8	逢 8 进 1，借 1 当 8	$(56.34)_8$ 或 56.34O
十六进制	0～9 及 A～F	16	逢 16 进 1，借 1 当 16	$(6B.4)_{16}$ 或 6B.4H

任何一种进位制都可以表示为按其权展开的多项式之和的形式。

对于 R 进制数 N，按权展开可表示为

$$N=(a_{n-1}a_{n-2}\cdots a_1a_0.a_{-1}a_{-2}\cdots a_{-m})=\sum_{i=-m}^{n-1}a_i\times R^i$$

其中 i 表示位数，R^i 表示权，a_i 表示各位的值。如表 1-2 所示为不同进制数的按权展开式。

表 1-2　不同进制数按权展开式示例

进位制	原数值	按权展开式	对应的十进制数值
十进制	59.52D	$5\times10^1+9\times10^0+5\times10^{-1}+2\times10^{-2}$	59.52D
二进制	1011.11B	$1\times2^3+0\times2^2+1\times2^1+1\times2^0+1\times2^{-1}+1\times2^{-2}$	11.75D
八进制	17.4O	$1\times8^1+7\times8^0+4\times8^{-1}$	15.5D
十六进制	8F.4H	$8\times16^1+15\times16^0+4\times16^{-1}$	143.25D

1.2.2　数制的转换

1. 十进制数转换为 R 进制数

整数部分转换——采用除 R 取余，直到商为 0，倒排余数法。

小数部分转换——采用乘 R 取整，直到达到要求的精度为止，正排余数法。

【例 1.1】将十进制数 35.625 转换成二进制数。

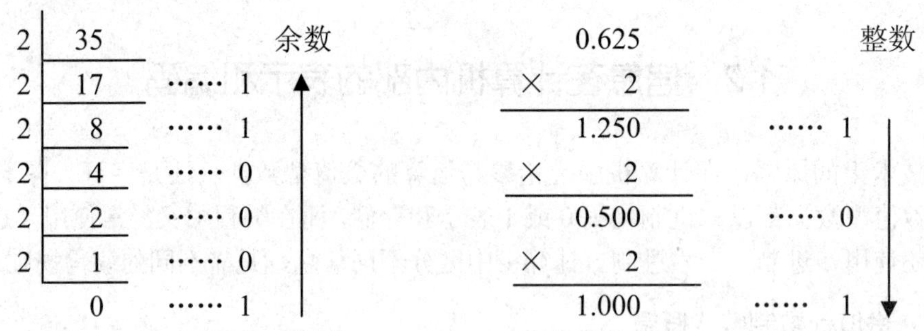

结果为：$(35.625)_{10}=(100011.101)_2$

【例 1.2】将十进制数 35 转换成十六进制数。

余数

16 | 35

16 | 2 …… 3

0 …… 2

结果为：$(35)_{16}=(23)_{16}$

2. R 进制数转换为十进制数

把 R 进制数转换为十进制数的方法是按权展开对多项式求和。见表 1-2 中不同进制数按权展开式示例。

3. 二进制、八进制、十六进制数间的相互转换

1 位八进制数相当于 3 位二进制数（$2^3=8$），1 位十六进制数相当于 4 位二进制数（$2^4=16$），它们之间的转换可以通过表 1-3 所示二进制、八进制、十六进制数间的关系来对应完成。

表 1-3 二进制、八进制、十六进制数间的关系表

八进制	二进制	十六进制	二进制	十六进制	二进制
0	000	0	0000	8	1000
1	001	1	0001	9	1001
2	010	2	0010	A	1010
3	011	3	0011	B	1011
4	100	4	0100	C	1100
5	101	5	0101	D	1101
6	110	6	0110	E	1110
7	111	7	0111	F	1111

二进制数转换成八进制数时，以小数点为中心分别向左右两边分组，每 3 位为一组，两头不足 3 位补 0 凑齐。转换成十六进制数时，每 4 位为一组，两头不足 4 位补 0 凑齐。

【例 1.3】将二进制数$(11101001.111101)_2$转换成十六进制数。

$(\underline{1110}\ \underline{1001}.\underline{1111}\ \underline{0100})_2=(E9.F4)_{16}$

E 9 F 4

【例 1.4】将八进制数$(7631.45)_8$转换成二进制数。

$(7631.45)_8=(\underline{111}\ \underline{110}\ \underline{011}\ \underline{001}.\underline{100}\ \underline{101})_2$

7　6　3　1　4　5

上述进制数之间的转换尽管看上去简单，但实际操作中遇到的数据较大时计算就较为繁琐，而用计算机程序来实现进制转换是很方便的，如 Windows 7 之后的版本中的计算器就提供有二进制、八进制、十六进制和十进制数之间的转换功能。

1.2.3　计算机信息编码

计算机信息编码是指将输入到计算机中的各种数值型和非数值型数据用二进制数进行编码的方法，不同类型的数据其编码方式不同。

1. 数值型数据编码

（1）原码

原码是一种直观的二进制机器数表示法，最高位表示符号，分别用 0、1 表示正、负，数值用其绝对值的二进制数来表示。

【例 1.5】求机器的字长数为 8 位的原码编码。

$(+9)_{10}$ 原码=$(00001001)_2$　　　　$(-9)_{10}$ 原码=$(10001001)_2$

（2）反码

反码是为求补码而设计的一种过渡编码，对于正数，其反码与原码相同；对于负数，符号位为 1，数值位对其绝对值取反。

【例 1.6】求机器的字长数为 8 位的反码编码。

$(+9)_{10}$ 反码=$(00001001)_2$　　　　$(-9)_{10}$ 反码=$(11110110)_2$

（3）补码

对于正数，其补码与原码相同；对于负数，符号位为 1，数值位为其反码+1。

【例 1.7】求机器的字长数为 8 位的补码编码。

$(+9)_{10}$ 补码=$(00001001)_2$　　　　$(-9)_{10}$ 补码=$(11110111)_2$

提示　$(+0)_{10}$ 补码=$(-0)_{10}$ 补码=$(00000000)_2$

在计算机中，只有采用补码表示的数具有唯一性，所以用补码方式编码和存储，可以将符号位和数值统一处理，利用加法就可以实现二进制的减法、乘法、除法运算。

在实际工作中，除了有正负数外，还有带小数的数值。处理带小数的数值时，计算机不是用某个二进制位来表示小数点，而是用隐含规定小数点位置的方法来表示。按照小数点位置是否固定，数的表示方法可分为定点数和浮点数两种类型。定点数使用定长二进制，如 16 位、32 位、64 位。浮点数的思想来源于科学计数法，与定点数相比，浮点数表示的数据范围更大。

2. 非数值型数据编码

计算机除处理数值型信息外，还要处理大量的非数值型（文字、图像、声音等）信息。非数值型信息有专门的编码方式。

（1）西文字符编码

西文字符采用 ASCII（American Standard Code for Information Interchange，美国信息交换标准代码）进行编码。ASCII 由 7 位二进制组成，它可以表示 2^7=128 个字符，如表 1-4 所示。

表 1-4 ASCII 编码表

$b_6b_5b_4$ / $b_3b_2b_1b_0$	000	001	010	011	100	101	110	111
0000	NUL	DLE	SP	0	@	P	、	p
0001	SOH	DC1	!	1	A	Q	a	q
0010	STX	DC2	“	2	B	R	b	r
0011	ETX	DC3	#	3	C	S	c	s
0100	EOT	DC4	$	4	D	T	d	t
0101	ENG	NAK	%	5	E	U	e	u
0110	ACK	SYN	&	6	F	V	f	v
0111	BEL	ETB	’	7	G	W	g	w
1000	BS	CAN	(	8	H	X	h	x
1001	HT	EM	)	9	I	Y	i	y
1010	LE	SUB	*	:	J	Z	j	z
1011	VT	ESC	+	;	K	[	k	{
1100	FF	FS	,	<	L	\	l	|
1101	CR	GS	-	=	M	]	m	}
1110	SO	RS	.	>	N	^	n	～
1111	SI	UC	/	?	O	_	o	DEL

每个 ASCII 码按一个字节存储，最高位并不使用。0～127 代表不同的常用字符，如：大写字母 A 的 ASCII 码是十进制的 65，小写字母 a 的 ASCII 码是十进制的 97。ASCII 码中的 128 个字符，其中 94 个可打印，另外 34 个是控制字符。

（2）中文字符

由于汉字是象形文字，种类繁多，计算机进行汉字信息处理远比进行西文信息处理复杂。在一个汉字处理系统中，输入、处理、输出对汉字的编码也都不同，需要一系列的汉字编码及转换。如图 1-3 所示为汉字信息处理中的编码流程。

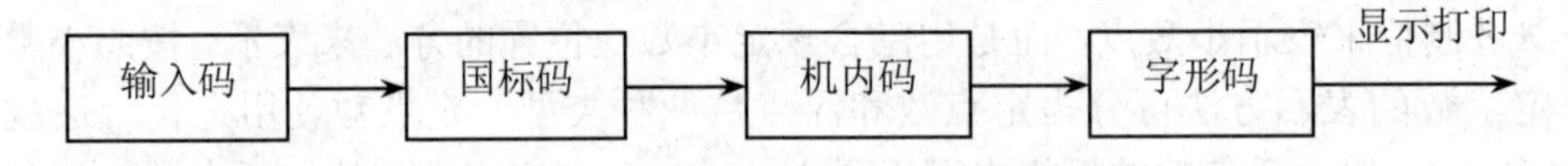

图 1-3 汉字信息处理编码流程

- 输入码：是指从键盘上输入汉字采用的编码，如音码（拼音码）、形码（五笔字形码）、音形码（自然码）等。
- 国标码：GB2312-80 是中文信息处理的国家标准，其编码称为国标码。共收集和定义了 7445 个基本汉字。国标码规定每个汉字用 2 字节的二进制编码，每个字节最高位为 0，其余 7 位用于表示汉字信息。
  例如，汉字“保”的国标码的 2 字节二进制编码为 00110001B 和 00100011B，对应的十六进制数为 31H 和 23H。

- 机内码：计算机内部使用的汉字机内码的标准方案是将汉字国标码的 2 字节二进制代码的最高位置 1，即得到对应的汉字机内码。
  例如，汉字“保”的机内码为 10110001B、10100011B（即 B1H、A3H）。
- 字形码：用于显示器或打印机输出汉字的代码，又称汉字库。汉字字形码与机内码一一对应，输出时根据机内码在字库中查找相应的字形码，然后将字形码显示或打印出来。

（3）多媒体信息在计算机中的表示

多媒体信息是指以文字、图形、图像、音频、视频、动画为载体的信息，要让计算机能处理这些信息，也要按一定的规则进行二进制编码。图像、音频、视频编码方式比较相似，主要通过 3 个步骤：采样、量化、编码，将连续变化的模拟信号转换为数字信号。

多媒体信息编码有多种方式，不同的编码方式产生不同的文件格式。目前常见的图形图像文件格式有 BMP、JPG、GIF、TIFF、TGA、PNG 等；常见的音频文件格式有 WAN、MID、MP3、WMA 等；常见的视频和动画文件格式有 AVI、MOV、MPEG、DAT、SWF、ASF、WMV、RM 等。

1.2.4 信息在计算机的存储单位

1. 位（bit）

计算机存储数据的最小单位，是一个二进制数，简称为比特，位只能用 1 和 0 表示。

2. 字节（byte）

计算机存储数据的基本单位，8 位二进制为一个字节，常用 B 表示（1B=8bit）。

信息存储容量常用的单位换算如下：

$1KB = 1024B = 2^{10}B$　　$1MB = 1024KB = 2^{20}B$

$1GB = 1024MB = 2^{30}B$　　$1TB = 1024GB = 2^{40}B$

$1PB = 1024TB = 2^{50}B$　　$1EB = 1024PB = 2^{60}B$

3. 字（word）与字长

字是计算机进行数据处理时，一次存取、加工和传送的数据长度。每个字中二进制的位数称为字长。字长常常被作为一台计算机性能的标志。常用字长有 8 位、16 位、32 位、64 位。

1.3 微型计算机的系统组成与配置

微型计算机简称微机，其最大的特点就是利用了大规模或超大规模集成电路技术，将运算器和控制器做在一块集成电路芯片上（微处理器），同时具有体积小、功耗小、重量轻、价格低，对环境要求不高等特点，从而得以广泛的应用。

1.3.1 微型计算机的基本结构

在微型计算机中，通过总线（Bus）将微处理器、存储器、输入/输出设备等硬件连接在一起。如图 1-4 所示为微型计算机的基本结构。

微机系统结构中，连接各大部件之间的总线称为系统总线。系统总线根据传送信号类型的不同分为数据总线、地址总线、控制总线三种。

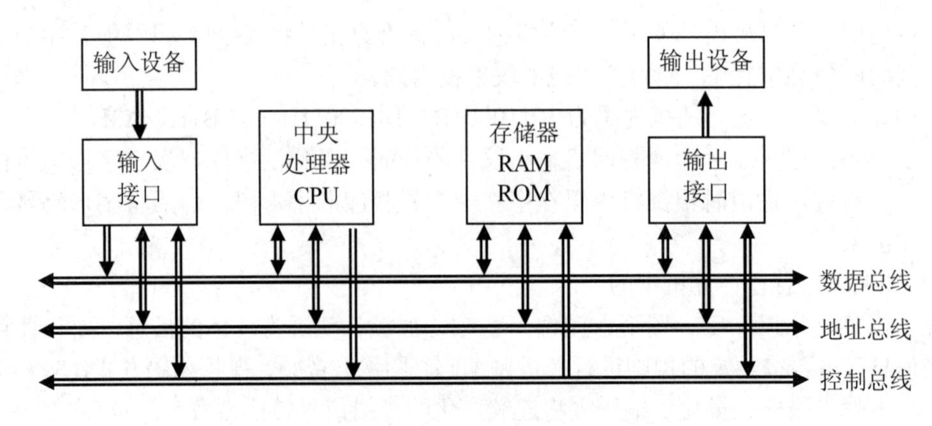

图 1-4 微型计算机的基本结构

1.3.2 微型计算机硬件与配置

微型计算机硬件由主机与外设组成。从外观上看一套微机由主机箱、显示器、键盘、鼠标组成，根据需要还可增加打印机、扫描仪、音频视频等外围设备。

1. 主机和电源

（1）主机

微机的主机又称主机箱，从外观分有立式和卧式两种。立式机箱是主流产品。主机箱内主要包括主板、CPU、内存、显卡、硬盘驱动器、光盘驱动器、各种扩展卡、连接线、接口、电源等。

主机箱的品牌主要有：爱国者、华硕、航嘉、富士康、金河田、长城等。选购配置时，建议选择合适品牌并尽量选择“大个头”、机箱风道为 38 度或 40 度的机箱，便于散热、维护、维修。

（2）电源

计算机属于弱电产品，各部件的工作电压都比较低，一般都是±12V 以内的直流电。计算机电源将 220V 的交流电转化为直流电，再通过斩波控制电压，将不同的电压输出给主板、硬盘、光驱等计算机部件。由于计算机的工作频率非常高，因此对电源的要求也比较高。

市面上质量较好的电源品牌主要有：航嘉、长城等。选购配置时，建议选择品牌电源。对于一般的 CPU 和显卡，可选择 300W 的电源；对于高功耗的 CPU 和显卡，可选择 350W 以上的电源；选择风扇为 12cm 或 14cm 的静音效果较好；也可选择主动 FPS 电源和 80Plus 电源更省电。

2. 主板

主板又称系统板或母板，是微机的核心连接部件。微机中硬件系统的其他部件全部直接或间接通过主板相连接。

主板上有芯片组、BIOS 芯片、CPU 插槽、内存条插槽、AGP 总线扩展槽、PCI 局部总线扩展槽、IDE 总线插槽，同时集成了 USB 接口、并行接口、串行接口等。其中核心组成部分是主芯片组，它决定了主板的功能，主要由南桥芯片和北桥芯片组成。南桥芯片主要负责键盘、鼠标等 I/O 接口控制、IDE 设备（硬盘等）控制以及时钟、能源等的管理；北桥芯片主要负责与 CPU 联系并控制内存、AGP、PCI 数据在北桥内的传输。如图 1-5 所示为微机主板。

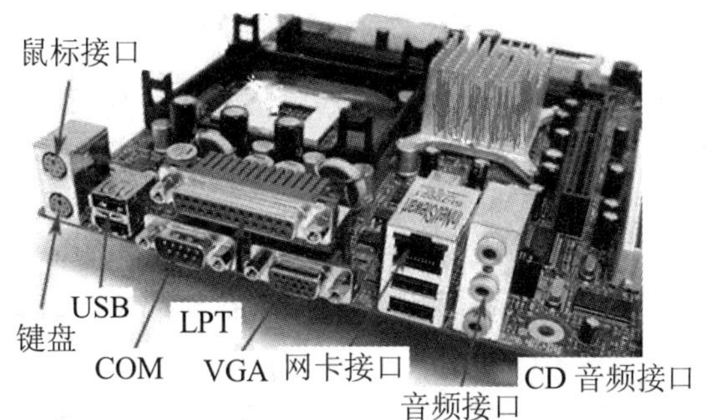

图 1-5　微机主板

目前一线的主板品牌主要有华硕、微星、技嘉。由于计算机的整体运行速度和稳定性在相当程度上取决于主板的性能，因此选择主板时应尽量选择售后质量有保证的品牌。主板的重要参数有主芯片组的型号、CPU 插槽、主板板型、支持内存类型、集成芯片等。

3. CPU

CPU 是微型机的核心部件，也称为微处理器，其运行速度通常由主频表示，以赫兹（Hz）为计量单位，主频越高，速度越快。如图 1-6 所示为 CPU 的外观图。

图 1-6　CPU

CPU 的主要品牌有 Intel 和 AMD，目前市场上常见产品有 Intel 公司的 i3、i5、i7 系列和 AMD 公司的 A8、A10、FX 六核、FX 八核等。主流的 CPU 主频在 3.0GHz 以上，选购配置时，应选择与主板 CPU 插槽类型相匹配的 CPU，同时核心数越多 CPU 性能越高。

4. 内存储器

内存储器简称内存，主要用于存放当前计算机运行所需的程序和数据，目前采用半导体存储器，其特点是容量小、速度快、价格高。内存的大小是衡量计算机性能的重要指标之一。按工作方式可将内存分为只读存储器（ROM）和随机存储器（RAM）两种。

只读存储器是一种只能读出不能写入的存储器，其存储的信息一般由生产厂家写入，断电后存储的信息不会消失。如 BIOS（基本输入/输出系统）就是固化在主板上的 ROM 芯片中的一组程序。

随机存储器是一种存储单元的内容可按需随意取出或存入，且存取速度与存储单元位置无关的存储器。这种存储器在断电时其存储的信息会丢失。如插在主板上的内存条就是一种随机存储器。如图 1-7 所示为内存条外观。

图 1-7　内存条

常见的内存品牌有金士顿、威刚、宇瞻等。目前主流内存类型是 DDR4，容量在 8GB 以上，DDR4 比 DDR3 速度更快、更省电、容量更大。

5. *硬盘*

硬盘是计算机最重要的外部存储器，以其容量大、存取速度快而成为各种机型的常用外存储设备，分为机械硬盘（HDD）和固态硬盘（SSD）。

机械硬盘（HDD）由磁盘盘片组、读/写磁头、定位机构和传动系统等部分组成密封在一个容器内，磁头完成读/写，磁盘盘片组完成存储，如图 1-8 所示。

图 1-8　机械硬盘

固态硬盘（SSD）是由闪存组成的，也就是由 FLASH 芯片阵列制成的硬盘，其功能和使用方法与机械硬盘相同，如图 1-9 所示。由于固态硬盘没有机械硬盘的传动系统，所以它具有很多优点，如抗震性能好、驱动速度快、无噪声、读写速度快、发热低、工作温度范围大等。但固态硬盘也存在一些不足，比如在容量、价格、数据恢复等方面。

图 1-9　固态硬盘

硬盘的主要品牌有希捷、西部数据、三星、日立等，目前市场上主流的硬盘容量在 500GB 以上，转速为 7200 转，硬盘接口有 SATA 或 IDE 两种，台式机硬盘尺寸为 3.5 英寸，笔记本电脑硬盘尺寸为 2.5 英寸。

6. 光盘和光驱

光盘是利用激光原理进行读/写的外存储器，以容量大、价格低、寿命长等特点得以在微机中广泛应用。光盘驱动器又叫光驱，是读取光盘的设备，如图 1-10 所示。利用光驱可以很方便地安装各种软件，阅读声图并茂的电子图书、观看 DVD 影碟等。随着多媒体技术的发展和硬件价格的不断下降，DVD-ROM 和具有读/写功能的光盘刻录机也逐渐进入普通家庭。

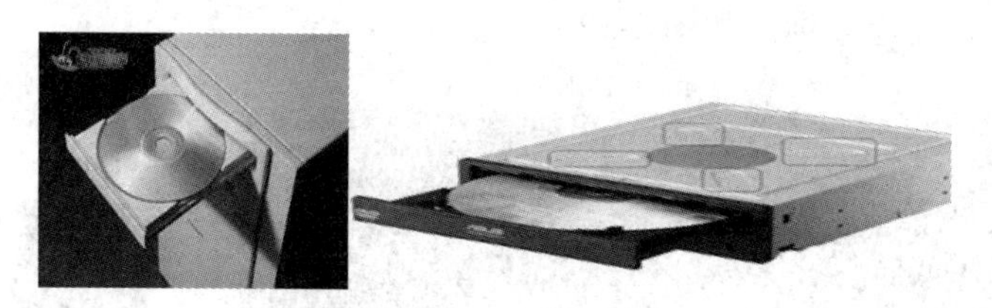

图 1-10　光驱

目前质量、兼容性、静音效果较好的光驱品牌有 LG、三星，热销品牌还有先锋、华硕、明基、飞利浦等。光驱的主要类型有 DVD 刻录机、蓝光刻录机、DVD 光驱、蓝光 Comdo。光驱可选择的接口有 IDE 接口、SATA 接口、USB 接口。

7. 显卡

显卡又叫显示适配器，它是主机与显示器之间连接的“桥梁”，作用是控制计算机的图形输出，负责将CPU送来的影像数据处理成显示器认识的格式，再送到显示器形成图像。显卡的性能决定显示器的成像速度和效果。显卡按结构可分为两大类：一是独立显卡，二是集成显卡。

独立显卡是指将显示芯片、显存及其相关电路单独做在一块电路板上，自成一体而作为一块独立的板卡存在，它需占用主板的扩展插槽。由于独立显卡有自己的模块，包括自己的缓存，因此在技术上也较集成显卡先进得多，比集成显卡能够得到更好的显示效果和性能，容易进行显卡的硬件升级。其缺点是系统功耗有所加大、发热量也较大，比较适合对配置显示性能要求较高的游戏用户选用，而集成显卡主要适合对电脑性能要求不高的用户使用。如图 1-11 所示为独立显卡。

图 1-11　显卡

集成显卡是指将显示芯片、显存及其相关电路都做在主板上，与主板融为一体。集成显卡的显示芯片有单独的，但现在大部分都集成在主板的北桥芯片中。一些主板集成的显卡也在主板上单独安装了显存，但其容量较小，目前绝大部分的集成显卡均不具备单独的显存，需使用系统内存来充当显存，其使用量由系统自动调节。集成显卡的显示效果与性能较差，不能对显卡进行硬件升级。其优点是系统功耗有所减少，不用花费额外的资金购买显卡。

显卡的主要品牌有微星、华硕、七彩虹、技嘉、昂达等，按接口分为 ISA 显卡、PCI 显卡、AGP 显卡、PCI-E 显卡。PCI-E 显卡是现在流行的显卡，它的接口传输速度是相当快的。显卡选择时主要考虑的指标是显示芯片的类型、显存大小、支持的分辨率、产生色彩多少、刷新速率和图形加速性能等。

8. 键盘和鼠标

键盘是计算机标准的输入设备，用户在使用计算机时，各种命令和程序都可以通过键盘输入到计算机内部。常见的键盘有机械键盘、电容键盘两类，现在大多使用电容键盘。

鼠标是计算机常用的输入设备，是计算机纵横定位的指示器，分为机械鼠标和光电鼠标两种。目前常用的是光电鼠标，如图 1-12 所示。

图 1-12　键盘和鼠标

键盘和鼠标的主流品牌有微软、罗技、雷柏、双飞燕、可瑞森等，目前市面上常见的键盘和鼠标接口有两种：PS/2 接口以及 USB 接口，键盘可选择 104 键的键盘。根据用户需求，市面上也有以蓝牙或红外方式与主机通信的无线键盘和鼠标可供选择。

9. 显示器

显示器是计算机标准的输出设备，能以数字、符号、图形或图像等形式将数据、程序运行结果或信息的编辑状态显示出来。常用显示器有三种：阴极射线管（CRT）显示器、液晶（LCD）显示器、发光二极管（LED）显示器。目前市场上主流的显示器为液晶显示器，如图 1-13 所示。

图 1-13　CRT 显示器和 LCD 显示器

显示器的主流品牌有三星、飞利浦、AVO、戴尔、LG、HKC、惠普、明基、华硕、苹果等。选择配置时，显示器的主要技术指标有显示器尺寸、分辨率等。对于相同尺寸的屏幕，分辨率越高，所显示的字符或图像越清晰。

1.3.3 个人计算机的选购

选购个人计算机（PC 机）时主要以字长、主频、内存容量及运算速度等性能指标来衡量。目前购买 PC 机时一般有台式计算机和笔记本计算机两种选择，且可以购买品牌机或兼容机。品牌机是计算机生产厂家在对计算机硬件设备进行组合测试的基础上组装的，产品质量较好，稳定性和兼容性也高、售后服务好，但价格高。市场的主要品牌有DELL、联想、惠普、方正、华硕、清华同方等。兼容机可以自己组装或要求商家现场组装，由于硬件设备没有进行搭配的组合测试，因而稳定性和兼容性存在隐患，售后服务也差一些，但价格低。

不管选购品牌机，还是兼容机，都应对计算机的配置有所了解。有关计算机配置、价格等资讯可到太平洋电脑（http://www.pconline.com.cn）、中关村在线（http://www.zol.com.cn）等网站查询。

配置计算机硬件的基本原则是实用性强、性价比高、可靠性好。

按用途决定所采购计算机的硬件档次，是配置计算机硬件最基本的原则。如果配置的计算机性能能够满足实际需求，并有一定的前瞻性，就是满足了实用性原则。

配置计算机硬件不能盲目攀贵，而应追求较高的性能价格比。同性能的硬件价格实际存在着很大差异，如国外品牌比国内品牌往往高很多，新产品比主流产品价格高。有些产品价格高是因为附加功能多，但实际用不上。因此实现较高的实用性能和较低的采购价格是配置计算机硬件的另一项重要原则。

可靠性包括两个方面的内容：一是性能稳定，故障率低；二是兼容性好，不存在硬件和软件冲突问题。实用和高性价比只有在可靠和稳定的基础上才有意义。因此，选购硬件应该优先考虑信誉度高的品牌产品或老牌厂家的产品，并在选购中注意考察产品的做工、标牌、序列号及售后服务，谨防买到假冒和伪劣产品。软硬件是否兼容或冲突的问题要详细咨询销售商和对计算机软硬件比较了解的人员。

1.4　计算机安全

随着计算机的快速发展以及计算机网络的普及，计算机的安全问题越来越得到高度和广泛的重视。国际标准化组织对计算机安全的定义是“为数据处理系统建立和采用的技术和管理的安全保护，保护计算机硬件、软件、数据不因偶然的或恶意的原因而遭破坏、更改、泄露。”中国公安部计算机管理监察司的定义是“计算机安全是指计算机资产安全，即计算机信息系统资源和信息资源不受自然和人为有害因素的威胁和危害。”计算机安全中最重要的是存储数据的安全，其面临的主要威胁包括：计算机病毒、非法访问、计算机电磁辐射、硬件损坏等。

1.4.1　计算机病毒防范

计算机病毒是隐藏在计算机软件中的一段可执行程序，看似和计算机其他工作程序一样，但会破坏正常的程序和数据文件。恶性病毒可使整个计算机软件系统崩溃，数据全毁。

1. 计算机病毒基本特征

在计算机病毒所具有的众多特征中，破坏性、传染性、潜伏性和可触发性是它的基本特征。

（1）破坏性

破坏性主要表现为占用系统资源，降低计算机工作效率，破坏或删除程序及数据文件，干扰或破坏计算机系统运行，甚至可导致整个系统崩溃。

（2）传染性

传染性是指计算机病毒具有附着于其他程序的寄生能力。只要一台计算机染毒，如不及时处理，感染的文件与其他机器进行数据交换就会被迅速传染。

（3）潜伏性

大部分计算机病毒感染系统之后不会马上发作，它会隐藏在合法文件中几个月甚至几年，只有在满足特定条件时才启动其破坏模块。

（4）可触发性

计算机病毒一般都有一个触发条件，这些条件可能是时间、日期、文件类型等，在一定条件下激活传染机制立即对系统发起攻击。

2. 计算机病毒的类型

从第一个计算机病毒问世以来，病毒的数量仍在不断增加。目前从计算机病毒的传染渠道来看，常见的计算机病毒有以下几类。

（1）引导型病毒

引导型病毒会去感染磁盘上的启动扇区和硬盘系统的引导扇区。由于引导记录在系统一开机时就执行，所以这种病毒在一开始就获得控制权，传染性较大，如大麻病毒、小球病毒。

（2）文件型病毒

文件型病毒会感染计算机中的可执行文件（如 COM、EXE 等），被感染病毒的文件执行速度会减缓，甚至完全无法执行。有些文件遭感染后，一旦执行就会遭到删除，如 CIH 病毒。

（3）宏病毒

宏病毒是利用办公自动化软件（如 Word、Excel 等）提供的“宏”命令编制的病毒，通常寄存于文档或模板编写的宏中。一旦用户打开这样的文档，宏病毒就会被激活，驻留在 Normal 模板上，使所有自动保存的文档都感染病毒。宏病毒可以影响文档的打开、存储、关闭、打印，可删除文件，随意复制文件、修改文件名或存储路径等，使用户无法正常使用文件。

（4）网络病毒

网络病毒会通过计算机网络传播感染网络中的可执行文件，尤其是对网络服务器进行攻击，不仅占用网络资源，而且导致网络堵塞，甚至使整个网络系统瘫痪，如蠕虫病毒、特洛伊木马病毒、冲击波病毒。

（5）混合型病毒

混合型病毒是两种或两种以上病毒的混合。如有些病毒既能感染磁盘引导区，又能感染可执行文件；有些电子邮件病毒是宏病毒和文件型病毒的混合体。

3. 计算机病毒的防范措施

为了使计算机能在一个安全良好的环境下运行，我们可从以下几方面对计算机病毒加以防范。

（1）安装反病毒软件

计算机必须安装反病毒软件，并且在使用过程中还要及时升级软件版本，更新病毒库。建议每周对计算机进行一次扫描、杀毒工作，以便及时发现并清除隐藏在系统中的病毒。

（2）养成良好的上网习惯

浏览网页、打开陌生邮件及附件时，注意防范钓鱼网站；也不要接收和打开来历不明的 QQ、微信等发过来的文件；不下载不明软件及程序，应选择信誉较好的网站下载软件，并将下载的软件及程序集中存放在非引导分区的某个目录，在使用前最好用杀毒软件查杀病毒。

（3）定期备份重要数据

数据备份的重要性毋庸讳言，无论你的防范措施做得多么严密，也无法完全防止“道高一尺，魔高一丈”的情况出现。如果遭到致命的攻击，操作系统和应用软件可以重装，而重要的数据就只能靠日常的备份了，所以应该对重要的数据进行定期检查和备份，做到有备无患！

（4）仅在必要时共享

一般情况下不要设置文件夹共享，如果共享文件则应该设置密码，一旦不需要共享时应立即关闭。共享时访问类型一般应该设为只读，不要将整个分区设为共享。

（5）防范流氓软件

对将要在计算机上安装的共享软件应进行甄别选择，在安装共享软件时，应该仔细阅读各个步骤出现的协议条款，特别要留意那些有关安装其他软件行为的语句。

总之，计算机病毒的防治应做到预防为主、及时检查，发现病毒立即清除。

1.4.2 非法访问防范

非法访问是指盗用者盗用或伪造合法身份，进入计算机系统，私自提取计算机中的数据或进行修改转移、复制等等。

对非法访问的防范措施可以从以下几方面着手：

（1）增设软件系统安全机制，使盗窃者不能以合法身份进入系统。如增加合法用户的标志识别，增加口令，给用户规定不同的权限，使其不能自由访问不该访问的数据区等。

（2）对数据进行加密处理，即使盗用者进入系统，没有密钥，也无法读懂数据。

（3）在计算机内设置操作日志，对重要数据的读、写、修改进行自动记录。

（4）对个人计算机可以安装个人防火墙以抵御黑客的袭击，最大限度地阻止网络中的黑客来访问你的计算机，防止他们更改、拷贝、毁坏你的重要信息。

（5）个人应注意密码的设置和使用环境。

设置密码时要尽量避免使用有意义的英文单词、姓名缩写以及生日、电话号码等容易泄露的字符，最好采用字符、数字和特殊符号混合的密码并建议定期修改自己的密码。对于重要的密码（如网上银行的密码）一定要单独设置，并且不要与其他密码相同。

在不同的场合使用不同的密码，如网上银行、E-mail、聊天室以及一些网站的会员信息等，应尽可能使用不同的密码，以免因一个密码泄露而导致所有资料外泄。

1.4.3 计算机电磁辐射及硬件损坏防范

1. 计算机电磁辐射

由于计算机硬件本身就是会向空间辐射的强大的脉冲源，和一个小电台差不多，频率在几十千赫兹到上百兆赫兹。盗用者可以接收计算机辐射出来的电磁波并进行复原，获取计算机中的数据。

为了对计算机电磁辐射加以防范，计算机制造厂家从芯片、电磁器件到线路板、电源、软盘、硬盘、显示器及连接线，都进行全面屏蔽，以防电磁波辐射。更进一步，可将机房或整个办公大楼都屏蔽起来，如没有条件建屏蔽机房，可以使用干扰器发出干扰信号，使盗用者无法正常接收有用信号。

2. 硬件损坏

计算机存储器等硬件损坏，使计算机存储数据读不出来也是常见的事。

为防止硬件损坏，我们一是必须定期将有用数据复制出来保存，一旦机器出故障，可在修复后把有用数据复制回去；二是在计算机中使用 RAID 技术，同时将数据存储在多个硬盘上。在安全性要求高的特殊场合还可以使用双主机，一台主机出问题，另一台主机照样运行。

习　题

一、选择题

1．计算机辅助设计的简称是（　　）。

A．CAD　　B．CAM　　C．CAE　　D．CBA

2．B 的 ASCII 值为（　　）。

A．66　　B．98　　C．65　　D．64

3．任何程序都必须加载到（　　）中才能被 CPU 执行。

A．磁盘　　B．硬盘　　C．内存　　D．外存

4．计算机能够直接识别的程序是（　　）。

A．源程序　　B．C 语言　　C．低级语言　　D．高级语言

5．十进制数 27 对应的二进制数为（　　）。

A．1011　　B．1100　　C．10111　　D．11011

6．下列存储器中，存取速度最快的是（　　）。

A．U 盘　　B．RAM　　C．硬盘　　D．CD-ROM

7．计算机总线结构通常有（　　）。

A．输入总线、输出总线及控制总线

B．数据总线、地址总线及控制总线

C．通信总线、接收总线及发送总线

D．内部总线、外部总线及中枢总线

8．第二代计算机的逻辑元件采用（　　）。

A．电子管　　B．中、小规模集成电路

C．晶体管　　D．大规模或超大规模集成电路

9．“32 位微型计算机”中的 32 指的是（　　）

A．内存的容量　　B．微机的型号

C．运算的速度　　D．机器的字长

10．微型计算机的内存容量主要指（　　）的容量。

A．RAM　　B．ROM　　C．CMOS　　D．Cache

11．微型计算机硬件系统的性能主要取决于（　　）。

A．微处理器　　B．内存储器　　C．显示适配卡　　D．硬磁盘存储器

12．微处理器处理的基本数据单位为字，一个字的长度通常是（　　）。

A．16 个二进制位　　B．32 个二进制位

C．64 个二进制位　　D．与微处理器芯片的型号有关

13．下列设备中，属于输出设备的是（　　）。

A．扫描仪　　B．显示器　　C．触摸屏　　D．光笔

14．下列设备中，属于输入设备的是（　　）。

A．声音合成器　　B．激光打印机

C．光笔　　D．显示器

15．发现微型计算机染有病毒后，较为彻底的清除方法是（　　）。

A．用查毒软件处理　　B．用杀毒软件处理

C．删除磁盘文件　　D．重新格式化磁盘

二、填空题

1．我国第一款通用的 CPU 芯片称为________芯片。

2．1GB=________MB=________KB=________B。

3．1110011.101B =________O=________H=________D。

4．计算机中，一个浮点数由两部分构成，它们是________和________。

5．-127 的补码是________。

6．计算机病毒的基本特征是________、________、________、________。

7．计算机软件是指________。

8．计算机系统由________和________组成。

三、综合实习题

1．结合所学专业和所处行业，通过网络、老师、同学等渠道了解、总结计算机在该专业如何解决问题，为什么能解决这些问题？

2．利用所学计算机系统组成知识，到市场了解个人计算机的各种部件的型号、价格、参数，以 4000～5000 元完成一台台式机的配置方案。

配件	品牌、型号、参数	价格
CPU		
主板		
内存		
硬盘		
显卡		
电源		
显示器		
声卡	可由主板集成	
网卡	可由主板集成	
光驱		
机箱		
鼠标键盘		
音箱		
合计		

第2章　Windows 7操作系统

1. 熟练掌握Windows 7的基本概念及基本操作。
2. 熟练掌握Windows 7桌面管理。
3. 熟练掌握Windows 7程序管理的方法。
4. 熟练掌握Windows 7文件的概念及管理。
5. 掌握Windows 7存储管理。
6. 掌握Windows 7磁盘管理。
7. 熟练掌握Windows 7的控制面板的使用。
8. 学会对计算机系统及安全性进行设置。
9. 学会设置计算机时钟、语言和区域。

2.1　操作系统概述

操作系统是最基本的系统软件，它是对计算机系统中所有的软、硬件资源进行有效的管理和调度，从而提高计算机系统的整体性能的一组程序，是计算机与用户之间的接口，用户通过操作系统的使用和设置，使计算机有效地工作。具体的说，操作系统具有处理机管理、存储管理、设备管理、文件管理、作业管理五大功能。

Windows 7操作系统是微软公司继Windows XP、Windows Vista之后于2009年10月正式发布的又一代操作系统。Windows 7保留了大家熟悉的特点和兼容性，并在可靠性、响应速度方面吸收了新的技术，为用户提供了更高层次的安全性、稳定性和易用性。其主要版本有家庭普通版、家庭高级版、专业版、企业版、旗舰版。

2.2　Windows 7的基本操作

2.2.1　Windows 7的启动与退出

1. Windows 7的启动

Windows 7启动的一般步骤如下：

（1）打开要使用的外部设备，按下计算机主机电源开关，让计算机进入自检。

（2）若计算机只安装了Windows 7操作系统，在进入Windows 7后，就会看到登录界面。若安装了多个操作系统，则在屏幕菜单中选择Windows 7，按回车键进入登录界面。

（3）选择登录用户，根据屏幕提示输入密码，就可进入Windows 7桌面。

2. Windows 7的退出

Windows 7的退出的一般步骤如下：

（1）关闭所有正在运行的应用程序。

（2）选择“开始”/“关机”命令。

“关机”下级菜单各选项功能含义如下，用户可根据自己的需要进行选择。

- 切换用户：可以在不注销当前用户的情况下，重新登录另一个用户。
- 注销：关闭当前用户，以另一个用户的身份重新登录。
- 锁定：当前用户暂时不使用计算机又不希望别人操作，可以选择锁定功能。再次使用计算机时，输入密码即可进入系统，继续运行原来的程序。
- 重新启动：关闭并重启计算机。
- 休眠：在切断系统所有设备供电的同时，系统会将内存的数据全部转存到硬盘上的一个休眠文件中，再次开机时，系统从硬盘将休眠文件的内容直接读入内存，并恢复休眠时的状态。
- 睡眠：在切断除内存外所有设备供电的同时，系统会将内存的数据全部转存到硬盘上的一个休眠文件中，并让内存中的数据依然保留。再次唤醒计算机，就可以从内存快速恢复数据。若睡眠中供电异常，内存数据丢失，还可以从硬盘上恢复。

2.2.2　鼠标与键盘的操作

对于运行 Windows 系统的计算机来说，鼠标是重要的输入设备，Windows 7 系统中大多数操作可以通过键盘完成，但使用鼠标操作更方便、直观，也更能体现 Windows 系统便于使用的特点。

鼠标使用的基本操作方式如表 2-1 所示。

表 2-1　鼠标基本操作方式

操作方式名称	操作方式及功能
指向	移动鼠标，鼠标指针指向所要操作的对象
单击	按下鼠标左键，用于选择对象
双击	快速连续按下鼠标左键两次，用于启动一个程序或打开一个窗口
右击	按下鼠标右键，会打开快捷菜单，以提供该对象的常用操作命令
拖动	鼠标指针指向某一对象，按下鼠标左键不放，移动鼠标，直到目的地时松开，用于移动选定的对象

鼠标指针的形状会随着它的位置和所执行的命令不同而发生变化，其形状与当前所执行的命令任务相对应。在使用鼠标时用户应注意鼠标形状的变化，以便软件的学习使用。如表 2-2 所示为常见鼠标指针形状与含义。

表 2-2　常见鼠标指针形状与含义

形状	含义	形状	含义	形状	含义
	正常选择		文本选择		沿对角线调整 1
	帮助选择		手写		沿对角线调整 2
	后台运行		不可用		移动

续表

形状	含义	形状	含义	形状	含义
	正忙	↕	垂直调整	⇧	候选
＋	精确定位	⇔	水平调整		链接选择

键盘可完成 Windows 7 提供的所有操作功能，利用其快捷键可以大大地提高工作效率。如表 2-3 所示为常用 Windows 7 的快捷操作命令。

表 2-3 Windows 7 的常用快捷操作命令

快捷键	作用	快捷键	作用
F1	打开选中对象帮助信息	Ctrl+C	复制
F2	重命名文件（夹）	Ctrl+V	粘贴
F3	打开搜索结果窗口	Ctrl+X	剪切
F5	刷新当前窗口	Ctrl+A	选中全部内容
Esc	取消当前任务	Ctrl+Z	撤消当前操作
Ctrl+ Esc	打开“开始”菜单	Ctrl+Alt+Del	打开任务管理器菜单
Alt+Tab	切换窗口	+R	打开“运行”对话框
Alt+F4	关闭或退出当前窗口	+D	显示桌面
Print Screen	复制当前屏幕图像到剪贴板	+F	搜索文件（夹）
Alt+ Print Screen	复制当前窗口、对话框或其他对象到剪贴板	+↑（←、→、↓）	最大化（最大化屏幕到左侧、最大化屏幕到右侧、最小化）

2.2.3 窗口和对话框

Windows 一词的中文含义即为“窗口”，所以无论是打开磁盘驱动器、文件夹，还是启动应用程序，都将打开一个窗口。在操作中用户还可以打开若干窗口，但只有一个前台窗口是可操作的，常称为“活动窗口”，其他非活动窗口常称为“后台窗口”。

1. 窗口的组成和操作

（1）窗口的组成

虽然打开的每个窗口的内容不尽相同，但大多数窗口都有相同的组成部分，如图 2-1 所示。窗口一般有标题栏、地址栏、菜单栏、工具栏、搜索栏、导航窗格、工作区、状态栏、滚动条等部分。

- 标题栏：显示当前应用程序和文档名，右边为窗口最小化、最大化或还原、关闭按钮。
- 地址栏：显示当前窗口内容所处的位置，可以是本机地址，也可以是网上的某个网址。
- 菜单栏：列出了所有的可用命令项。
- 工具栏：将一些常用的命令以图标形式显示，以方便使用。
- 搜索栏：用于搜索文件和文件夹。

- 导航窗格：提供文件夹列表，它们以树状形式结构显示给用户，方便用户迅速定位目标。
- 工作区：用于显示和处理工作对象的信息。
- 状态栏：显示当前操作对象的有关信息。
- 滚动条：用户拖动滚动条，可以滚动工作区的对象，以便浏览。

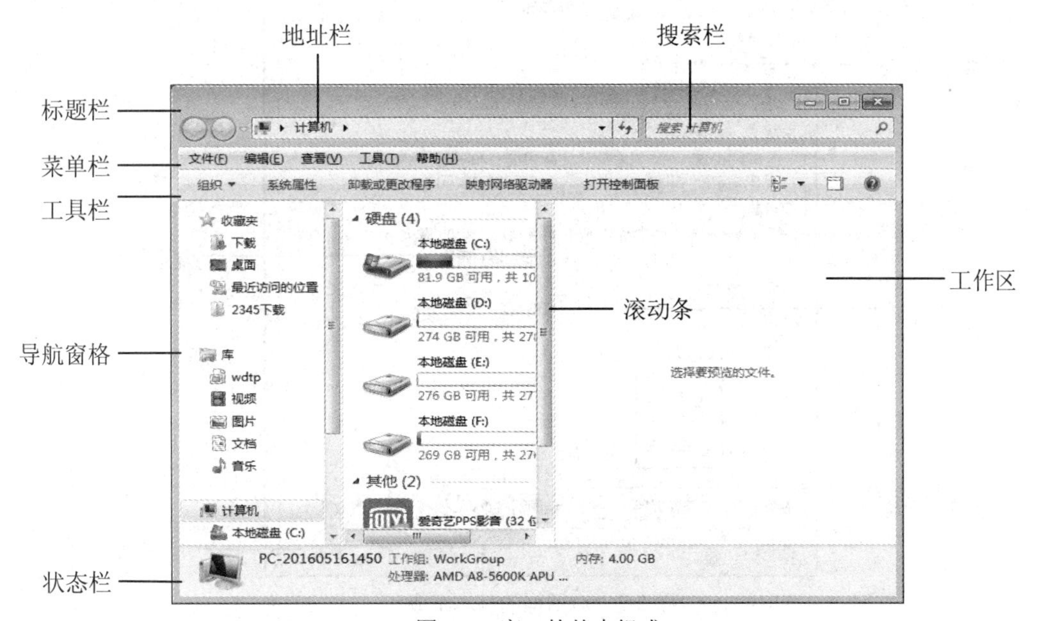

图 2-1　窗口的基本组成

“活动窗口”的标题栏为深色，“非活动窗口”的标题栏为灰色。

（2）窗口的基本操作

1）移动窗口。

用鼠标拖动标题栏就可以移动窗口。

2）改变窗口大小。

单击标题栏右边的按钮，可以对窗口进行最小化、最大化或还原；或把鼠标指针移动到窗口边框线，拖动鼠标就可以任意改变窗口大小。

3）切换窗口

单击任务栏上的窗口图标，或按快捷键 Alt+Tab，可完成窗口切换。

4）排列窗口

右击任务栏的空白处，打开快捷菜单，可分别选择其中的“层叠”“堆叠”“并排”方式，完成对应的窗口排列。

5）关闭窗口

单击标题栏右边的按钮，或按快捷键 Alt+F4，可完成窗口关闭。

按下 Alt 键不放，再按下 Tab 键，将弹出任务切换窗口，继续按 Tab 键，选择切换窗口，当切换到目的窗口时释放 Alt 键，即可打开目的窗口。

2. 对话框的组成和操作

对话框是窗口的一种特殊形式，是计算机与用户进行信息交流的窗口。对话框的大小不能像普通窗口那样改变其大小，但可以移动，如图2-2所示。对话框通常有标题栏、标签及选项卡、列表框、输入框、单选按钮、复选框、数字调节按钮、命令按钮等。

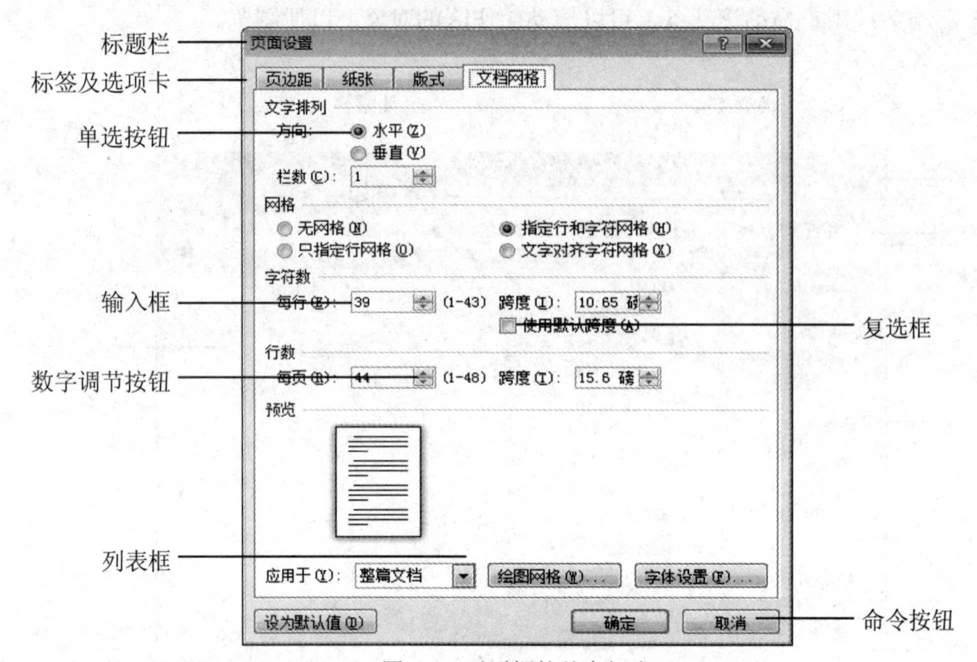

图2-2 对话框的基本组成

- 标题栏：显示当前对话框名，右边为帮助按钮和关闭按钮。
- 标签及选项卡：用于进行选项卡的切换。
- 列表框：提供多个下拉选项供用户使用。
- 输入框：供用户输入设置项的值或由用户自己输入和编辑。
- 复选框：用于从多个选项中根据需要选择一项或多项。
- 单选按钮：用于在一组选项中必选一项且只能选择一项。
- 数字调节按钮：用于选择一个数值，它由文本框和增加和减少按钮组成。在文本框中可以直接输入数值。
- 命令按钮：用于执行某个命令，如“确定”“取消”等。

对话框的操作可按对话框的提示，选择相应的选项进行。关闭对话框除了与关闭窗口操作的一样外，还可通过“确定”“取消”按钮关闭。

2.2.4 菜单的组成和操作

Windows 菜单是一组相关命令的集合。常见的Windows菜单有“开始”菜单、控制菜单、窗口菜单、工具菜单和快捷菜单。

- “开始”菜单：单击“开始”菜单按钮，可以完成对Windows 7所安装的程序及计算机资源的设置和管理等操作。
- 控制菜单：单击窗口程序图标，完成对窗口的还原、移动、最小化、最大化和关闭等操作。

- 工具菜单：单击工具栏的按钮名或图标，即可弹出多个命令选项，以完成对应操作。
- 窗口菜单：单击窗口菜单名，可完成应用程序的所有操作命令。
- 快捷菜单：右键单击某对象，弹出该对象常用的操作命令。

工具菜单的打开，如在“库”文件夹中单击工具栏中的“组织”按钮，即打开对应菜单。

使用 Windows 7 菜单时一般都有统一的约定标记，其含义如表 2-4 所示。

表 2-4　菜单标记约定含义

菜单标记	含义
灰色字体命令	该命令不可选用
命令选项前带√	该命令当前有效
命令选项后带▶	该命令有下级菜单
命令选项前带•	该命令已选用且为单选命令
命令选项后带有组合键	组合键为该命令的快捷键
命令选项后带…	执行该命令将打开相应的对话框
命令间的分组线	表示命令分组
命令选项后带（X）	表示带下划线的字母为该命令的热键

2.3　Windows 7 桌面管理

Windows 7 启动成功后所显示的整个屏幕称为桌面，桌面主要由桌面图标、任务栏、桌面背景等组成，如图 2-3 所示。

图 2-3　Windows 7 桌面

2.3.1　桌面图标管理

桌面图标由图标和名称两部分组成，双击图标可快速打开计算机中存储的相应文件或应用程序，桌面图标主要包括系统图标、快捷图标。

1. 系统图标

系统图标是计算机安装完成 Windows 系统后，计算机自带的特殊用途的图标。系统图标有以下几种。

- 用户的文件：系统默认文档的保存位置，可以快速存取文档。
- 计算机：可以用于访问计算机中的所有文件，通常用于快速浏览磁盘驱动器和网络驱动器中的内容，还可以对计算机资源进行管理。
- 网络：用于查看和浏览整个网上的共享资源。
- 回收站：用于存储硬盘上临时删除的文件。
- Internet Explorer：用于浏览互联网和本地 Internet 上的资源。

系统图标只能隐藏或显示，不能被删除。其图标的图像可以被更改。

2. 快捷图标

快捷图标用于快速启动相应的应用程序，通常在安装某些应用程序时自动产生，用户也可根据需要自行创建。其特征是左下角带有一个小箭头图标。

删除或添加对象的快捷图标不影响应用对象本身。

3. 文件或文件夹图标

该图标对应于文件或文件夹。

删除文件或文件夹图标，对应的文件或文件夹就被删除。

4. 桌面图标的基本操作

（1）系统图标的显示或隐藏

鼠标右击桌面空白处打开快捷菜单，执行"个性化"命令，在"个性化"窗口中单击"更改桌面图标"命令，在"桌面图标设置"对话框中选择桌面所需系统图标，单击"确定"按钮，完成系统图标的显示或隐藏。

用于桌面系统图标的图形，可以在"桌面图标设置"对话框中进行更改。

（2）桌面图标的添加

鼠标右击桌面空白处打开快捷菜单，选择"新建"命令的下级菜单中所需建立对象（文件、文件夹、快捷方式）的命令，或用鼠标拖动的方法拖拉一个新对象到桌面上，完成对象的添加。

（3）排列桌面图标

鼠标右击桌面空白处打开快捷菜单，选择"排列方式"命令的下级菜单中的选项（名称、大小、项目类型、修改日期），完成图标重新排列。

（4）删除桌面图标

鼠标右击需删除的桌面图标，在打开的快捷菜单中执行"删除"命令（或按 Delete 键），也可将其直接拖动到回收站，完成图标的删除。

选择桌面图标对象，按下 Shift+Delete 组合键，删除对象将不进回收站，而被彻底删除。

2.3.2　任务栏的管理

1. 任务栏的组成

任务栏默认在桌面最下方，主要由“开始”菜单、快速启动按钮、应用程序按钮、输入法按钮、通知区和显示桌面按钮等组成，如图 2-4 所示。

图 2-4　任务栏的组成

- “开始”菜单：几乎可以完成 Windows 系统所有的功能，所有操作都可以从这里开始。
- 快速启动按钮：常用程序的快捷方式，单击某个图标，可以快速启动相应程序。
- 应用程序按钮：显示当前正在执行的程序和任务，使用图标可以进行移动、切换、关闭、打开、锁定等操作。
- 输入法按钮：输入文本内容时，通过输入法按钮可以选择和设置输入法等。
- 通知区：用于显示系统时间、系统音量、网络等系统运行时常驻内存的应用程序图标。
- 显示桌面按钮：当鼠标停留在该按钮上时，所有打开的窗口都会透明化，类似 Aero Peek 效果，用户可以透视桌面对象，查看桌面情况。单击该按钮可以在当前窗口和桌面之间进行切换。

提示　Aero Peek 效果表现为一种透明式的毛玻璃效果，即可从一个窗口看到下一个窗口。

2. 任务栏的基本操作

（1）调整任务栏的大小

将鼠标移到任务栏的边框处，鼠标变成上下箭头时，按下鼠标拖动即可调整任务栏大小。

（2）任务栏属性的设置

鼠标右击任务栏空白处打开快捷菜单，执行“属性”命令，打开如图 2-5 所示的“任务栏和「开始」菜单属性”对话框，分别选择“任务栏”“「开始」菜单”“工具栏”选项卡完成一个或多个设置。

图 2-5　“任务栏和「开始」菜单属性”对话框

- “任务栏”选项卡：可以完成任务栏外观、通知区域、Aero Peek 效果等设置。
- “「开始」菜单”选项卡：可以完成“电源按钮操作”设置、“自定义”开始菜单上的连接图标以及菜单的外观和行为。
- “工具栏”选项卡：可以完成要添加到任务栏的工具栏选择。

提示

①任务栏若被锁定，任务栏的位置、大小、隐藏属性将不能被调整设置。

②任务栏的移动也可将鼠标移动到任务栏空白处按下鼠标左键，拖动任务栏到桌面四周某边缘，释放即完成移动。

③鼠标右击任务栏空白处打开快捷菜单，还可完成窗口显示形式、快速锁定任务栏、语言栏的显示隐藏等操作。

2.4 Windows 7 程序管理

程序（program）是为实现特定目标或解决特定问题而用计算机语言编写的命令序列的集合。管理程序的启动、运行、退出，是操作系统的主要功能之一。

在 Windows 中，程序通常以文件的形式存储在外存储器上，要运行某程序，需找到程序中扩展名为.exe 的程序文件。如表 2-5 所示为 Windows 7 的常用应用程序文件。

表 2-5　Windows 7 的应用程序文件

应用程序名	运行应用程序的文件
Windows 7 资源管理器	Explorer.exe
截图工具	SnippingTool.exe
画图	Mspaint.exe
写字板	Wordpad.exe
计算器	Calc.exe
Internet Explorer	Iexplore.exe
记事本	Notepad.exe
Microsoft Word	Winword.exe

2.4.1 任务管理器管理程序

Windows 7 任务管理器提供了有关计算机性能的信息，并显示了计算机上所运行的程序和进程的详细信息等。通过任务管理器可以实现对应用程序、进程、计算机性能等方面的查看和管理。

进程是应用程序的一个执行过程（一个程序有可能同时属于多个进程），一个程序被调入内存后，就创建了进程，程序执行结束，进程就消亡。

1. 启动任务管理器

Windows 7 中常用以下方法启动任务管理器。如图 2-6 所示为“Windows 任务管理器”窗口。

- 按下 Ctrl+Shift+Esc 组合键。
- 按下 Ctrl+Alt+Del 组合键，在桌面菜单中单击“启动任务管理器”命令。

- 鼠标右击任务栏空白处，在打开的快捷菜单中单击“启动任务管理器”命令。

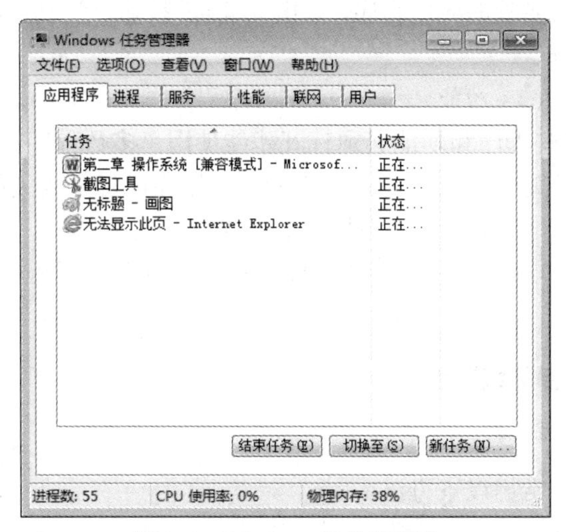

图 2-6　Windows 任务管理器

2．任务管理器的常用操作

（1）查看系统当前的信息

单击 Windows 任务管理器中的“应用程序”“进程”“服务”“性能”“联网”“用户”选项卡查看系统当前的信息。

（2）终止未响应的应用程序

当系统出现“死机”症状时，可以通过任务管理器来终止未响应的应用程序，恢复系统正常运行。

（3）同时完成多个应用程序窗口的排列

选择需要同时排列的应用程序项目，在菜单栏点击“窗口”菜单，选择“最大化”“最小化”“层叠”“横向平铺”“纵向平铺”命令完成相应操作。

（4）结束可疑进程的运行

当 CPU 使用率长时间达到或接近 100%或系统提供的内存处于几乎耗尽的状态，通常是系统感染了蠕虫病毒。这时可以通过结束 CPU 或内存占用率高的进程，退出病毒感染状态。

（5）快速刷新注册表

软件安装完成，一般系统会提示要重启计算机，完成注册表刷新，软件才能正常使用。用户可以通过任务管理器执行“进程”选项卡，选择 explorer.exe 进程，点击右下角的“结束进程”按钮将它结束，这时桌面显示消失。然后执行“文件”/“创建新任务”，在“创建新任务”对话框的“打开”文本框内输入“explorer.exe”，单击“确定”按钮，桌面显示恢复，计算机的注册表被更新，这时软件就能正常使用了。

2.4.2　应用程序的安装或删除

1．应用程序的安装或删除

在 Windows 添加或删除应用程序，可以直接运行应用程序的安装程序（一般为 Setup.exe 或 Install.exe）或自带的卸载程序。根据屏幕提示进行操作，即可完成应用程序的安装或删除。若程序没带卸载程序，通过以下操作也可完成程序的删除。

单击“开始”菜单/“控制面板”，在打开的“控制面板”窗口中单击“程序和功能”图标，在程序列表框中，选定需删除的应用程序，单击“卸载”按钮，系统会自动启动程序卸载功能，开始卸载应用程序的操作。

2. 打开或关闭 Windows 功能

Windows 附带的某些程序和功能必须打开才能使用。多数程序在安装时已自动打开，有些关闭的程序在使用时也需要打开。通过以下操作可以完成打开或关闭 Windows 功能。

单击“开始”菜单/“控制面板”，在打开的“控制面板”窗口中单击“程序和功能”图标/“打开或关闭 Windows 功能”，在打开的“Windows 功能”对话框中，选择需打开或关闭的选项。

2.4.3 应用程序的启动或退出

1. 应用程序的启动

Windows 7 运行程序常用以下方法。

- 单击“开始”菜单/“所有程序”，选择要启动的应用程序。
- 单击任务栏中的“快速启动”图标或双击桌面上的快捷图标。
- 双击应用程序的某文档，即可打开该文档的关联程序。
- 双击“计算机”系统图标，在打开的窗口中找到需打开的应用程序，双击应用程序的图标启动。
- 右击“开始”菜单，在打开的“资源管理器”窗口中找到需打开的应用程序，双击应用程序的图标启动。

2. 应用程序的退出

应用程序的退出即为窗口的关闭，常用以下方法。

- 单击窗口标题栏右边的 x 按钮，或按快捷键 Alt+F4。
- 在窗口菜单中选择“文件”/“退出”命令。
- 在控制菜单中选择“关闭”命令。

2.4.4 Windows 7 中附件应用程序介绍

在 Windows 7 中，附件包含许多系统工具和应用程序，如截图工具、写字板、记事本、画图、计算器、系统工具和娱乐工具等。这些体积小、功能简单实用的小程序，可以给用户使用计算机带来便捷和高效。以下介绍几个常用附件应用程序。

1. 便签

“便签”是为了用户在计算机桌面上标明事项和留言而设置的一个程序，执行“开始”/“所有程序”/“附件”/“便签”命令，即可在桌面上添加“便签”。对“便签”可以调整大小和进行简单的修饰。

2. 截图工具

“截图工具”是 Windows 7 自带的截图软件，执行“开始”/“所有程序”/“附件”/“截图工具”命令，即可启动“截图工具”窗口，如图 2-7 所示。

在“截图工具”窗口中单击“新建”，在级联菜单下选择“任意格式截图”“矩形格式截图”“窗口截图”“全屏幕截图”四种模式中的一种，即可实现截图功能。

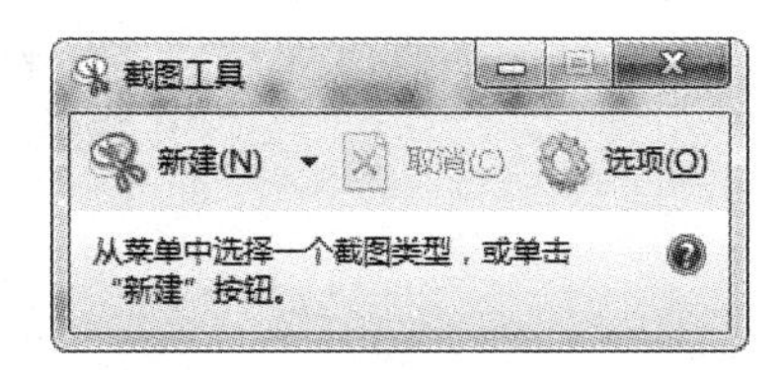

图 2-7　“截图工具”窗口

3. 记事本和写字板

“记事本”和“写字板”是 Windows 7 自带的简单文档编辑工具，适用于编写备忘录和便条等文本文档，编辑的文件保存格式默认为“.txt”文件。

写字板功能比记事本功能强大，它可以支持图片插入及文档的编辑与排版。执行“开始”/“所有程序”/“附件”/“记事本”或“写字板”命令，即可启动程序窗口。

4. 画图

Windows 7 中“画图”是一个具有绘制图形、编辑图形、打印图形等功能的图形处理软件，其处理的图形文件保存格式是位图格式。

执行“开始”/“所有程序”/“附件”/“画图”命令，即可启动程序窗口，如图 2-8 所示。

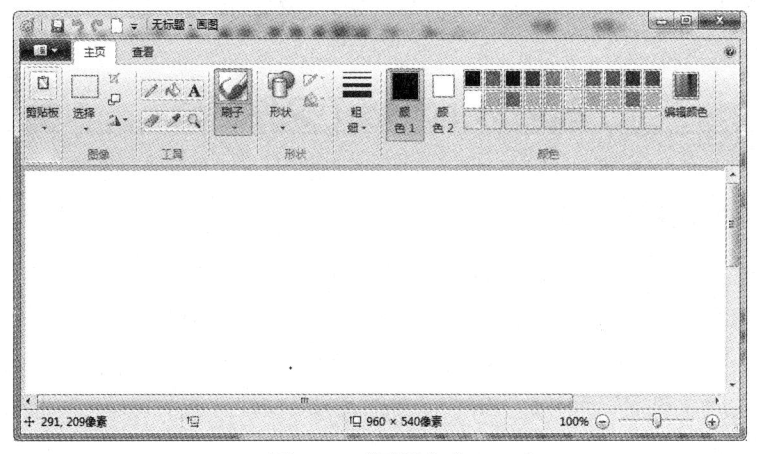

图 2-8　“画图”窗口

画图的一般步骤如下。

（1）选择“颜色”中的某个颜色。

（2）选择“工具”中的某个画图工具。

（3）在工作区绘制图形，在绘制过程中可以选择“刷子”“形状”“铅笔”“文本”“橡皮擦”“放大镜”等工具。

5. 计算器

Windows 7 中“计算器”变化很大，不仅有全新的界面，而且功能也更多。执行“开始”/“所有程序”/“附件”/“计算器”命令，即可启动程序窗口，如图 2-9 所示。

打开“查看”菜单，便可看到如图 2-10 所示的丰富功能。

- “标准型”：计算器默认界面，用它执行简单计算。
- “科学型”：用它可执行三角函数、乘方、平方、立方等运算。
- “程序员”：用它可进行数制转换或逻辑运算。
- “统计信息”：用它可进行常用统计计算，如求平均值、标准偏差等计算。

图 2-9 “计算器”窗口

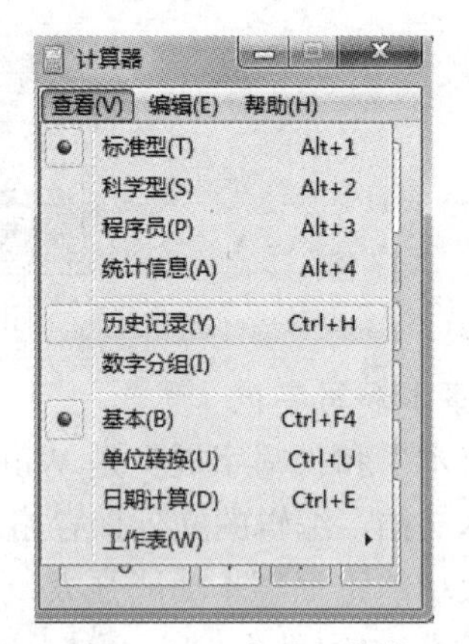

图 2-10 “查看”菜单

①为了给计算机用户以更好的服务，Windows 7 中的“附件”/“轻松访问中心”还提供了“放大镜”“讲述人”“屏幕键盘”等功能。

②除“附件”外，Windows 7 还提供了“小工具”的程序，在桌面空白处右击鼠标，选择“小工具”，弹出“小工具”窗口，双击小工具即可使用。

2.5 Windows 7 文件管理

2.5.1 文件和文件夹的概念

1. 文件

用户对计算机资源的管理通常以文件为单位，文件是一组逻辑上相互关联的信息集合，可以是程序、文档、数据、图片、视频等。系统对文件以“按名存取”的方式进行访问，用户使用文件时，只需知道文件名，而不必了解存储器的差异、文件存放的物理位置和如何存放等情况。

（1）文件的命名

每个文件都要通过文件名来标识。文件名的格式：主文件名.扩展名，其中“主文件名”可由用户自行定义，“扩展名”用来表示文件类型，一般由系统默认生成。

Windows 文件名的命名规则如下。

①文件名的长度最大可以达到 255 个字符。

②字符可以是字母、数字、汉字或一些特殊字符，除开头以外可以带空格。

③不能使用的字符有“\”“/”“:”“*”“?”“：”“|”“<”“>”。

④英文字母不区分大小写。

在查找文件或文件夹时，可以使用“*”“?”，它们被称为通配符，分别代表任意一个字符和任意多个字符。

（2）文件的类型

计算机中的文件分为系统文件、通用文件与用户文件。前两类是在安装系统和硬件时由系统自动生成的，其文件名不能随便更改或删除。用户文件是由用户建立并命名的文件。如：程序编写的源文件、数据文件、系统配置文件、文章、表格、图形等文件。不同的文件类型，其图标和描述也不同。表 2-6 所示为常见的文件类型与对应的扩展名。

表 2-6　常见的文件类型与对应的扩展名

扩展名	文件类型	扩展名	文件类型
.exe、.com	可执行文件	.txt	文本文件
.hlp	帮助文件	.doc、.docx	Word 文档文件
.sys、.int、.dll、.adt	系统文件	.xls、.xlsx	Excel 工作簿文件
.drv	设备驱动程序文件	.ppt、.pptx	演示文稿文件
.tmp	临时文件	.wav、.mid、.mp3	音频文件
.ini	系统配置文件	.jpg、.bmp、.gif	图像文件
.bak	备份文件	.avi、.mpg	视频文件
.c	C 语言源程序文件	.rar、.zip	压缩文件
.obj	目标代码文件	.htm、.html	网页文件

2. 文件夹

计算机是通过文件夹来组织管理和存放文件的，在 Windows 中文件按树形结构来组织和管理，如图 2-11 所示。在树形结构中，文件夹最高层称为根目录（如磁盘 C，表示为 C:\），在根目录（文件夹）中建立的目录（子文件夹）称为子目录，子目录中还可包含下级子目录。这样往文件夹中不断添加子文件夹，形成一棵倒挂的树，树枝是文件夹，树叶是文件。

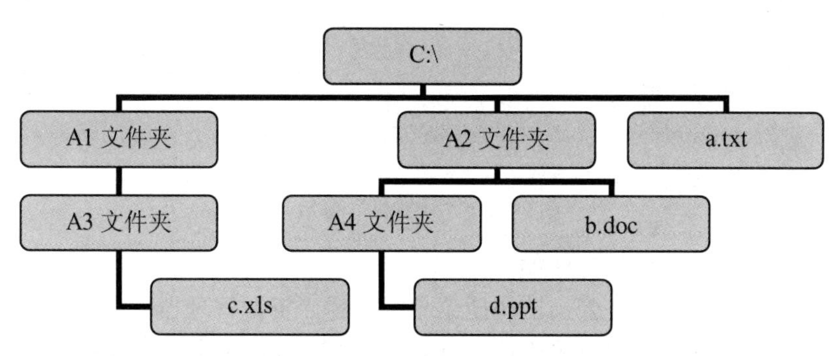

图 2-11　文件树形结构

在树形结构中，用户可以将一个项目的有关文件放在同一个文件夹中，也可以按文件类型或文件用途存放在不同文件夹中。

计算机是通过文件路径访问文件的，其路径的表示格式为：\最外层文件夹名\…\最内层文件夹名。

例如访问图 2-11 中 c.xls 文件的路径为：C:\A1\A3\c.xls。

提示　文件夹的命名规则与文件基本相似，不同的是文件夹没有扩展名。

2.5.2　文件与文件夹管理

1. “计算机”和资源管理器

Windows 7 采用了“计算机”和“资源管理器”两个应用程序来完成对文件和文件夹的管

理，两者在功能上一样，窗口基本相同，可以相互转换。

启动“计算机”窗口的方法如下：

- 双击桌面“计算机”图标。
- 单击“开始”菜单/“计算机”命令。
- 同时按下 Windows 徽标+E 组合键。

打开如图 2-12 所示“计算机”窗口，由三部分组成，上部是标题栏、菜单栏、工具栏和地址栏、搜索栏；左边是系统导航窗格，带有三角形符号表示该驱动器或文件夹有子文件夹，单击该三角形符号或单击可展开或折叠其包含的项目；右边是用户选定的驱动器或文件夹的内容窗口。

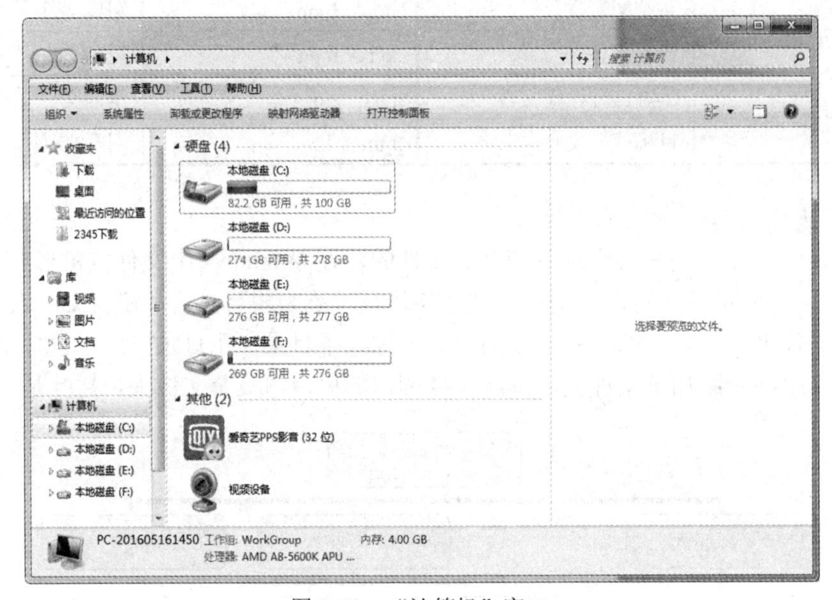

图 2-12　“计算机”窗口

启动“资源管理器”窗口的方法如下：

- 右击“开始”菜单，在弹出的快捷菜单中选择“资源管理器”命令。
- 单击“开始”菜单/“所有程序”/“附件”/“Windows 资源管理器”。

打开的“资源管理器”窗口与“计算机”窗口相似，单击“计算机”窗口中的“库”即可切换到“资源管理器”窗口。用户可根据个人喜好选择二者之一对文件和文件夹进行管理。

2. 文件和文件夹的查看

在“资源管理器”或“计算机”窗口中，单击“查看”菜单或工具栏上的“查看”按钮，可在“超大图标”“大图标”“中等图标”“小图标”“列表”“详细资料”“平铺”“内容”中选择一种查看方式。

3. 文件和文件夹的排序

若想改变查看文件或文件夹的不同排序方式，单击“查看”/“排序方式”命令，可在“名称”“大小”“类型”“修改时间”“递增”“递减”中选择一种排序方式。

4. 选择文件和文件夹

用户可以通过以下方法选定文件和文件夹。

- 选择单个文件或文件夹：单击该文件或文件夹。

- 选择多个连续的文件或文件夹：单击第一个文件或文件夹，然后按下 Shift 键不放，再单击最后一个文件或文件夹。
- 选择不连续的文件或文件夹：单击第一个文件或文件夹，然后按下 Ctrl 键不放，再逐个单击想要选择的文件或文件夹。
- 选择全部文件或文件夹：单击“编辑”/“全选”命令或按 Ctrl+A 组合键。
- 反向选择文件或文件夹：选中不需要的文件或文件夹，单击“编辑”/“反向选择”命令，则选中未选择的文件或文件夹。

5. 创建文件或文件夹

创建文件或文件夹的方法很多，常用方法有以下几种。

- 在“计算机”窗口中，选择创建文件或文件夹的位置，单击“文件”/“新建”/“文件夹”命令或需创建的文件类型，输入新文件夹或文件名称，按 Enter 键。
- 右击文件夹窗口或桌面空白处，在弹出的快捷菜单中选择“新建”/“文件夹”命令或需创建的文件类型，输入新文件夹或文件名称，按 Enter 键。

6. 移动、复制、删除文件或文件夹

（1）移动文件或文件夹

移动文件或文件夹，常用方法有以下几种。

- 在同一磁盘驱动器中移动：直接拖动选定的文件或文件夹到目标位置。
- 在不同磁盘驱动器中移动：按下 Shift 键不放，拖动选定文件或文件夹到目标位置。
- 右击要移动的文件或文件夹，在弹出的快捷菜单中选择“剪切”命令或选定要移动的文件或文件夹，单击“编辑”/“剪切”命令，或按 Ctrl+X 组合键。在目标位置右击，在弹出的快捷菜单中选择“编辑”/“粘贴”命令，或按 Ctrl+V 组合键。

（2）复制文件或文件夹

复制文件或文件夹，常用方法有以下几种。

- 在同一磁盘驱动器中移动：按下 Ctrl 键不放，拖动选定文件或文件夹到目标位置。
- 在不同磁盘驱动器中移动：直接拖动选定的文件或文件夹到目标位置。
- 右击需复制的文件或文件夹，在弹出的快捷菜单中选择“复制”命令或选定需复制的文件或文件夹，单击“编辑”/“复制”命令，或按 Ctrl+C 组合键。在目标位置右击，在弹出的快捷菜单中选择 “编辑”/“粘贴”命令，或按 Ctrl+V 组合键。

对象的复制或剪切（移动）是先复制或剪切到剪贴板，再将对象粘贴到目标位置。剪贴板是内存中的一个临时存储区，它是程序和文件之间传递信息的工具。剪贴板不仅可以存储文本，还可以存储图像、声音等信息对象。

（3）删除文件或文件夹

删除文件或文件夹，常用方法有以下几种。

- 选定要删除的文件或文件夹，选择“文件”/“删除”命令，或按 Delete 键，或右击鼠标，在快捷菜单中选择“删除”命令。
- 直接拖动选定的要删除的文件或文件夹到回收站。

删除文件或文件夹时按下 Shift 键，则删除的文件或文件夹将从计算机中彻底删除，而不保存到回收站中。

7. 重命名文件或文件夹

重命名文件或文件夹，常用方法有以下几种。

- 选定要重命名的文件或文件夹，选择“文件”/“重命名”命令，输入新名称，按 Enter 键。
- 右击要重命名的文件或文件夹，在弹出的快捷菜单中选择“重命名”命令，输入新名称，按 Enter 键。
- 按 F2 键，输入新名称，按 Enter 键。

8. 搜索文件或文件夹

随处可见的搜索功能是 Windows 7 系统的一大特色，在“开始”菜单、“资源管理器”、“Windows 图片库”等窗口搜索框中输入关键字，即可搜索相应的文件或文件夹。

搜索文件或文件夹时，常用以下方法。

- 单击“开始”菜单，在“开始”菜单下方搜索框中输入要搜索的文件或文件夹名，在输入的同时系统会同步显示搜索结果。
- 在“计算机”或“资源管理器”等窗口的搜索框中输入关键字，并可指定搜索类型、修改日期等进行高级搜索。

提示 在搜索框中输入文件或文件夹名字时，可以使用通配符“？”和“*”。

9. 创建文件或文件夹的快捷方式

在 Windows 中快捷方式可以帮助用户快速启动应用程序、打开文件或文件夹。快捷方式以图标形式展现，它是一种对象的链接方式。删除快捷方式，并不会影响相应对象。

在桌面创建快捷方式常采用以下几种方式。

- 右击需创建快捷方式的文件或文件夹，在弹出的快捷菜单中选择“发送到”/“桌面快捷方式”命令。
- 在桌面空白处右击鼠标，在打开的快捷菜单中单击“新建”/“快捷方式”命令，在打开的“创建快捷方式”对话框中，单击“浏览”按钮查找选定对象，单击“下一步”按钮，输入快捷方式名称，单击“完成”按钮。

10. 查看与设置文件或文件夹的属性

右击要查看和设置属性的文件或文件夹，在弹出的快捷菜单中选择“属性”命令，在打开的对话框中，用户可以查看文件类型、位置、大小及创建时间等信息，还可以设置文件或文件夹的只读和隐藏属性等。

11. 设置“文件夹选项”

在 Windows 7 中，“文件夹选项”是“计算机”和“资源管理器”窗口的一个主要菜单项，通过它可以设置文件或文件夹的查看方式和打开方式等。

单击“工具”/“文件夹选项”命令，打开如图 2-13 所示“文件夹选项”/“常规”对话框，再单击“查看”选项卡，打开如图 2-14 所示的“文件夹选项”/“查看”对话框。其中常用的选项设置有：

- 浏览文件夹的方式。
- 打开项目的方式。
- 导航窗格的显示方式。

- 是否隐藏已知文件类型的扩展名。
- 是否显示隐藏文件和文件夹。

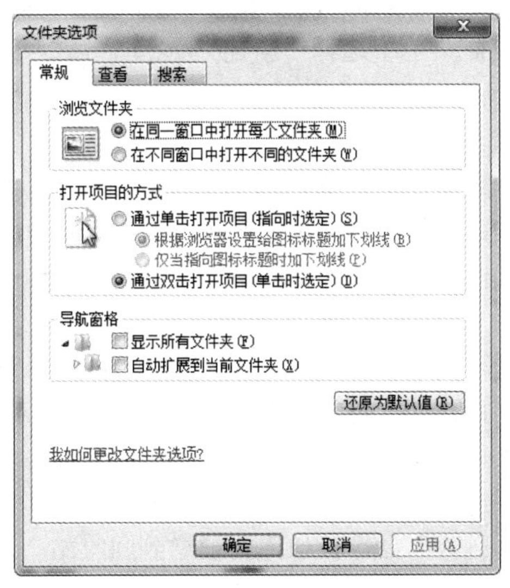

图 2-13　“文件夹选项”/“常规”对话框

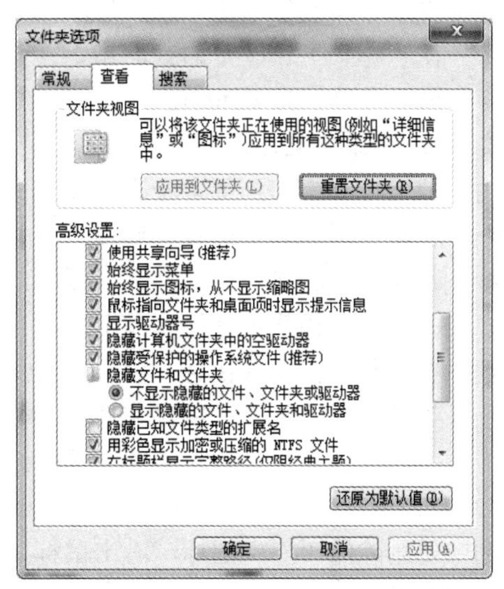

图 2-14　“文件夹选项”/“查看”对话框

2.5.3　“库”及其使用

“库”是 Windows 7 中新增的文件管理工具。如果用户在不同磁盘分区、不同文件夹、多台计算机或设备中存储了许多文件，有的文件可能存储在很深层次的文件夹中，寻找和管理这些文件会很困难。Windows 7 中“库”的应用可以解决这一困难。

“库”专门用来把存储在计算机中不同位置的文件或文件夹组织在一起，进行统一管理。“库”在组织管理文件或文件夹时并没有将其进行移动或复制，只是通过“库”将文件或文件夹的快捷方式组织在一起，以便用户通过“库”快速访问到这些文件或文件夹。

打开“资源管理器”窗口，在“导航窗格”中用户可以看到“库”，如图 2-15 所示，默认情况下 Windows 7 已经设置了“视频”“图片”“文档”“音乐”四个子库，用户可以建立自己新类别的库，并向库中添加文件夹，删除、重命名已存在的库。

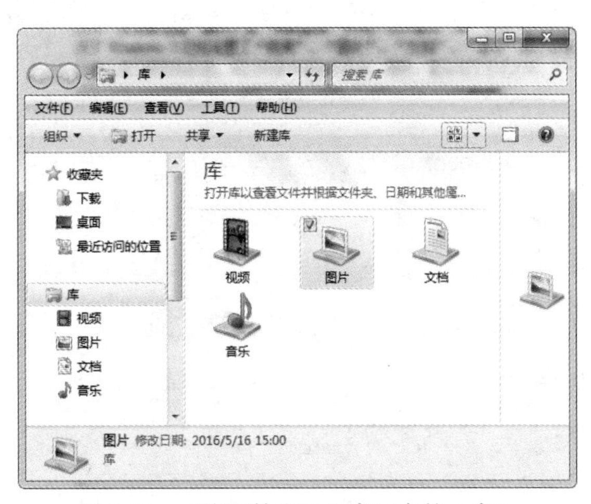

图 2-15　“资源管理器”窗口中的“库”

1. 新建“库”

在图 2-15 所示“资源管理器”窗口中，新建“库”通常采用以下方法。

- 单击“文件”/“新建”/“库”命令，输入新库名称，按 Enter 键。
- 在“库”工作区空白处右击，在弹出的快捷菜单中选择“新建”/“库”命令，输入新库名称，按 Enter 键。

2. 向库中添加文件夹

用户把文件夹添加到某个分类“库”中，通常采用以下方法。

- 右击要添加的文件夹，选择“包含到库”命令的级联菜单的某个分类库即可。
- 若要添加的文件夹已打开，可以单击工具栏中的“包含到库中”按钮 包含到库中 ▾，在列表中选择某个分类库即可。
- 右击某个分类库图标，在弹出的快捷菜单中选择“属性”命令，在打开的该“库”对话框中，单击“包含文件夹”按钮，在打开的“将文件夹包含在该‘库’”对话框中，找到需包含到库中的文件夹，单击“包含文件夹”/“确定”按钮即可。

3. 删除库或库中的文件夹

选中要删除的“库”图标，右击鼠标，执行“删除”命令，该库将被送到回收站。

选中要删除“库”中的文件夹，右击鼠标，执行“从库中删除位置”命令即可。

4. 使用库管理文件案例

下面简单地介绍如何使用“库”管理文件。

将文档类的文件夹添加到“文档库”中，就可以使用“库”进行分类与管理。

（1）在“资源管理器”导航窗格中，选择“库”中的“文档库”，在“文档库”工作区，单击“排列方式”下拉列表，即可按多种排列方式浏览、查看、管理“文档库”链接到的文件或文件夹。

（2）将“文档库”中的文件夹按“类型”排列方式排列归类后，“文档库”链接的文件就按文件的类型归类在不同的文件夹中，如图 2-16 所示，用户就可以方便地对同类文件进行操作管理，而不需要到不同的文件夹中寻找相同类型的文件。

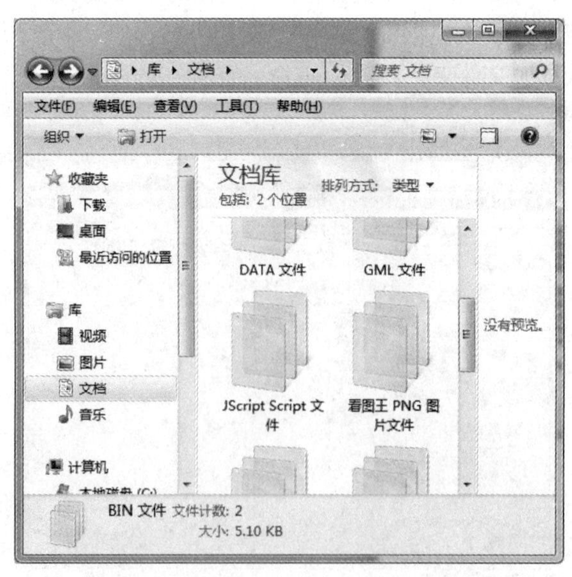

图 2-16 “文档库”按“类型”方式排序

例如用户需要将“文档库”中的所有 PNG 图片文件全部复制，可以按以下操作实现。

双击如图 2-16 所示的“文档库”中的“看图王 PNG 图片文件”图标，打开其文件夹窗口，按下 Ctrl+A 组合键选中所有文件，再按下 Ctrl+C 组合键复制文件；切换到目标文件夹，按下 Ctrl+V 组合键，即将选中的文件全部复制到目标文件夹中。

2.5.4　回收站

回收站是硬盘中专门用于暂时存放被删除文件和文件夹的一块空间，一般情况下是先将删除的文件和文件夹放入“回收站”，在需要时还可以从“回收站”还原。

1. 还原被删除的文件和文件夹

双击桌面“回收站”图标，在“回收站”窗口中，选中需要恢复的文件和文件夹，单击工具栏中“还原此项目”按钮，或右击鼠标在弹出的快捷菜单中选择“还原”命令，被删除的文件和文件夹还原回原来的位置。

2. 回收站清空

如果回收站暂存的文件过多，不仅占用磁盘空间，还会降低计算机运行速度，这时可以清空回收站。

在“回收站”窗口中，单击工具栏中“清空回收站”按钮，或右击鼠标在弹出的快捷菜单中选择“清空回收站”命令，在打开的询问对话框中，单击“是”按钮，回收站中所有文件将被删除。

3. 回收站的设置

右击桌面“回收站”图标，在打开的快捷菜单中选择“属性”命令，打开“回收站属性”对话框，从中可以定义回收站最大空间、设置直接删除和显示“删除确认对话框”等属性。

2.6　Windows 7 存储管理

存储管理是操作系统最重要的功能之一，是指对存储资源（主要是内存和外存）的管理。存储管理主要担负着对主存储器空间进行管理的职责，关于外存的管理则属于文件系统的范畴。

主存储器的空间分为两部分：系统区和用户区。系统区存放操作系统内核程序和数据结构等，用户区存放应用程序和数据。存储管理是对主存空间的用户区进行管理，其目的是尽可能地方便用户使用和提高主存空间的利用率。

在计算机的运行中，计算机所需的内存数往往大于实际的物理内存，人们设计出了许多策略来解决此问题，其中最成功的是虚拟内存技术。

虚拟存储器实际上是为扩大主存容量而采用的一种管理技术。其工作原理是把作业信息保留在磁盘上，当要求装入时，只将其中一部分先装入主存储器，作业执行过程中，若要访问的信息不在主存中，则再设法把这些信息装入主存，以便多个进程之间可以方便地共享内存。

把硬盘中 E 盘的部分空间设置成虚拟内存的操作如下：

（1）单击“开始”菜单/“控制面板”，在“控制面板”窗口中，单击“系统和安全”/“系统”，打开如图 2-17 所示“系统”窗口。

（2）单击“高级系统设置”，打开“系统设置”对话框，单击“性能”的“设置”按钮，打开“性能选项”对话框，如图 2-18 所示。

图 2-17 “系统”窗口

（3）单击“更改”按钮，在打开的如图 2-19 所示“虚拟内存”对话框中，单击“E:”，设置“初始大小”“最大值”等参数，单击“设置”按钮，即把 E 盘部分空间模拟成内存。

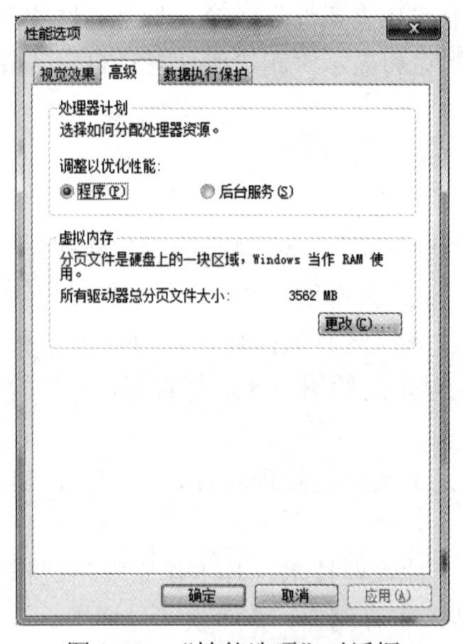

图 2-18 “性能选项”对话框

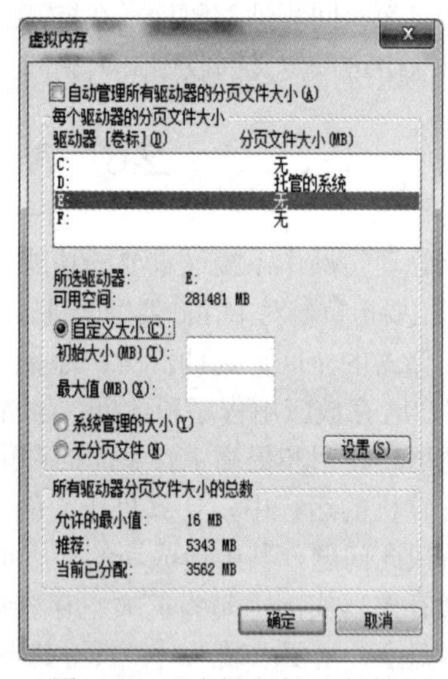

图 2-19 “虚拟内存”对话框

2.7 Windows 7 磁盘管理

计算机的所有程序和数据都存储在磁盘上，对磁盘进行管理和维护是计算机的一项重要工作。Windows 7 的磁盘管理操作可以实现对磁盘的空间管理、格式化，扫描和查看磁盘属性，碎片处理、清理、磁盘共享等功能。

2.7.1　硬盘的分区

在计算机中硬盘不能直接使用，存储信息之前必须对硬盘进行分区和格式化，才能使用硬盘保存各种信息。

硬盘分区就是将一个硬盘分成几个逻辑硬盘，它们之间存储的信息互不影响，便于用户在使用计算机的过程中进行分类和管理。

对硬盘分区时，先创建一个主分区就是 C 盘，通常用于安装操作系统，其余的磁盘空间全部划为扩展分区，再将扩展分区分为若干逻辑分区，就是 D 盘和 E 盘等。

在 Windows 7 中，一个硬盘最多创建 3 个主分区，主分区不能再细分。只有创建了主分区后，才能创建逻辑分区，如 F 盘、G 盘等。

扩展分区是不能直接使用的，必须分为逻辑分区才能使用，一个扩展分区最多可分为 23 个逻辑分区。

2.7.2　磁盘格式化

硬盘分区后，在使用时还需要对其进行格式化。在格式化磁盘时，可使用文件系统对其进行配置，以便 Windows 在磁盘上存储信息。

格式化磁盘会删除磁盘上的所有数据，并重新创建文件分配表。具体操作步骤如下。

（1）在“计算机”或“资源管理器”窗口中，选择要格式化的磁盘驱动器，单击“文件”/“格式化”命令或右击并在快捷菜单中选择“格式化”命令。

（2）弹出如图 2-20 所示的“格式化”对话框，在其中可完成磁盘容量大小、文件系统、卷标名、分配单元大小和格式化选项等设置，单击“开始”按钮，完成格式化操作。

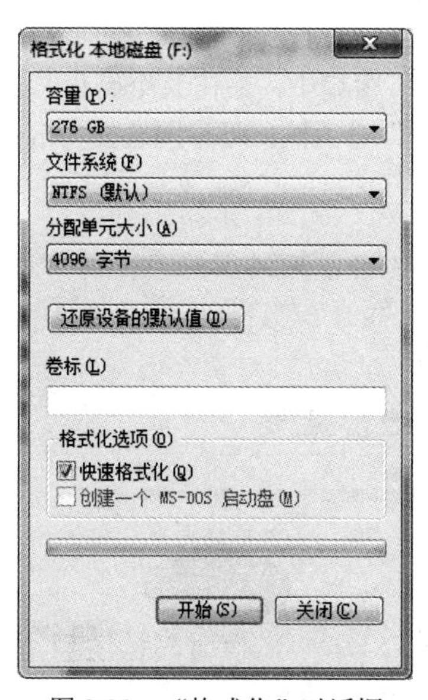

图 2-20　“格式化”对话框

文件系统是对文件存储器空间进行组织和分配，负责文件的存储并对存入的文件进行保护和检索的系统。Windows 7 支持的文件系统是 NTFS 文件系统。

2.7.3 磁盘的状态和属性

1. 查看磁盘状态

（1）单击“开始”菜单，在“计算机”选项上右击，从快捷菜单中选择“管理”命令。

（2）在弹出的“计算机管理”窗口中，单击“存储”/“磁盘管理”，在右边窗格中显示计算机的所有磁盘状态，如图 2-21 所示。

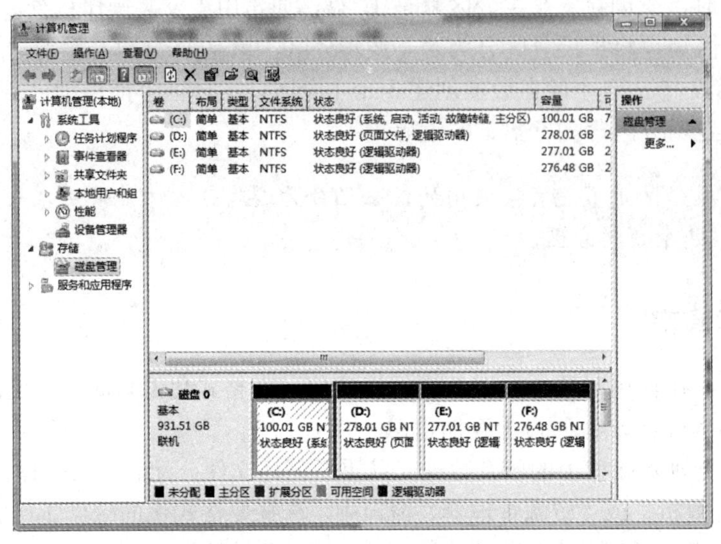

图 2-21 “计算机管理”窗口

2. 磁盘属性

磁盘的属性通常包括磁盘的类型、文件系统、空间大小、卷标及磁盘清理、碎片整理、备份、共享等。

在“磁盘管理”或“计算机”窗口中，右击某个磁盘，从快捷菜单中选择“属性”命令，弹出如图 2-22 所示的“磁盘属性”对话框，可分别选择“常规”“工具”“共享”“安全”等选项卡对磁盘属性进行查看和管理。

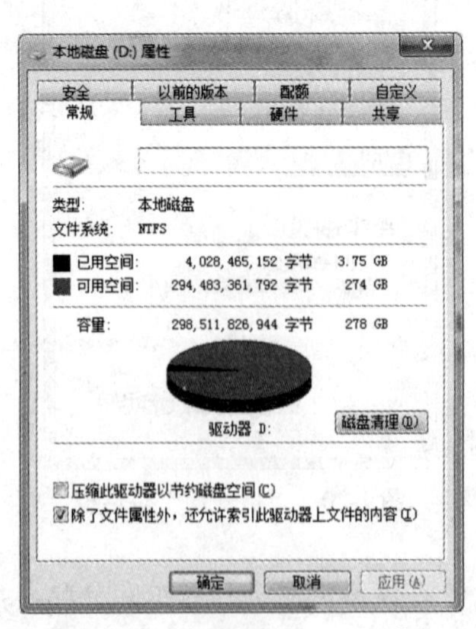

图 2-22 “磁盘属性”对话框

- “常规”选项卡：查看磁盘的类型、文件系统、可用空间、已用空间，输入卷标名，进行磁盘清理等。
- “工具”选项卡：对磁盘进行扫描纠错、碎片整理和备份操作。
- “共享”选项卡：设置磁盘共享方式。

2.7.4　磁盘清理和磁盘碎片整理

1. 磁盘清理

磁盘用久了，会积累大量的垃圾文件，如各种临时文件、缓存文件，占据大量磁盘空间。Windows 7 提供的“磁盘清理”程序可以安全删除这些不需要的文件，以增加磁盘可用空间。“磁盘清理”程序的使用步骤如下。

（1）单击“开始”/“所有程序”/“附件”/“系统工具”/“磁盘清理”命令，在弹出的“磁盘清理：驱动器选择”对话框中，选择驱动器，单击“确定”按钮。

（2）在打开的如图 2-23 所示的“磁盘清理”对话框中，选择要彻底删除的文件，单击“确定”按钮，完成磁盘清理工作。

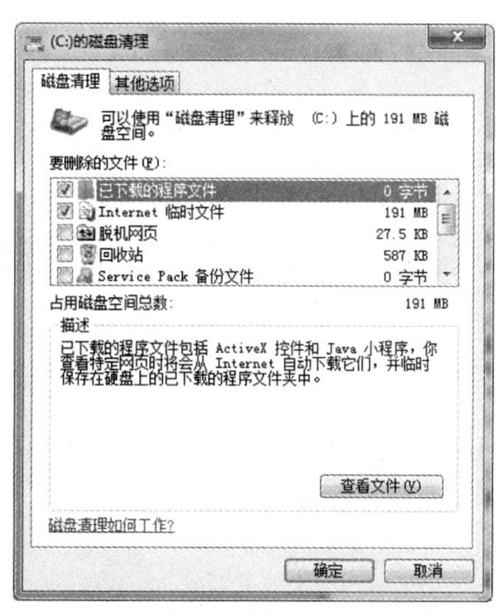

图 2-23　“磁盘清理”对话框

2. 磁盘碎片整理

磁盘经过长期使用后，会出现许多零散的空间和磁盘碎片，文件会被分散保存在磁盘上不连续的簇中，当要访问该文件时系统就要到不同的空间寻找文件的不同部分。文件碎片一般不会在系统中引起问题，但文件碎片过多会使系统在读文件的时候来回寻找，引起系统性能下降，严重的还会缩短硬盘寿命。另外，过多的磁盘碎片还有可能导致存储文件的丢失。Windows 7 提供的“磁盘碎片整理程序”，可以重组文件在磁盘中的存储位置，将文件的存储位置整理到一起，同时合并可用空间，从而提高磁盘的访问速度。用户应定期对磁盘碎片进行整理。“磁盘碎片整理程序”的使用步骤如下。

（1）单击“开始”/“所有程序”/“附件”/“系统工具”/“磁盘碎片整理”命令，弹出如图 2-24 所示的“磁盘碎片整理程序”窗口。

（2）选择需分析或整理磁盘碎片的驱动器，单击“分析磁盘”按钮分析磁盘碎片所占比例，确定是否进行整理，如果需要整理，则单击“磁盘碎片整理”按钮，即可完成磁盘碎片整理。

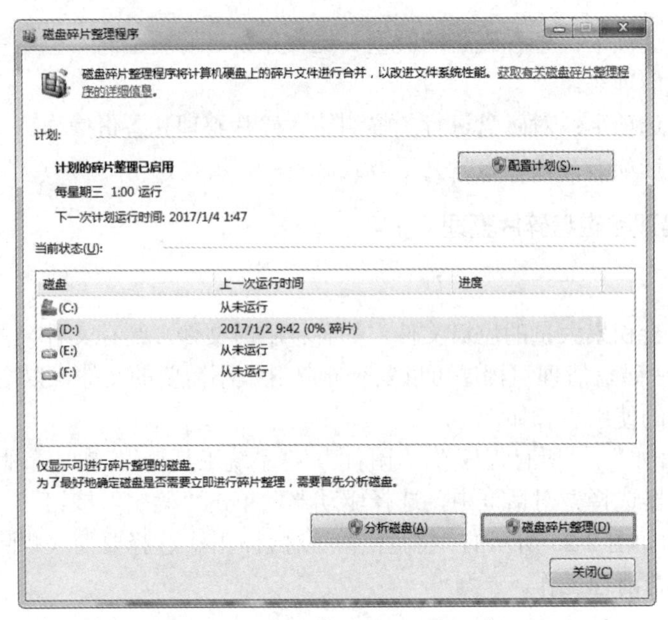

图 2-24 “磁盘碎片整理程序”窗口

由于磁盘碎片整理的时间比较长，在整理磁盘前，一般要先进行磁盘分析。

2.8 Windows 7 的控制面板

2.8.1 认识控制面板

控制面板是 Windows 7 为用户提供的个性化设置和管理系统的一个工具箱，用户通过控制面板可以方便地更改各项系统设置，如 Windows 7 的外观、桌面和窗口颜色、用户账号设置管理、系统安全性的管理等。

1. *启动控制面板*

启动控制面板的常用方法有以下三种：

- 单击“开始”菜单/“控制面板”选项。
- 双击桌面“控制面板”图标。
- 在“计算机”窗口，单击工具栏中的“打开控制面板”按钮。

2. *使用控制面板*

Windows 7 的控制面板浏览模式主要有两种：类别查看和图标查看。单击“控制面板”窗口右上角的“查看方式”旁的按钮可进行切换。

- 类别查看：在如图 2-25 所示“控制面板”窗口的“类别”查看模式中，有 8 大类别选项，每个类别选项下面列有可供快速访问的任务链接（如“系统和安全”下的“查看您的计算机状态”），单击任务链接，可在打开的任务窗口进行操作。单击任意类别选项（如“系统和安全”）可以查看更多该类别的任务。
- 图标查看：在如图 2-26 所示“控制面板”窗口的“图标”查看模式中，把每个任务都以图标方式显示，单击任务图标，可在打开的任务窗口进行操作。

图 2-25　“控制面板”窗口的“类别”查看模式

图 2-26　“控制面板”窗口的“图标”查看模式

2.8.2　用户管理

当多个用户使用同一台计算机时，为了保护各自的数据，用户可以在计算机系统中设置自己的账户，Windows 7 会为共享计算机的每位用户提供个性化的 Windows 服务。

在 Windows 7 中，可以设置 3 种不同类型的账户：管理员、标准账户、来宾账户。

- 管理员：拥有最高权限的账户。管理员可以对计算机系统进行更改、安装程序、访问计算机所有文件，还拥有添加和删除用户账户、更改用户类型、更改用户登录或注销方式等权限。
- 标准账户：默认状态下建立的账户都属于标准账户。该账户允许运行大多数应用程序，没有安装应用程序权限，可以创建、更改、删除自己账户的密码，也可以更改自己账户的图片，但不能更改账户名和账户类型。
- 来宾账户：为临时账户。该账户在默认情况下是被禁用的，需要管理员账户权限才能启用，该账户没有密码，可以快速登录，常用于临时授权访问网页和查看邮件。

1. 创建用户账户

在安装 Windows 7 的过程中，系统要求创建一个用户账户，该账户属于“管理员”账户。以“管理员”账户身份登录计算机进入 Windows 7 后，创建新账户，其操作步骤如下。

（1）在“控制面板”窗口的“类别”查看模式中，找到“用户账户和家庭安全”，选择其下的“添加或删除用户账户”任务链接，打开如图 2-27 所示的“管理账户”窗口。

图 2-27 “管理账户”窗口

（2）在窗口中单击“创建一个新账户”任务链接，在打开的“创建新账户”窗口，输入账户名称，选择账户类型，单击“创建账户”按钮，即可完成操作。

2. 更改用户账户设置

用户账户创建完成后，还可以对用户账户的名称、类型、图片、密码等内容进行更改，其操作步骤如下。

（1）在“控制面板”窗口的“类别”查看模式中，单击“用户账户和家庭安全”选项，打开如图 2-28 所示的“用户账户和家庭安全”窗口。

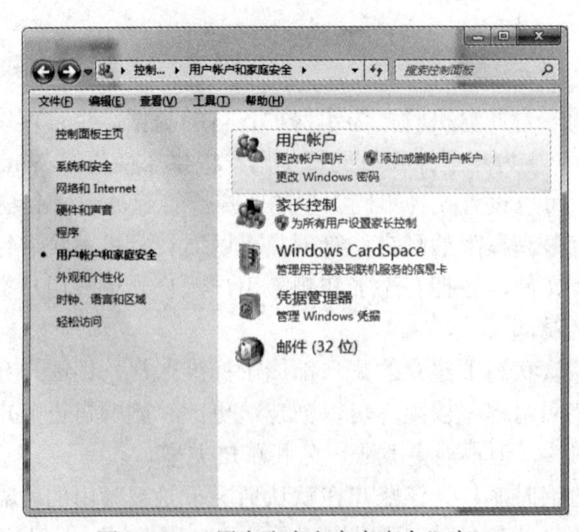

图 2-28 “用户账户和家庭安全”窗口

（2）在窗口中单击“用户账户”选项，在打开的“用户账户”窗口，可以进行用户账户的更改设置，如账户密码的创建或更改，更改图片、更改账户名称、更改账户类型、管理其他账户、更改用户账户控制设置等。

2.8.3　外观与个性化显示设置

设置完多用户账户后，用户可以通过更改计算机主题、颜色、桌面背景、屏幕保护、字体大小等对系统的外观和个性化环境进行设置。

在“控制面板”窗口的“类别”查看模式中，单击“外观和个性化”选项，打开如图 2-29 所示的“外观和个性化”窗口。

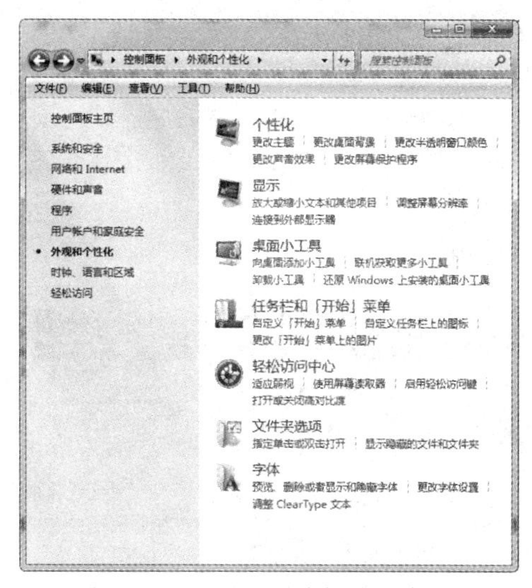

图 2-29　“外观和个性化”窗口

1. 桌面主题设置

主题是计算机中图片、颜色、声音的组合，主题的设置包括桌面背景、窗口颜色、声音和屏幕保护。

单击“外观和个性化”窗口中“个性化”选项下的“更改主题”链接，打开如图 2-30 所示的“个性化”窗口，在该窗口中有“我的主题”“Aero 主题”“基本和高对比度主题”，单击某个主题即可完成主题设置。

图 2-30　“个性化”窗口

选择“基本和高对比度主题”中的任意一个主题，都能关闭 Aero 特效，导致 Aero 功能不能使用，但这样可以提高系统的运行速度。

2. 桌面背景设置

单击“个性化”窗口中“桌面背景”图标，打开如图 2-31 所示的“桌面背景”窗口，选择该窗口中的桌面背景图片或通过单击“浏览”按钮找到所需图片，单击“图片位置（P）”下拉列表，选择显示方式（填充、适应、拉伸、平铺、居中），单击“保存修改”按钮，完成桌面背景设置。

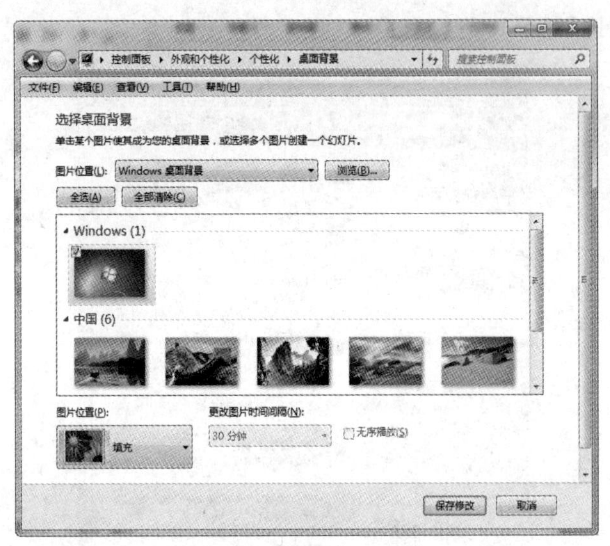

图 2-31 “桌面背景”窗口

3. 窗口颜色和外观设置

单击“个性化”窗口中“窗口颜色”图标，打开如图 2-32 所示的“窗口颜色和外观”窗口，选择该窗口中的不同的颜色图标，调整颜色浓度，单击“保存修改”按钮，即可完成窗口边框、“开始”菜单和任务栏颜色设置。

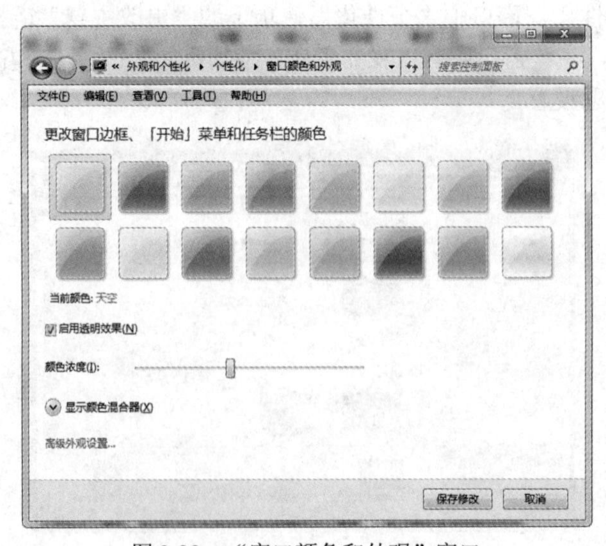

图 2-32 “窗口颜色和外观”窗口

在“窗口颜色和外观”窗口中，单击“高级外观设置”，打开如图 2-33 所示“窗口颜色和外观”对话框，在“项目”下拉列表中选择项目，再设置颜色和字体，单击“确定”按钮，即完成具体窗口项目颜色和外观的设置。

图 2-33 “窗口颜色和外观”对话框

4. 声音效果的设置

单击“个性化”窗口中“声音”图标，打开如图 2-34 所示的“声音”对话框，单击“声音方案（H）”下拉列表，选择声音方案，用户也可以自己创建声音方案具体步骤如下。

选择“程序事件”中某一事件，在“声音方案”中为该事件选择一种声音方案。可以为多个事件设置声音后，单击“另存为”按钮，为该方案命名后保存。

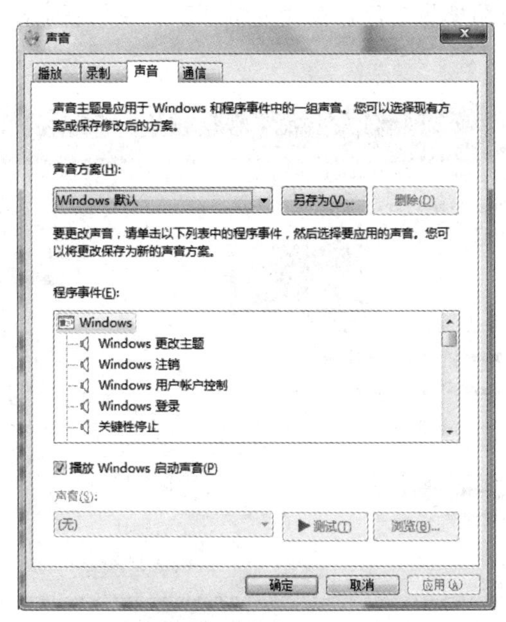

图 2-34 “声音”对话框

5. 屏幕保护程序的设置

当用户暂时不使用计算机时，可在屏幕上显示动态画面将屏幕内容屏蔽掉，防止无关人员窥视屏幕，同时可以减少耗电，保护屏幕。

单击“个性化”窗口中“屏幕保护程序”图标，打开如图 2-35 所示的“屏幕保护程序设置”对话框，在“屏幕保护程序”下拉列表中，选择希望使用的屏幕保护程序。

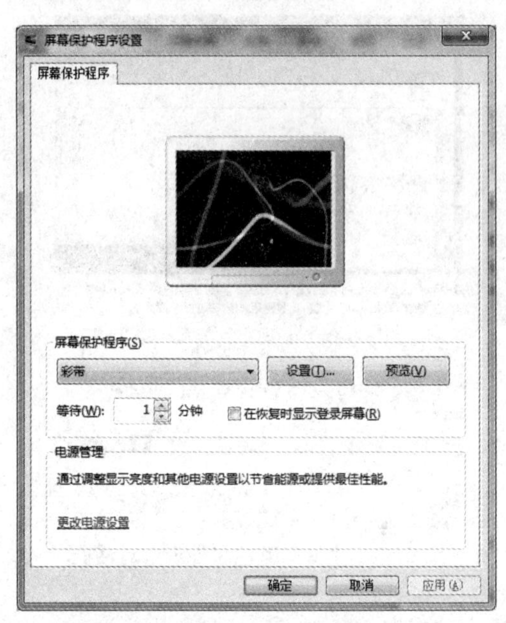

图 2-35 “屏幕保护程序设置”对话框

6. 屏幕分辨率的设置

分辨率是指显示器显示像素点的数量，显示器的画面质量与屏幕分辨率密切相关。

单击“外观和个性化”窗口中的“显示”选项下的“调整屏幕分辨率”任务链接，打开如图 2-36 所示的“屏幕分辨率”窗口，在“分辨率”下拉列表中，通过拖动滑块可设置适当的分辨率。

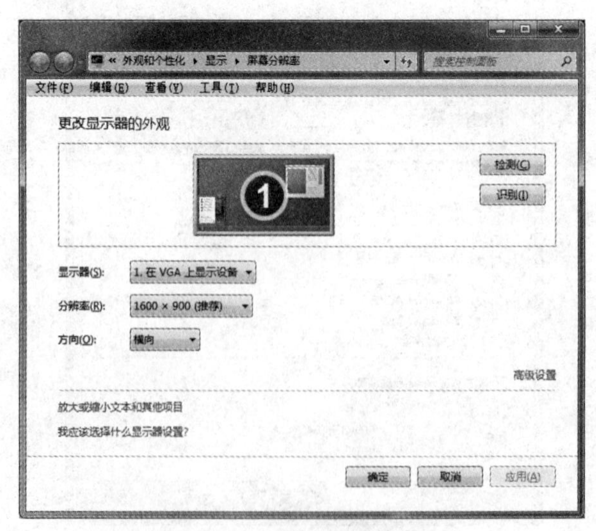

图 2-36 “屏幕分辨率”窗口

2.8.4　硬件和声音

在“控制面板”窗口的“类别”查看模式中，单击“硬件和声音”选项，打开如图 2-37 所示的“硬件和声音”窗口，该窗口主要完成添加设备和打印机，以及声音、电源、显示等主要设备的管理。

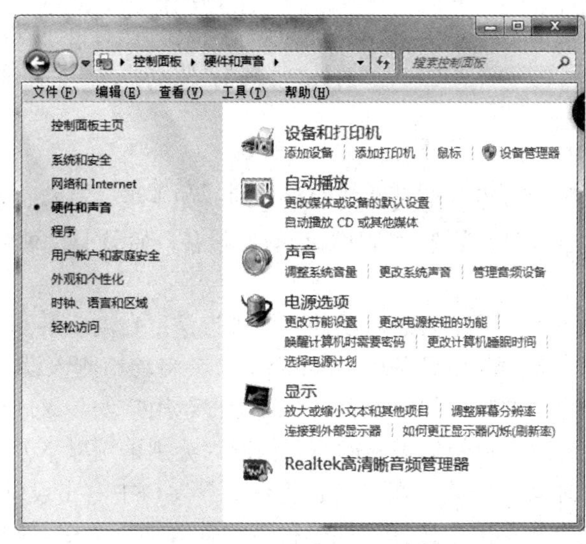

图 2-37　“硬件和声音”窗口

1. 设备管理器

使用“设备管理器”可以查看设备信息、检查硬件状态、安装更新设备驱动程序、配置和卸载设备等。

单击“硬件和声音”窗口中的“设备和打印机”选项下的“设备管理器”任务链接，打开如图 2-38 所示的“设备管理器”窗口。

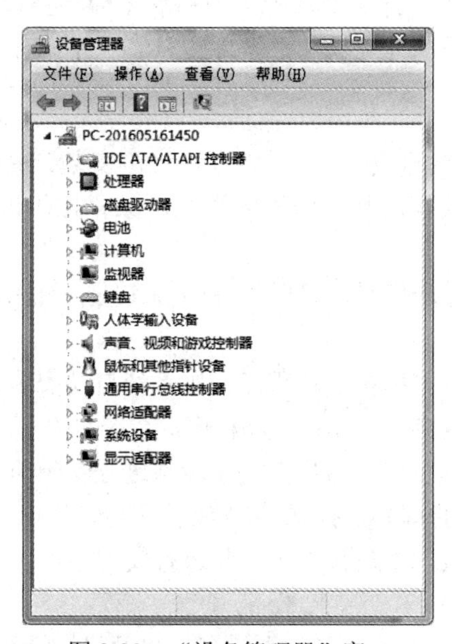

图 2-38　“设备管理器”窗口

设备驱动程序是计算机和设备通信的特殊程序，操作系统必须通过设备驱动程序才能控制硬件设备的工作。设备的驱动程序未能正确安装，设备便不能正常工作。

（1）查看设备信息

在“设备管理器”窗口中可以查看到系统当前设备。在默认情况下，系统设备按照类型排序。若需以其他方式查看，可以在“查看”菜单中选择。

单击某设备左侧三角形 ▷ 符号，右击具体的设备名称，在打开的快捷菜单中执行“属性”命令，在打开的设备“属性”对话框中，选择“常规”“驱动程序”“详细信息”选项卡可以查看设备信息。

（2）硬件和驱动程序安装

在微型机中，大多数硬件设备都是即插即用型的，如主板、硬盘、光驱、鼠标、键盘等，当插入设备时，系统就会自动安装驱动程序。但有些设备，如显卡、网卡、声卡等仍需用户自行安装驱动程序。

一般情况下，在 Windows 7 中安装新硬件有两种方法：自动安装和手动安装。

当计算机新增加一个即插即用设备后，Windows 7 会自动检测该设备，如果自带有该硬件的驱动程序，则系统会自动安装，如果没有，系统会提示用户安装该硬件自带的驱动程序。

当硬件需要手动安装时，可根据设备的不同情况，分别采用以下方法安装。

- 使用“设备管理器”安装：在“设备管理器”窗口中右击设备列表中未安装驱动程序的设备，在快捷菜单中选择“扫描检查硬件改动”命令，扫描完成后，弹出“驱动程序软件安装”对话框，按照安装向导提示即可完成驱动程序安装。
- 使用“设备管理器”中的“添加过时硬件”向导安装：如果某些硬件没有支持 Windows 7 系统的驱动程序，可以在“设备管理器”窗口中，单击菜单栏“操作”/“添加过时硬件”命令，弹出“欢迎使用添加硬件向导”对话框，按照提示即可完成过时设备安装。

在“设备管理器”窗口中右击设备列表中的硬件设备，在快捷菜单中选择“卸载”或“禁用”命令，可完成硬件设备的驱动程序的卸载或禁用。

2. 添加打印机

Windows 7 用户若要使用打印机，必须将驱动程序安装到系统中，系统才能正确地识别和管理打印机。在安装前需要搞清楚打印机的生产厂家和打印机型号，并使打印机与计算机正确连接。

（1）当安装 USB 口的打印机时，只要将打印机连线插入计算机 USB 口，Windows 7 就会自动识别。

- 若 Windows 7 找到该打印机驱动程序，则系统自动安装。
- 若 Windows 7 没有找到该打印机驱动程序，系统将提示放入光盘或选择驱动器程序位置，系统找到驱动程序后，用户按提示步骤进行安装即可。

（2）当安装非 USB 口的打印机时，单击“硬件和声音”窗口中的“设备和打印机”选项下的“添加打印机”任务链接，用户按提示步骤进行安装即可。

3. 鼠标的设置

在 Windows 操作中，鼠标是快速的输入设备，离开鼠标计算机的操作几乎寸步难行，对鼠标进行设置既可方便地使用又能尽显个性风格。

单击“硬件和声音”窗口中的“设备和打印机”选项下的“鼠标”任务链接，打开如图 2-39 所示的“鼠标属性”对话框，用户根据自己的使用习惯和喜好，在对话框中可设置鼠标的外观、移动速度、使用方式等。

4. 声音的设置

单击“硬件和声音”窗口中的“声音”选项下的“调整系统音量”任务链接，打开如图 2-40 所示的“音量合成器”对话框，其中“设备”控制系统主音量，系统声音或其他的声音均可分别调节，做到不同系统使用不同音量，这是 Windows 7 的特点，更具个性化。

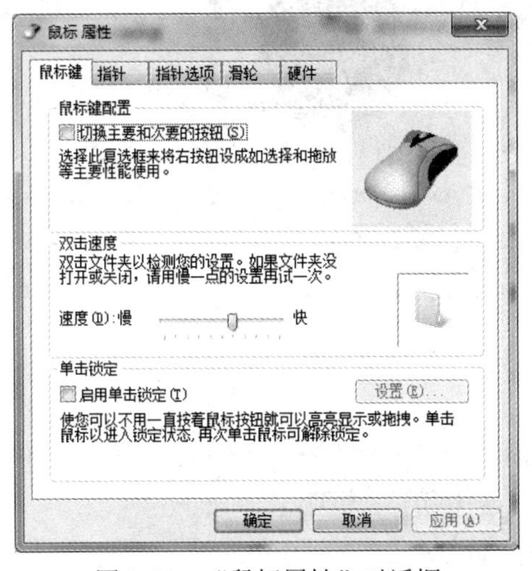

图 2-39　“鼠标属性”对话框

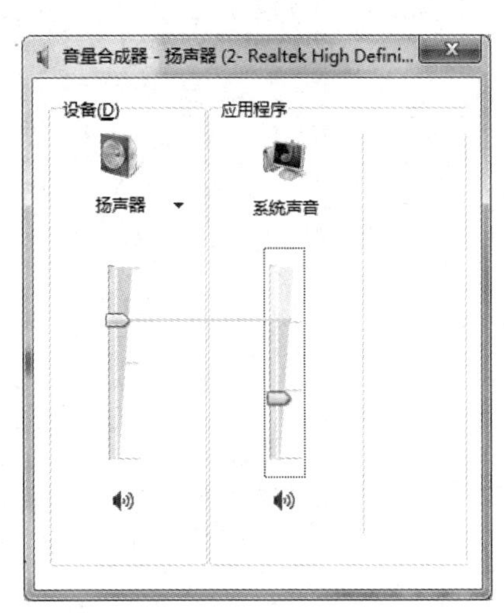

图 2-40　“音量合成器”对话框

2.9　系统和安全

在“控制面板”窗口的“类别”查看模式中，单击“系统和安全”选项，打开如图 2-41 所示的“系统和安全”窗口，可以对计算机系统及安全性进行设置。

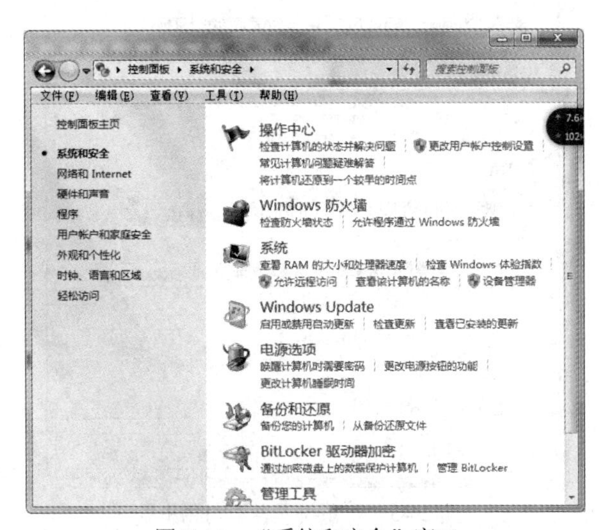

图 2-41　“系统和安全”窗口

1. 查看计算机及更改计算机设置

单击“系统和安全”窗口中的“系统”选项，打开如图 2-42 所示的“系统”窗口，可以查看计算机的基本信息。

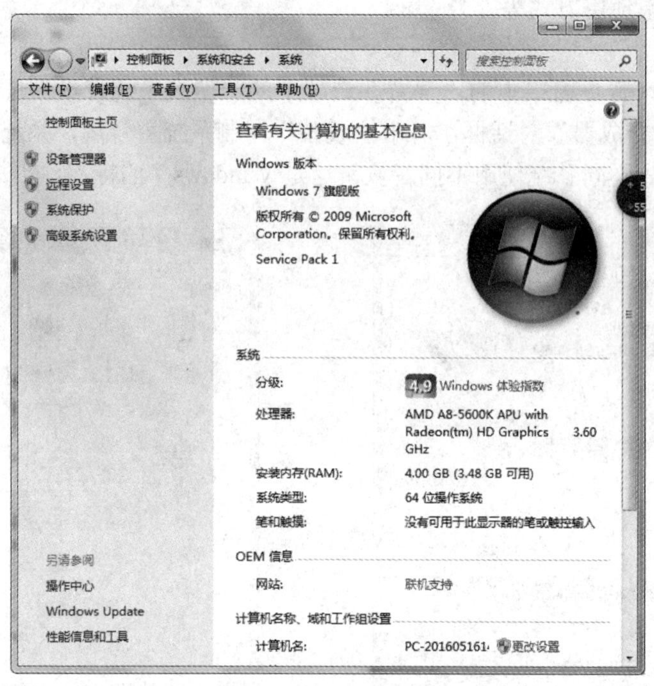

图 2-42 “系统”窗口

单击“系统”窗口右下角的“更改设置”按钮，打开如图 2-43 所示的“系统属性”对话框，单击“更改”按钮，在打开的“计算机名/域更改”对话框中可更改计算机名，设置隶属的域和工作组等。

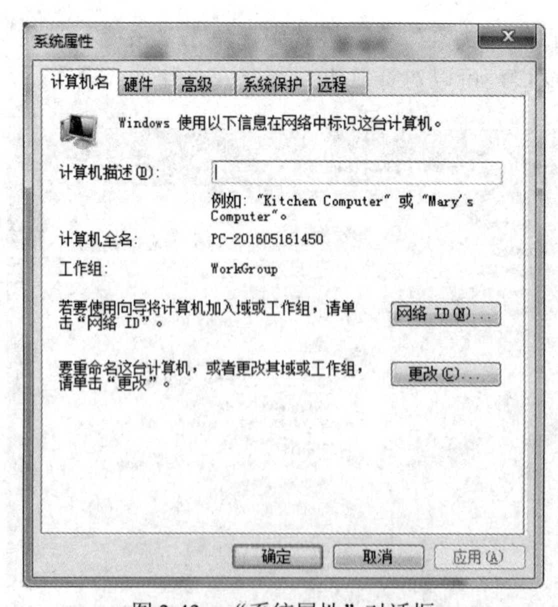

图 2-43 “系统属性”对话框

2. 系统自动更新

操作系统在使用过程中，难免会发现存在看一些错误的安全漏洞，系统自动更新是Windows 操作系统的一项重要功能。单击“系统和安全”窗口中的“Windows Update”选项下的“启用或禁用自动更新”链接，在打开的“更改设置”窗口选择自动更新设置的方式即可。

3. 系统备份和还原

在计算机使用过程中由于多种因素，计算机会出现系统故障、数据文件损坏、丢失等情况，所以对操作系统进行备份与还原，就成为保障系统安全必不可少的手段。

（1）备份用户数据

单击“系统和安全”窗口中的“备份和还原”选项，在打开的“备份和还原”对话框中，单击“设置备份”按钮，在打开的“设置备份”对话框中选择保存备份的磁盘，单击“下一步”/“让我选择”/“下一步”，选中要备份的选项，单击“下一步”/“保存设置并运行备份”。

（2）使用备份还原文件

单击“系统和安全”窗口中的“备份和还原”选项，在打开的“备份和还原”对话框中，单击“还原我的文件”按钮，在打开的“还原文件”对话框中单击浏览文件或文件夹按钮，选择要还原的文件或文件夹，单击“下一步”，按向导提示步骤完成操作。

2.10 时钟、语言和区域

为了使计算机运行更加准确，用户可对计算机进行时间、语言、区域等的设置。

在“控制面板”窗口的“类别”查看模式中，单击“时钟、语言和区域”选项，在打开的“时钟、语言和区域”窗口，可以对时间和日期、语言、输入法和键盘等进行设置更改。

习　　题

一、简答题

1. 操作系统的功能是什么？
2. Windows 7 中窗口和对话框一般由哪几部分组成？它们之间有什么不同？
3. 总结 Windows 7 窗口操作的各种方式。
4. Windows 7 中怎样查看磁盘中的文件资源？
5. Windows 7 中任务管理器和控制面板的功能是什么？
6. Windows 7 中存储管理和磁盘管理的功能是什么？
7. Windows 7 中怎样设置墙纸、屏幕保护、显示外观、色彩模式和屏幕分辨率？
8. Windows 7 中怎样进行用户数据的备份？

二、操作题

1. 取消桌面的“智能排序”功能，将“计算机”图标移动到桌面中央，将“用户的文件”图标隐藏和显示。

2. 将任务栏设置为“自动隐藏”，并将任务栏放到屏幕右端。取消“语言栏”的显示。设置“开始”菜单中显示“运行”命令。

3．为“计算器”创建一个桌面快捷方式。

4．在“计算机”窗口中浏览 C:盘的内容，通过窗口中的“查看”菜单以各种显示方式查看文件及文件夹。打开多个窗口（3 个以上），以“层叠”“并排”“堆叠”等方式排列显示窗口。

5．通过控制面板添加和删除一种应用程序，打开或关闭一种 Windows 功能。

6．安装云南省计算机一级 B 类考试模拟系统，练习上机操作题中的 Windows 部分。

第3章　文字处理软件 Word 2010

学习目标

1. 掌握 Word 2010 的基本操作。
2. 熟练掌握 Word 2010 的基本编辑功能。
3. 熟练掌握 Word 2010 的排版和打印。
4. 熟练掌握 Word 2010 的表格处理功能。
5. 熟练掌握 Word 2010 的图文混排功能。
6. 掌握 Word 2010 的部分高级应用。

3.1　Word 2010 概述

文字处理软件 Word 2010 是微软公司开发的 Office 2010 办公组件之一，主要面向文字处理，适用于制作各种应用文档。用户在 Word 2010 中可以快速地制作会议通知或信函、产品说明、小报、论文和总结报告等。

Word 2010 利用面向结果的全新用户界面，让用户可以轻松找到并使用功能强大的各种命令按钮，快速实现文本的输入、编辑、排版、表格处理、图文混排，长文档的编辑等工作。

3.2　认识 Word 2010

3.2.1　Word 2010 的启动和退出

1. Word 2010 的启动

启动 Word 2010 的常用方法如下。

- 单击“开始”/“所有程序”/“Microsoft Office”/“Microsoft Office Word 2010”命令。
- 双击桌面 Word 2010 快捷图标。
- 双击已有的 Word 文档。

2. Word 2010 的退出

退出 Word 2010 的常用方法如下。

- 单击 Word 2010 窗口标题栏右侧的“关闭”按钮。
- 单击“文件”/“退出”命令。
- 按 Alt+F4 组合键。
- 单击 Word 2010 窗口左上角的控制图标，执行“关闭”命令。

3.2.2 Word 2010 的窗口

Word 2010 启动后，系统即打开如图 3-1 所示的 Word 2010 窗口。窗口主要包含以下几个组成部分。

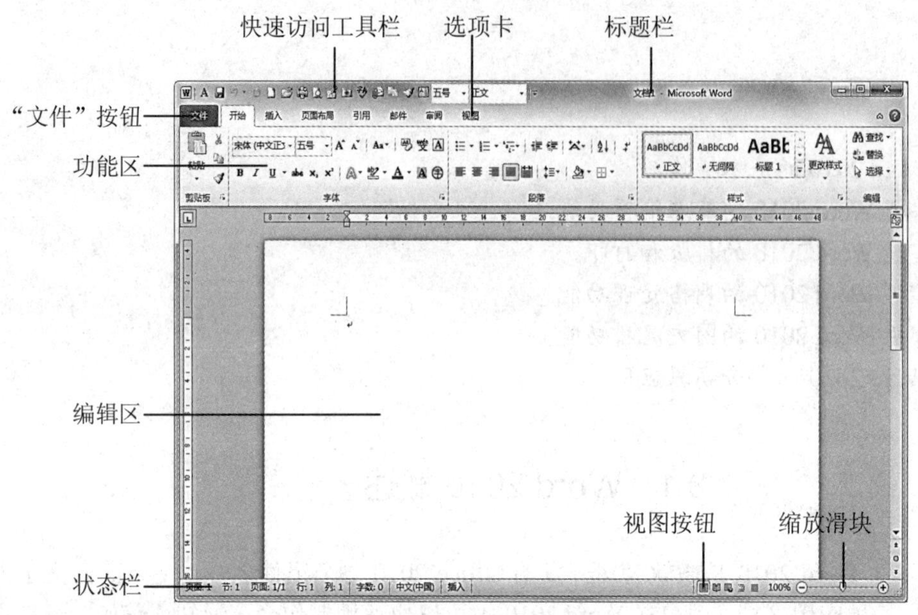

图 3-1 Word 2010 窗口

- 标题栏：显示正在编辑文档的文件名，右边为窗口最小化、最大化或还原、关闭按钮。
- 快速访问工具栏：常用的操作命令以图标形式显示，如"保存""撤消""新建"等，方便用户使用。用户可以根据个人情况添加和删除常用命令。
- "文件"按钮：单击"文件"按钮，打开后台（Backstage）视图，包含如"新建""打开""另存为…""打印""最近所用文件""选项"等一些基本命令。
- 功能区：单击功能区的选项卡，会有一个对应的功能区面板，工作所需要用到的命令都位于此处。与其他软件的"菜单命令"或"工具栏"作用相同。每个功能区分为若干组，单击组右下角的按钮，将弹出该组对话框或任务窗格。利用功能区右上角的或按钮可以显示或隐藏功能区。
- 选项卡：选项卡分为主选项卡和工具选项卡。默认状态下，只显示主选项卡，依次为"开始""插入""页面布局""引用""邮件""审阅""视图"。工具选项卡只有在操作需要时才会出现，如插入或选中表格后，在选项卡的最右侧位置就会出现"表格工具"选项卡，插入或选中图片后，在选项卡的最右侧位置就会出现"图片工具"选项卡。

提示 右击任意一个选项卡，可以对快速访问工具栏或功能区进行自定义。

- 编辑区：显示正在编辑的文档。
- 视图按钮：文档的显示方式切换按钮。用户在查看和编辑文档时，可根据需求选择不同的视图（页面视图、阅读版式视图、Web 版式视图、大纲视图、草稿）方式。

页面视图适合排版使用，阅读版式视图适合阅读文章，Web 版式视图适合网页制作浏览，大纲视图适合浏览编辑文章框架，草稿适合录入文章。

- 缩放滑块：用于正在编辑的文档的显示比例的调整。
- 状态栏：显示正在编辑的文档的相关信息。

3.3　文档的基本操作

3.3.1　创建文档

当启动 Word 2010 应用程序后，系统会自动创建一个名为“文档 1”的空白文档，用户可以根据自身需要选择创建空白文档或利用模板创建所需文档。

1. 创建空白文档

创建空白文档的常用方法有以下几种。

- 单击“文件”/“新建”命令，在打开的如图 3-2 所示的“新建文档”窗口中选择“空白文档”。

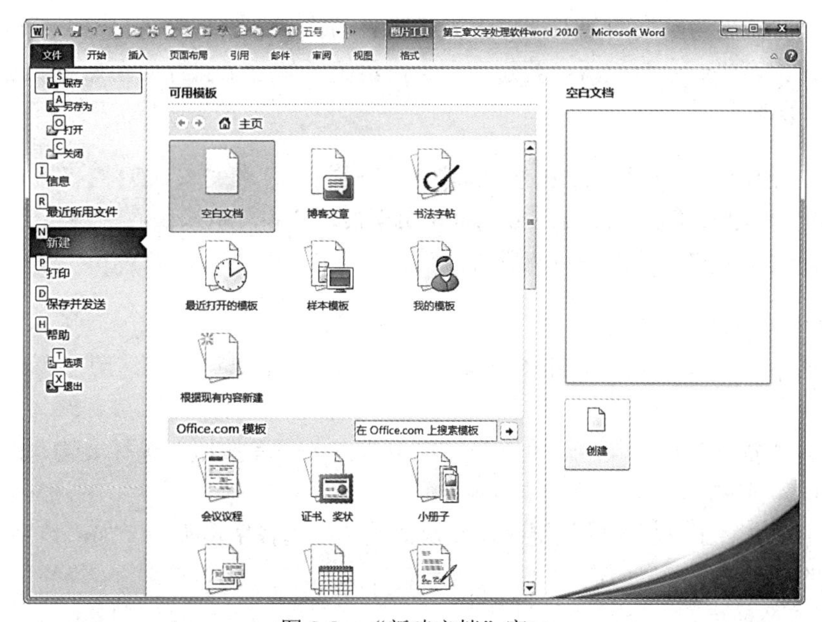

图 3-2　“新建文档”窗口

- 单击快速访问工具栏中的“新建文档”按钮。
- 按下 Ctrl+N 组合键。

创建的空白文档，系统默认中文字体为宋体，英文字体为 Times New Roman，字号为五号，纸张大小为 A4。

2. 利用模板创建文档

模板是一种特殊的预先设置好格式的文档，其扩展名为“.dotx”，是标准文档的样本文件。用户可以根据创建应用文档的需要，选择合适的模板，从而快速地完成应用文档的输入和格式的编辑。

单击“文件”/“新建”命令，打开如图 3-2 所示“新建文档”窗口，选择“可用模板”和“Office.com 模板”中相应的文档模板创建文档。

【例 3.1】利用“Office.com 模板”中的“实用简历（现代型）”模板制作简历。

具体操作步骤如下。

（1）单击“文件”/“新建”命令，在“Office.com 模板”中单击“简历和求职信”按钮，打开“简历和求职信”将样式模板列表框。

（2）在样式模板列表框中单击“实用简历（现代型）”样式，在窗口右侧预览效果并单击“下载”按钮，将样式下载到文档中。

（3）在文档中对应的位置输入相关内容，完成简历制作。

3.3.2 输入文本

1. 文本的基本输入

文档编辑窗口有一个闪烁的黑色竖条光标，称为“插入点”，标识文档编辑的当前位置。当用户确定了插入点的位置，选择一种输入法，就可以开始输入文本内容了。输入文本时插入点自动向后移动，输入发生错误可以按 Backspace 键删除错字，继续输入。

输入文档时，当达到页面最右端时，光标会自动换行。只有想另起一个新段落时，才需按下 Enter 键，产生一个新段落。若想在一个段落中开始一个新行而不是新段落时，可按下 Shift+Enter 组合键。

输入法选定：按“Ctrl+空格键”组合键，切换中文/英文；按“Shift+空格键”组合键，切换全角/半角；按 Ctrl+Shift 组合键，在各种输入法之间切换；按“Ctrl+.”组合键，切换中文/英文标点符号。

2. 符号和特殊字符的输入

在文档的输入过程中往往要输入键盘上没有的符号和特殊字符，用户可以按以下方法输入。

- 单击“插入”选项卡，在“符号”组中单击 Ω 符号按钮，选择要输入的符号和特殊字符即可完成。
- 利用“文字工具栏”的软键盘，在快捷菜单中选择字符类型，如“数字序号”，在出现的软键盘上单击所需字符。

3. 时间日期的输入

在文档的输入过程中可以直接输入时间日期，也可以单击“插入”选项卡，在“文本”组中单击“日期和时间”按钮来完成。

4. 插入文件

在文档的输入过程中有时会需要把另一篇 Word 文档中的文字插入到当前文档中去，其操作方法如下。

（1）将插入点光标移动到当前文档的插入位置，单击“插入”选项卡，在“文本”组中单击“对象”右侧的下拉按钮。

（2）在弹出的列表中单击“文件中的文字”，在打开的“插入文件”对话框中找到需插入的文件，单击“插入”按钮。

3.3.3　保存与保护文档

1. 保存文档

文档的保存可以采用以下几种方法。

- 单击快速访问工具栏中的“保存”命令。
- 单击“文件”/“保存”命令。
- 按下 Ctrl+S 组合键。
- 单击“文件”/“另存为”命令。

如果新文档第一次保存或是旧文档重新以新文件名存盘，会出现如图 3-3 所示的“另存为”对话框，在对话框“组织”窗格中选择需要的存盘路径，在“文件名”输入框中输入存盘文件名，在“保存类型”下拉列表框中选择文件类型，单击“保存”按钮。

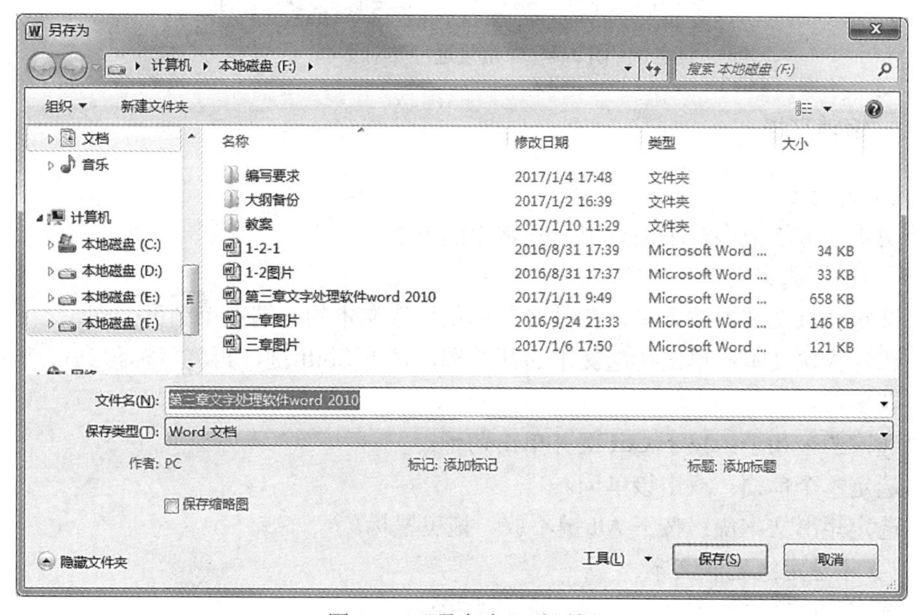

图 3-3　“另存为”对话框

保存的含义是将所编辑的文档按原名存盘，另存为的含义是将未起名或已有名字的文档按新文件名存盘。

2. 保护文档

用户可以通过“打开权限密码”“修改权限密码”“只读属性设置”“限制格式和编辑”等设置对文档进行保护。

单击“文件”/“另存为”命令，在打开的如图 3-3 所示的“另存为”对话框中，单击“工具”下拉按钮/“常规选项”命令，在打开的如图 3-4 所示的“常规选项”对话框中，可完成文档的“打开权限密码”“修改权限密码”“只读属性设置”“限制格式和编辑”等设置。

在“另存为”对话框中，单击“工具”下拉按钮/“保存选项”命令，还可以对“自定义文档保存方式”进行设置。

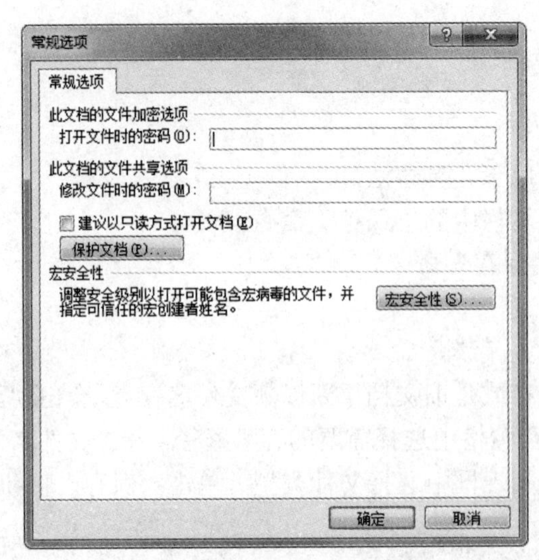

图 3-4 “常规选项”对话框

3.3.4 编辑文档

1. 文本的选定

选择文本的方法很多，下面列出一些常用的方法。

（1）用鼠标选定文本

- 选定任意文本：按下鼠标左键将鼠标从待选文本的一端拖曳到另一端。
- 选定大块文本：单击待选文本的开始端，按下 Shift 键，再将鼠标移到待选文本结束端单击。
- 选定一个句子：按下 Ctrl 键并单击句子。
- 选定一个单词：双击该单词。
- 选定矩形文本块：按下 Alt 键不放，拖曳鼠标。

（2）文本选定区选取文本

- 选定行：文本选定区单击鼠标选定所指行。
- 选定一个段落：文本选定区双击鼠标选定所指段落。
- 选定整篇文档：文本选定区三击鼠标选定整篇文档。

将鼠标移动到文档最左侧，鼠标从“I”形状变为指向右上的箭头，此区域称为“文本选定区”。

（3）用键盘选定文本

- 选定整篇文档：Ctrl+A
- 按下 Shift 键不放，通过→、←、↑、↓等方向键移动插入点来选取所需文本范围。

2. 插入与删除文本

（1）插入文本

在插入状态下，将插入点移动到插入文本的位置，输入新文本即可。

通过鼠标双击状态栏中的“改写”按钮或按键盘上的 Insert 键可以在“改写”与“插入”状态间切换。

（2）删除文本

按下 Delete 键可完成插入点之后的一个字符的删除，按下 Backspace 键可完成插入点之前的一个字符的删除。

删除几行或一块文字，只需选定要删除的文字，按下 Delete 键即可完成。

3. 移动与复制文本

在编辑过程中经常需要将一些文本移动或复制到其他位置，用户可以利用剪贴板实现。剪贴板是内存中的一块区域，Windows 剪贴板只保留最近一次的剪切或复制内容，而 Office 2010 中提供了 24 个子剪贴板，可以保留最近 24 次的剪切或复制内容。单击“开始”/“剪贴板”组右下角的功能按钮，在打开的“剪贴板”任务窗格中可查看剪贴板内容。

（1）移动文本

- 使用剪贴板：选定要移动的文本，单击“开始”选项卡/“剪贴板”组中的“剪切”按钮（或按 Ctrl+X 组合键），将插入点光标移动到目的地，单击“粘贴”按钮（或按 Ctrl+V 组合键）完成移动操作。
- 使用鼠标拖动：选定文本，按下鼠标左键拖曳到目的地释放，完成选定文本的移动。

（2）复制文本

- 使用剪贴板：选定要复制的文本，单击“开始”选项卡/“剪贴板”组中的“复制”按钮（或按 Ctrl+C 组合键），将插入点光标移动到目的地，单击“粘贴”按钮（或按 Ctrl+V 组合键）完成复制操作。
- 使用鼠标拖动：选定文本，按住 Ctrl 键，再按下鼠标左键拖曳到目的地释放，完成选定文本的复制。

4. 查找与替换

在文档编辑过程中，经常会查找某些文字或字符等，或对查找出来的对象进行修改替换，用户可以使用 Word 2010 提供的查找与替换功能加以实现。

（1）常规查找

单击“开始”选项卡/“编辑”组/“查找”按钮，在“导航”窗口中输入查找内容，文档中高亮显示找到的文本。

（2）高级查找

单击“开始”选项卡/“编辑”组/“查找”下拉按钮/“高级查找”命令，在打开的“查找和替换”对话框中单击“更多(M) >>”按钮，设置查找特定的文本。

（3）替换文本

单击“开始”选项卡/“编辑”组/“替换”按钮，在打开的“查找和替换”对话框中分别输入查找和替换的内容，设置好格式，根据情况单击“替换”按钮，或“全部替换”按钮，或“查找下一处”按钮。

【例 3.2】将图 3-5 所示的文章中的“计算机”字符替换为内容为“computer”，字体“隶书”、字号“四号”、颜色“蓝色”的格式。

计算机硬件系统是指构成计算机的各种物理装置，包括组成计算机的各种电子、光电、机械等设备，是计算机工作的物质基础。

图 3-5　文章

其操作步骤如下。

（1）单击“开始”选项卡/“编辑”组/“替换”按钮，在打开的如图 3-6 所示的“查找和替换”对话框中，在“查找内容”文本框中输入“计算机”字符。

（2）在“替换为”文本框中输入“computer”字符，单击“格式”按钮/“字体”命令，在打开的“替换字体”对话框中，选择字体“隶书”、字号“四号”、颜色“蓝色”，单击“确定”按钮。再单击“全部替换”按钮。

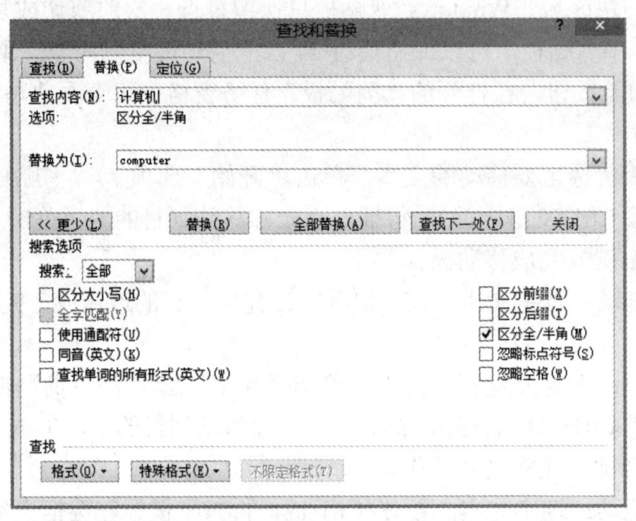

图 3-6 “查找和替换”对话框

5. 拼写和语法检查

默认情况下，Word 会在用户键入的同时进行拼写和语法检查，用红色或蓝色波浪线表示可能的拼写错误，绿色波浪线表示可能的语法错误。用户可以使用“拼写和语法”工具进行拼写和语法检查并进行修正。

单击“审阅”选项卡/“校对”组/“拼写和语法”按钮或在波浪线上右击鼠标，在弹出的快捷菜单中单击“语法”命令，在打开的对话框中进行检查并修正。

6. 撤消与恢复

用户若操作失误，可单击快速访问工具栏上的“撤消”按钮恢复上一步操作。单击“恢复”按钮，可还原刚才被“撤消”的操作。Word 2010 支持多次“撤消”或“恢复”。

3.4 文档的排版与打印

Word 2010 可以快速直观地排版出丰富多彩的文档格式和外观。文档排版包含字符格式设置，段落格式设置，页面设置等。

3.4.1 字符格式设置

字符格式的设置包括字体、字号、字形、颜色、字体特殊效果、字符间距、字符位置等。实现字符格式设置通常采取以下三种方式。

1. 利用功能区设置

单击“开始”选项卡，在如图 3-7 所示的“字体”组中单击对应的工具按钮（如字体、字号、字体颜色、更改大小写、字符底纹、字符边框、拼音指南等）即可。如图 3-8 所示为部分字符格式效果。

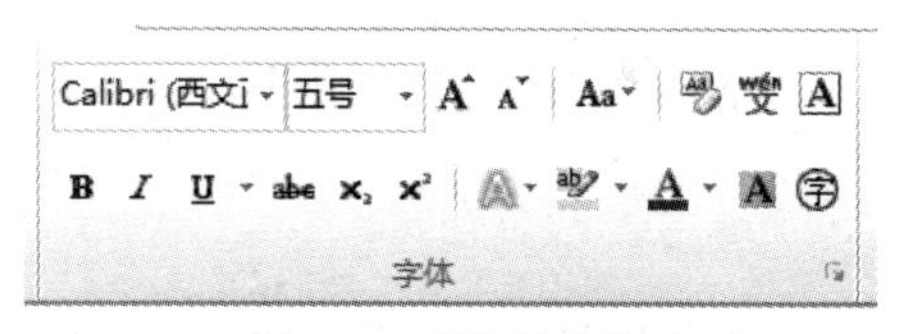

图 3-7　“字体”组

四号黑体　加粗倾斜　字符底纹　字符边框　拼音指南　字体增大

图 3-8　字符格式效果

2. 利用“字体”对话框设置

单击“开始”选项卡，在“字体”组中单击组按钮，打开如图 3-9 所示的“字体”对话框进行字符格式设置。如图 3-10 所示为部分字符格式效果。

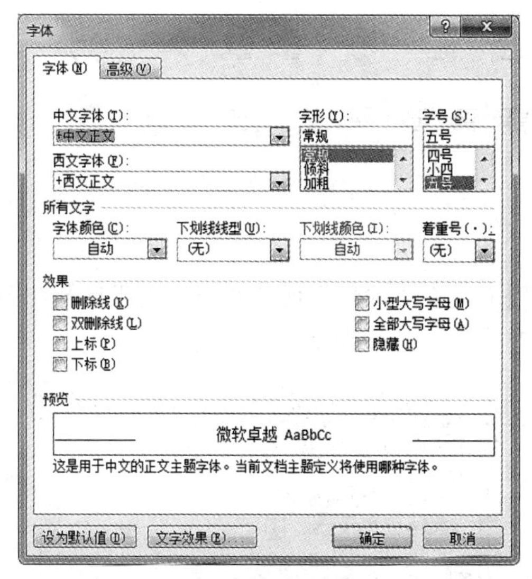

图 3-9　“字体“对话框

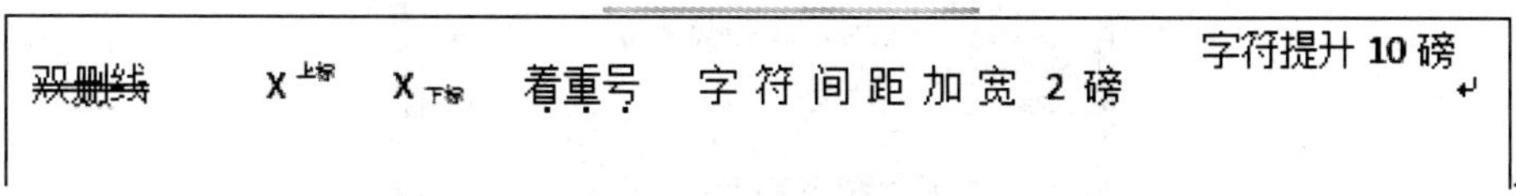

双删线　X上标　X下标　着重号　字 符 间 距 加 宽 2 磅　字符提升 10 磅

图 3-10　字符格式效果

提示　“字体”对话框中的“高级”选项卡可以对字符进行“间距”“位置”“缩放比例”等高级设置。

3. 利用浮动工具栏设置

选中要编辑的字符，此时如图 3-11 所示的浮动工具栏就会出现在所选字符的尾部，利用浮动工具栏可以直观快速地设置一些常用的格式。

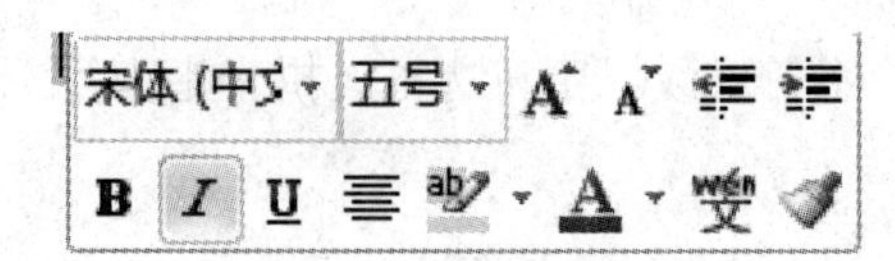

图 3-11 浮动工具栏

3.4.2 段落格式设置

段落是指相邻两个回车键之间的内容。段落格式设置的目的是使文章层次更加分明，版面更加清晰。段落格式的基本设置包括：段落对齐、段落缩进，行间距、段间距等，还可以对段落添加项目符号或编号、分栏，添加边框和底纹等。

1. 段落对齐

段落对齐是指段落在文档中的水平排列方式，其对齐方式有：左对齐、居中对齐、右对齐、两端对齐、分散对齐。设置段落对齐通常采取以下两种方式。

- 单击“开始”选项卡，在如图 3-12 所示的“段落”组中单击对应的对齐按钮完成设置。

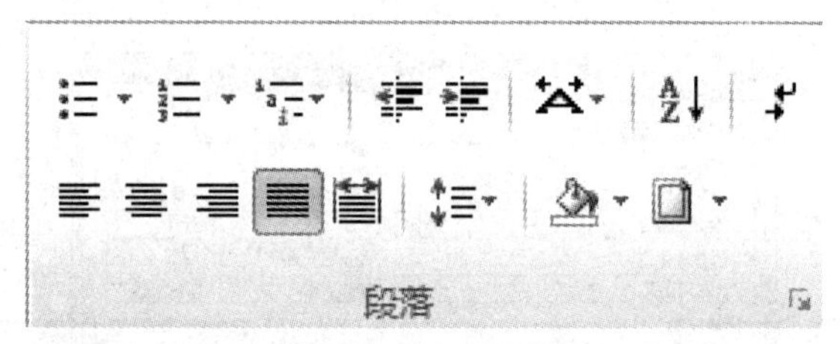

图 3-12 “段落”组

- 单击“开始”选项卡，在“段落”组中单击按钮打开如图 3-13 所示的“段落”对话框，在“对齐方式”下拉列表中进行设置。

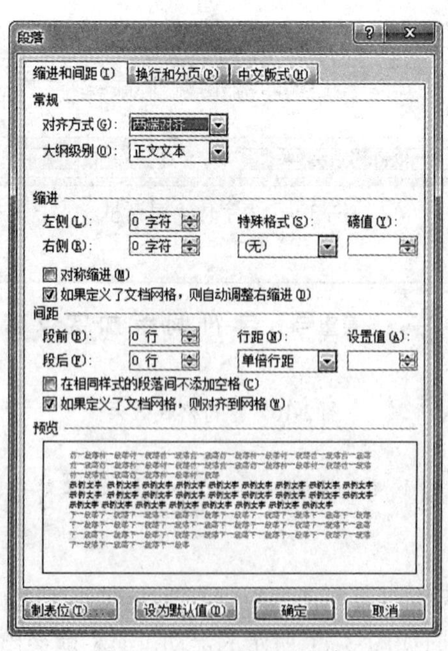

图 3-13 “段落”对话框

2. 段落缩进

段落缩进是指段落内容和页边距之间的距离，其包括首行缩进、左缩进、右缩进和悬挂缩进。

设置段落缩进通常采取以下三种方式。

- 使用文档窗口中如图 3-14 所示的水平标尺滑块进行段落缩进方式设置。

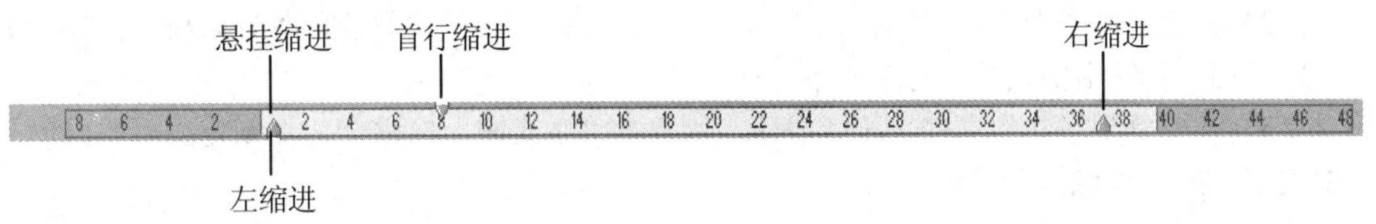

图 3-14　水平标尺

- 单击“开始”选项卡，在“段落”组中单击按钮打开如图 3-13 所示的“段落”对话框，在对应的下拉列表中设置合适的数值。
- 单击“开始”选项卡，在如图 3-12 所示的“段落”组中单击“增加缩进量”按钮或“减少缩进量”按钮完成段落缩进量的增加或减少设置。

3. 段间距和行间距

段间距是指段落之间的距离，行间距是指行与行之间的距离。实现段间距和行间距设置通常采取以下两种方式。

- 单击“开始”选项卡，在如图 3-12 所示的“段落”组中单击“行和段落间距”按钮右侧的下拉列表按钮，在打开的列表中选择相应命令完成设置。
- 单击“开始”选项卡，在“段落”组中单击按钮打开如图 3-13 所示的“段落”对话框，在对应的下拉列表中设置合适的数值。

4. 项目符号和编号

在文档编辑中，可以增加一些项目符号或编号，来增加文档的逻辑和层次感，使得文档更加清晰。如图 3-15 所示为段落项目符号和编号效果。

（1）项目符号和编号

单击“开始”选项卡，在如图 3-12 所示的“段落”组中单击“项目符号”和“编号”按钮右侧的下拉列表按钮，在打开的下拉列表中选择一种项目符号或编号样式，也可以单击“定义新编号格式”或“定义新项目符号”命令，在打开的相应对话框中进行设置。

（2）多级列表

单击“开始”选项卡，在如图 3-12 所示的“段落”组中单击“多级列表”按钮右侧的下拉列表按钮，在打开的下拉列表中选择一种多级列表样式，也可以单击“定义新的多级列表”或“定义新的列表样式”命令，以及使用“增加缩进量”按钮或“减少缩进量”按钮来确定层次关系。

项目符号	编号	多级列表
● 字符格式设置	1) 字符格式设置	1. 字符格式设置
● 段落格式设置	2) 段落格式设置	1.1 段落格式设置
● 页面设置	3) 页面设置	1.1.1 页面设置

图 3-15　段落项目符号和编号效果

5. 格式刷

Word 2010 提供的“格式刷”可以快速地将指定字符或段落的格式复制到其他字符或段落上，以提高用户的排版工作效率。其操作步骤如下。

（1）选择要复制其格式的字符或段落，单击“开始”选项卡/“剪贴板”组中的“格式刷”按钮，以获取选中的字符或段落格式。

（2）将变为刷子形状的鼠标指针移动到需要设置此格式的字符或段落处，按下鼠标左键拖动刷子扫过要应用格式的字符或段落。

（3）若要复制格式到多处字符或段落，则双击“格式刷”按钮，复制完成后，再单击“格式刷”按钮或按 Esc 键结束。

6. 边框和底纹

单击“开始”选项卡，在“段落”组中单击“边框和底纹”按钮右侧的下拉列表按钮，单击“边框和底纹”命令，在打开的如图 3-16 所示的“边框和底纹”对话框中进行设置。

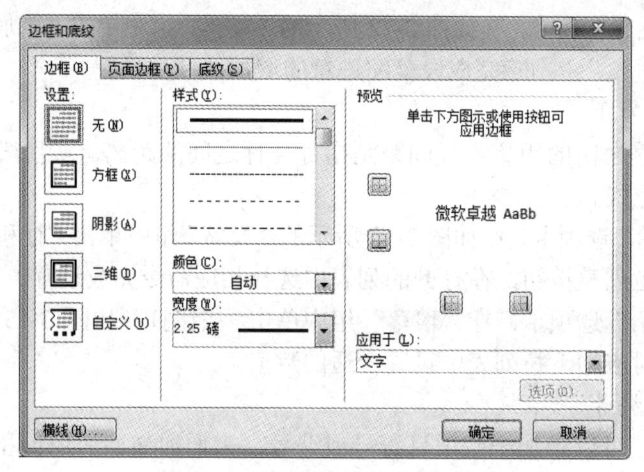

图 3-16 “边框和底纹”对话框

【例 3.3】完成文章中标题 20%的红色底纹、2.25 磅实线三维段落边框、红苹果页边框的设置。如图 3-17 所示为设置效果。

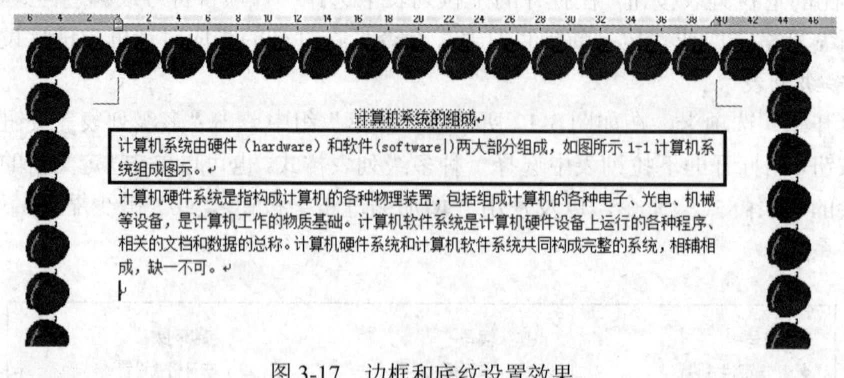

图 3-17 边框和底纹设置效果

其操作步骤如下。

（1）选择第一段，单击“开始”选项卡，在如图 3-12 所示的“段落”组中单击“边框和底纹”按钮右侧的下拉列表按钮，单击“边框和底纹”命令，打开“边框和底纹”对话框。

（2）单击“底纹”选项卡，在“图案”/“样式”下拉列表中选择“20%”，在“颜色”下拉列表中选择“红色”，单击“确定”按钮。

（3）选择第二段，单击“段落”组中“边框和底纹”按钮右侧的下拉列表按钮，单击“边框和底纹”命令，打开“边框和底纹”对话框。

（4）在“设置”项中选择“三维”，在“样式”列表中选择“实线”，在“宽度”下拉列表中选择“2.25 磅”，在“应用于”下拉列表中选择“段落”，单击“确定”按钮。

（5）单击“段落”组中“边框和底纹”按钮右侧的下拉列表按钮，单击“边框和底纹”命令，打开“边框和底纹”对话框。

（6）单击“页面边框”选项卡，在“艺术型”下拉列表中选择“红苹果”图案，单击“确定”按钮。

7. 分栏

分栏是排版的常用方法，它可将文档内容在页面上分成多块，使文章更易阅读。只有在“页面视图”方式下才能显示分栏效果。

单击“页面布局”选项卡，在“页面设置”组中单击“分栏”按钮 分栏 右侧的下拉列表按钮，单击“更多分栏”命令，在打开的如图 3-18 所示的“分栏”对话框中进行设置。如图 3-19 所示为分栏效果。

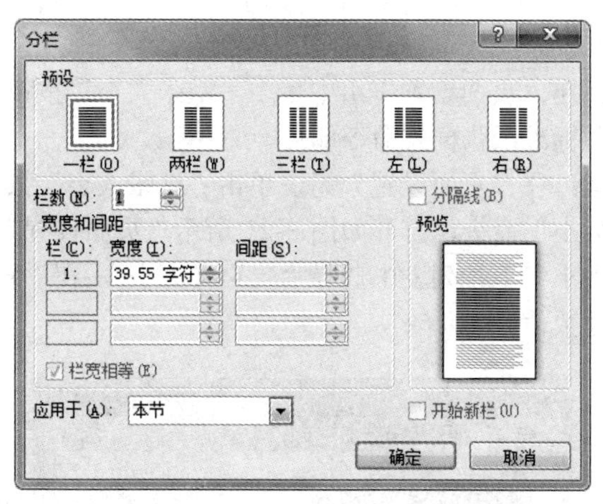

图 3-18　“分栏”对话框

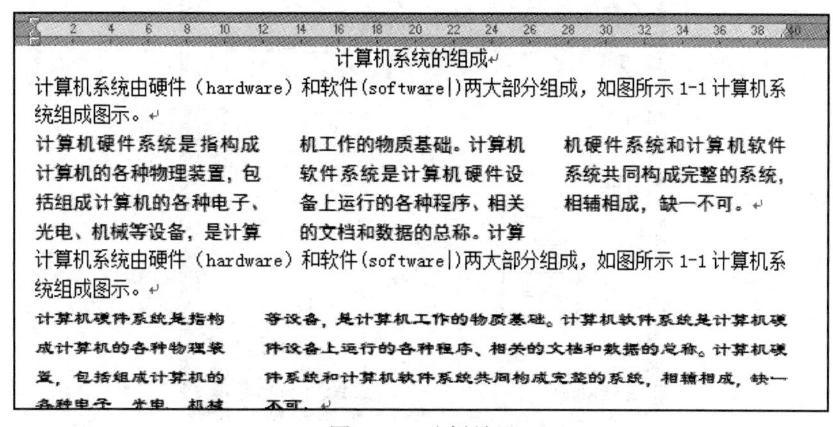

图 3-19　分栏效果

3.4.3 页面设置

在默认状态下，Word 在创建文档时使用的是以 A4 纸大小为基准的 Normal 模板，其预置的页面格式设置适合于大部分文档。用户也可以根据需要自己设置页面，页面设置一般包括“纸张”“页边距”“版式”“文档网格”四项内容。单击“页面布局”选项卡，在如图 3-20 所示的“页面设置”组对应的选项中完成。

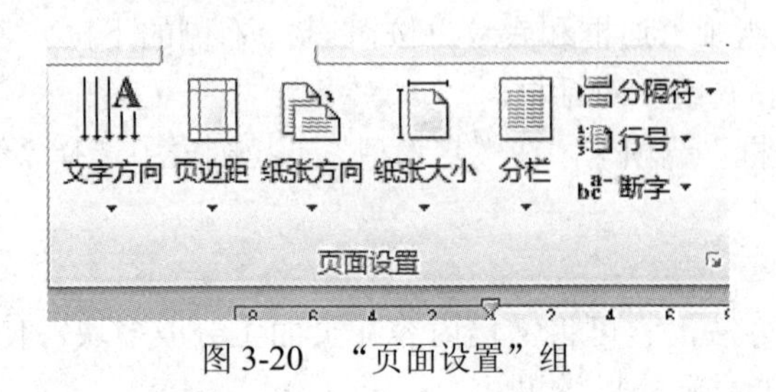

图 3-20 “页面设置”组

1. 纸张

（1）纸张方向

Word 2010 默认的页面纸张方向是纵向，如果需要设置成横向，在“页面设置”组中单击“纸张方向”按钮，在下拉列表中选择“横向”即可。

（2）纸张大小

- 标准纸张设置：在“页面设置”组中单击“纸张大小”按钮，在下拉列表中选择系统提供的一种标准纸张样式命令即可。
- 自定义纸张设置：在“页面设置”组中单击“纸张大小”按钮，在下拉列表中选择“其他页面大小”命令，打开如图 3-21 所示“页面设置”对话框的“纸张”选项卡，在“纸张大小”下拉列表中选择“自定义大小”，在“宽度”和“高度”微调框中输入所需尺寸数值。

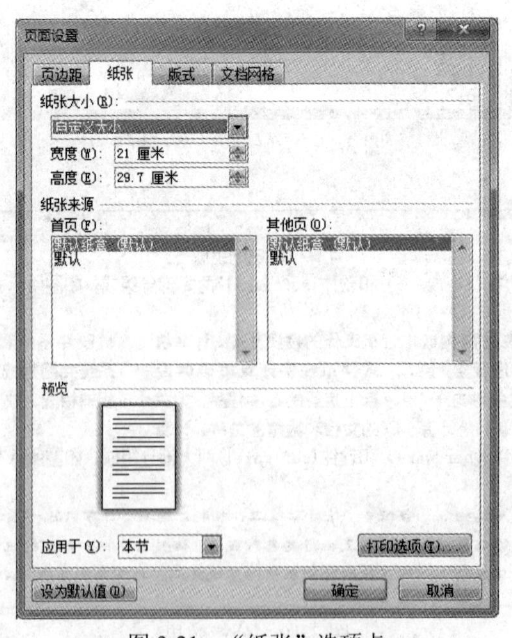

图 3-21 “纸张”选项卡

2. 页边距

- 系统提供的页边距：在“页面设置”组中单击“页边距”按钮，在下拉列表中选择系统提供的一种页边距命令即可。
- 自定义页边距：在“页面设置”组中单击“页边距”按钮，在下拉列表中选择“其他页面大小”命令，打开如图 3-22 所示“页面设置”对话框的“页边距”选项卡，在“页边距”选项的上、下、左、右微调框中输入所需数值。

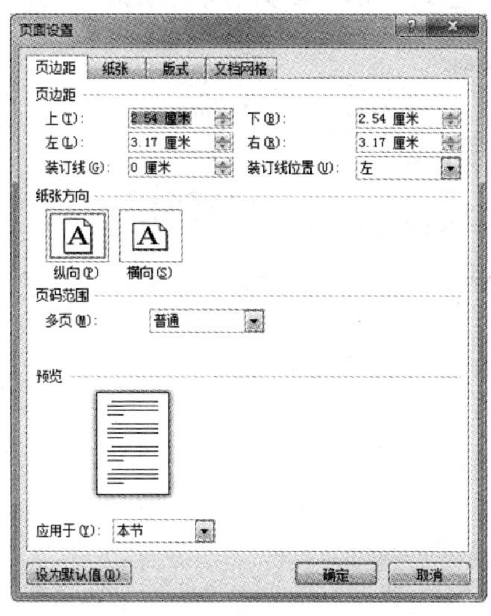

图 3-22　“页边距”选项卡

提示　若文档打印后需要装订，还可在“页边距”选项卡中对“装订线”进行设置。

3. 版式

在“页面设置”组中单击按钮，打开“页面设置”对话框中的“版式”选项卡，如图 3-23 所示，在“页眉和页脚”选项组中选中“奇偶页不同”和“首页不同”，在“页面”选项组中选择“垂直对齐方式”等。

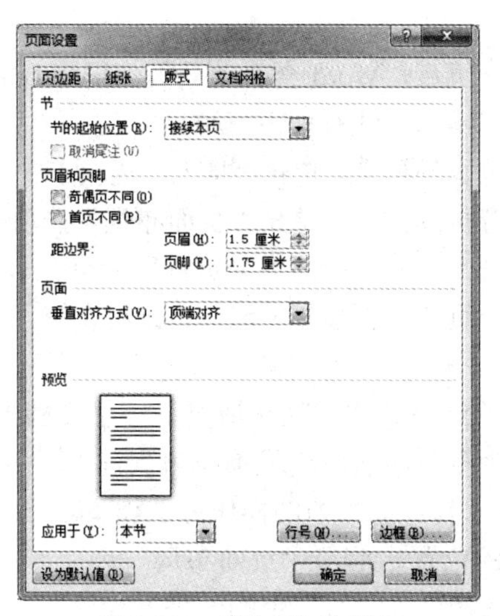

图 3-23　“版式”选项卡

4. 调整行数和字符数

根据纸张的不同，每页中行数和字符数都有一个默认值。用户如有特殊需要，可以自己设置每页中行数和每行中字符数。

在“页面设置”组中单击按钮，打开“页面设置”对话框中的“文档网格”选项卡，如图 3-24 所示，选择“指定行和字符网格”单选按钮，输入要改变的字符数和行数数值。

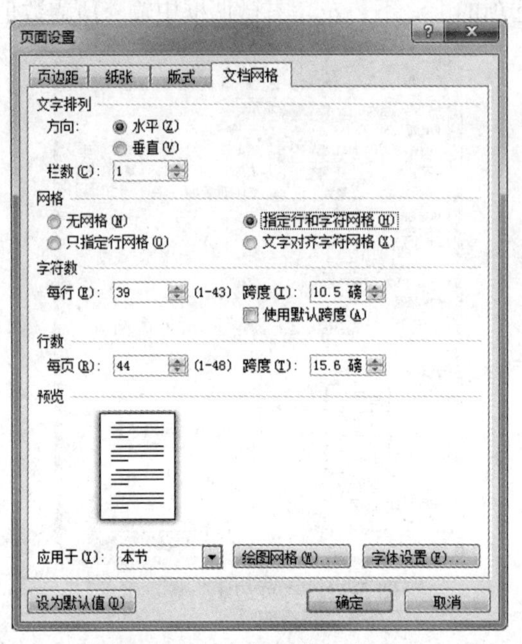

图 3-24 “文档网格”选项卡

在“文档网格”选项卡中还可以设置文字的排列方向等。

3.4.4 页眉和页脚设置

1. 分页

文档编辑时，文本填满一页后，Word 会自动分页。用户若需在特定位置强制分页，可以人工插入分页符强制分页。其操作方法有如下三种。

- 将插入点移到需要分页的位置，单击“插入”选项卡中“页”组中的“分页”按钮。
- 将插入点移到需要分页的位置，单击“页面布局”选项卡中“页面设置”组中的“分隔符”按钮，单击下拉列表中的“分页符”命令。
- 将插入点移到需要分页的位置按下 Ctrl+Enter 组合键。

2. 分节

“节”是文档设置版面的最小单位，默认情况下一个文档为一节。用户可以在文档中插入分节符，使一个文档划分为多节，从而实现不同的节有不同的页面版式（如纸张方向不同、页眉页脚不同、对齐方式不同等）。插入节的操作方法如下。

将插入点移到需要分节的位置，单击“页面布局”选项卡中“页面设置”组中的“分隔符”按钮，从下拉列表中选择“分节符”中的一种方式。

提示

①在“草稿”视图方式下才会显示“分页符”或“分节符”标记，单击“分页符”虚线或“分节符”标记虚线，按下 Delete 键即可删除分页或分节。

②单击“开始”选项卡，在“段落”组中单击“显示/隐藏编辑标记”按钮，可以显示/隐藏段落编辑、分页符及分节符等格式标记。

3. 插入页码

对于页数较多的文档，在打印之前最好为每一页设置一个页码，以免文档先后顺序混淆。插入页码的操作方法如下。

单击“插入”选项卡，在“页眉和页脚”组中单击“页码”按钮，从打开的下拉列表中选择页码的位置和样式即可。如果选择“设置页码格式”选项，则会打开如图 3-25 所示的“页码格式”对话框，用户可以自定义页码格式。

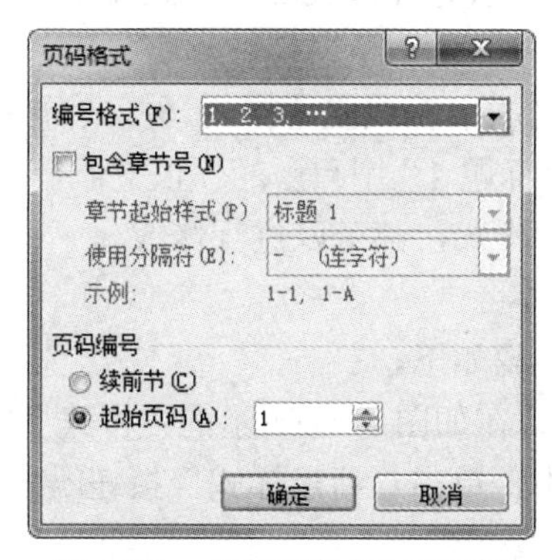

图 3-25　“页码格式”对话框

4. 插入页眉和页脚

页眉和页脚是文档的备注信息，如文章的章节标题、作者、日期、页码、文件名或某些标志等。一般情况下，页眉在页面顶端，页脚在页面底端。插入页眉和页脚的操作方法如下。

单击“插入”选项卡，在“页眉和页脚”组中单击“页眉”或“页脚”按钮，在打开的下拉列表中选择“编辑页眉”或“编辑页脚”命令，Word 切换到页眉或页脚编辑状态，并打开如图 3-26 所示的“页眉和页脚工具”/“设计”选项卡，在“导航”组中单击“转至页眉”或“转至页脚”按钮可分别在页眉和页脚编辑区插入或输入所需内容。

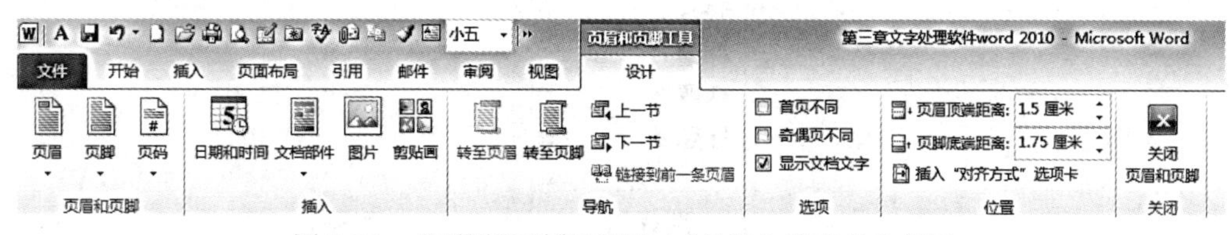

图 3-26　“页眉和页脚工具”/“设计”选项卡功能区

上述设置方法为文档的每一页添加相同的页眉和页脚。如果需要设置奇偶页（和首页）内容不同的页眉和页脚，可以在“页眉和页脚工具”/“设计”选项卡中“选项”组中选中“奇偶页不同”（和“首页不同”）复选框，分别在奇数页和偶数页（和首页）的页眉和页脚编辑区插入或输入需要的内容即可。

如果文档已被分成多节，则可以为每节设置不同的页眉和页脚。在“页眉和页脚工具”/“设计”选项卡中“导航”组中选中“上一节”和“下一节”可以切换到不同节，在不同节的页眉和页脚编辑区插入或输入所需内容即可。如果不同的节要使用相同的页眉和页脚，则只需单击“链接到前一条页眉”按钮即可。

如果文档只是需要每页插入相同的页眉或页脚，也可以在“页眉和页脚”组中单击“页眉”或“页脚”按钮，在打开的下拉列表中选择一种样式模板插入或输入所需内容即可。

3.4.5 样式

很多应用文档的大部分格式都比较类似，并且一篇长文档往往需要在许多地方设置相同的格式，用户在每个地方都单独设置格式不仅麻烦而且不便于今后修改，应用样式可快速为字符或段落设置统一的格式，使用户快速完成文档的格式排版，此外应用样式也是自动生成目录的前提。

所谓样式是指一种已经命名的字符或段落格式。样式分为内置样式和自定义样式，内置样式是 Word 自带的样式，如“标题 1”“标题 2”“正文”等；自定义样式是用户在文档编辑过程中新建的样式。不管是哪种样式，都可以进行修改。

1. 新建样式

在文档中新建样式的操作步骤如下。

（1）单击“开始”选项卡，在如图 3-27 所示的“样式”组中单击按钮，在打开的如图 3-28 所示的“样式”任务窗格中，单击“新建样式”按钮。

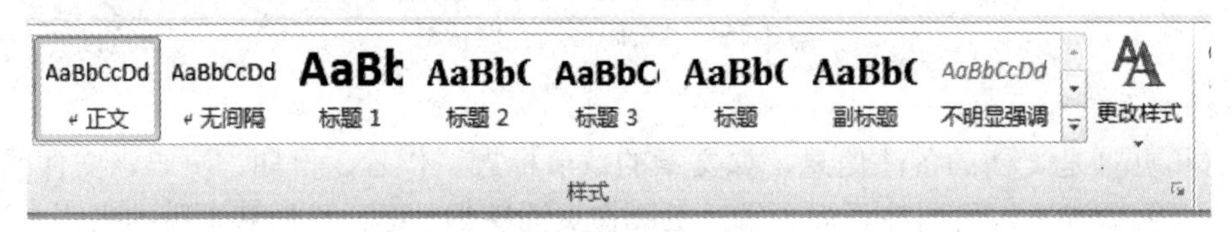

图 3-27 “样式”组

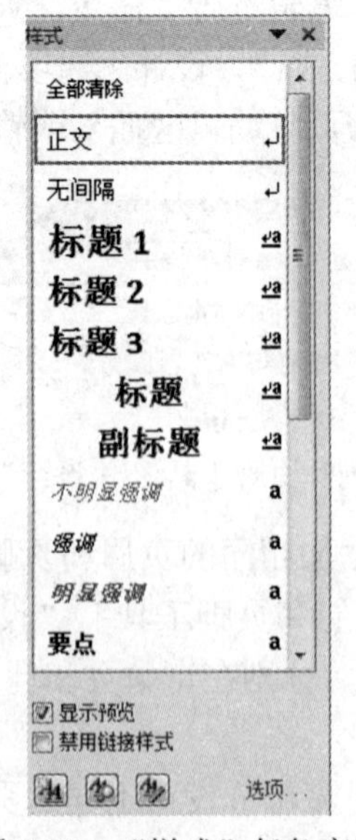

图 3-28 “样式”任务窗格

（2）打开如图 3-29 所示的“根据格式设置创建新样式”对话框，在“属性”选项的“名称”文本框输入名称，在“样式类型”下拉列表中选择样式类型，一般保持默认的“段落”选项，在“样式基准”下拉列表中选择新建样式的基准，一般默认为“正文”，“后续段落样式”也设置为“正文”。

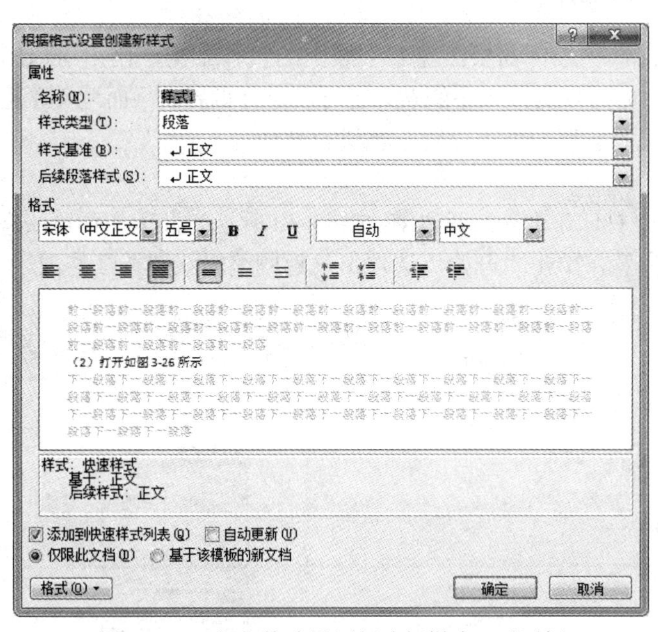

图 3-29　“根据格式设置创建新样式”对话框

（3）在“格式”选项设置样式的部分格式或者单击“格式”按钮 格式(O)，在弹出的对话框中可以设置更多样式格式。

（4）设置完成后，单击“确定”按钮，完成新样式创建，此时在“样式”组中会显示出新样式的名称，同时文档中光标所在的段落也会自动应用新样式。

2. 应用样式

用户可以应用内置样式或自定义样式。其操作方法如下。

把光标定位在要应用样式的段落或选中要应用样式的字符，单击“样式”组或者“样式”任务窗格中的样式选项，即可将样式应用到所选段落或字符。

提示　单击图 3-28 所示“样式”任务窗格中的“管理样式”按钮，在“管理样式”对话框的“推荐”选项卡中可以设置显示或隐藏样式选项。

3. 修改样式

创建样式后，用户还可以根据需要修改样式。其操作方法如下。

打开“样式”任务窗格，单击要修改的样式右侧的下拉列表按钮，在弹出的菜单中单击“修改”命令，在打开的“修改样式”对话框中进行修改即可。

4. 清除或删除样式

（1）清除样式

清除样式是指清除段落或字符所应用的样式，恢复默认的正文样式。其操作方法如下。

将光标定位到要清除样式的段落，在“样式”任务窗格中单击“全部清除”命令。

（2）删除样式

打开“样式”任务窗格，单击要删除的样式右侧的下拉列表按钮，在弹出的菜单中单击“从快速样式库中删除”命令即可。

3.4.6 打印预览和打印文档

在文档打印之前，一般都需要浏览一下版面的整体结构，用户可以应用打印预览功能预览文档的打印效果，如果预览效果不满意，还可以进行调整，从而避免不适当的打印造成的纸张和时间浪费。浏览满意后，就可以对文档进行打印。

1. 打印预览

单击“文件”/“打印”命令，进入到如图 3-30 所示的打印和预览状态，在窗口右侧查看文档效果，如果不满意，单击“开始”选项卡，返回编辑状态继续修改。

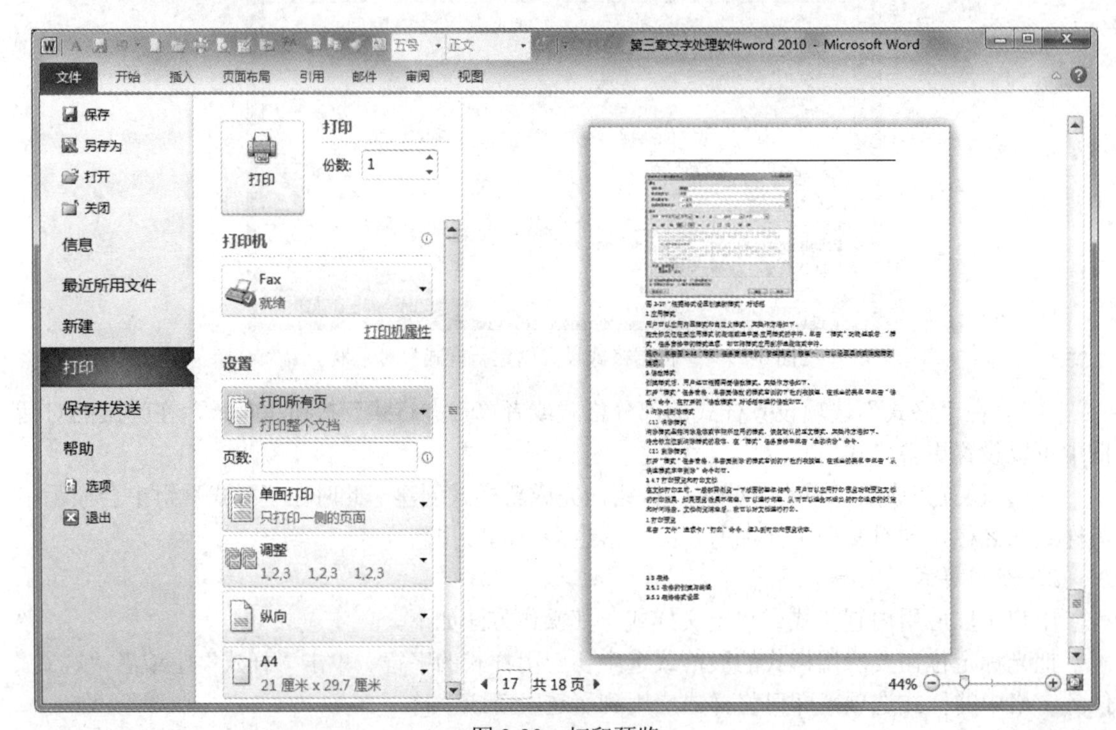

图 3-30 打印预览

单击快速访问工具栏中的“打印预览和打印”按钮，即可进入打印和预览状态。

2. 打印文档

准备好打印机，单击“文件”/“打印”命令，进入到打印和预览状态，选择打印机名称，设置打印页面范围、打印份数、打印方式等，单击“打印”按钮，与计算机相连的打印机会自动打印出文档。

单击快速访问工具栏中的“快速打印”按钮，可一次打印全部文档。

3.5　表格

在编辑文档时，使用表格是一种简明扼要的数据表达方式，在日常工作中需要用到各种类型格式的表格，如工资表、课程表、通讯录、个人简历等。利用 Word 2010 的表格处理功能可以方便地制作出各种复杂的表格。

3.5.1　表格的创建

1. 插入表格

插入表格有以下两种常用的方法。

（1）利用鼠标拖动方法创建表格

将插入点置于插入表格的位置，单击“插入”选项卡中“表格”组的“表格”按钮，打开如图 3-31 所示的“插入表格”下拉列表，按下鼠标左键拖动选择所需表格的行数和列数，释放鼠标，即可插入表格。

图 3-31　“插入表格”下拉列表

（2）利用“插入表格”命令创建表格

将插入点置于插入表格的位置，单击“插入”选项卡中“表格”组的“表格”按钮，打开如图 3-31 所示的“插入表格”下拉列表，单击“插入表格”命令，打开如图 3-32 所示的“插入表格”对话框，输入所需表格的行数和列数，单击“确定”按钮即可插入表格。

2. 使用“文本转换成表格”命令创建表格

选定用制表符分隔的表格文本，单击“插入”选项卡中“表格”组的“表格”按钮，打开如图 3-31 所示的“插入表格”下拉列表，单击“文本转换成表格”命令，打开如图 3-33 所示的“将文字转换成表格”对话框，设置列数、分隔字符位置等，单击“确定”按钮即可实现文本转换为表格。

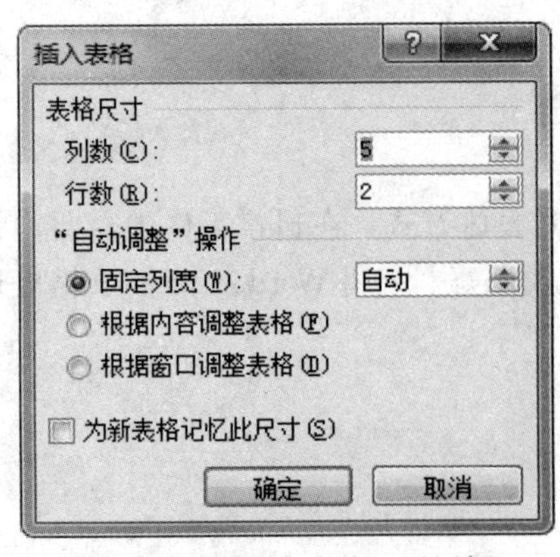

图 3-32 “插入表格”对话框

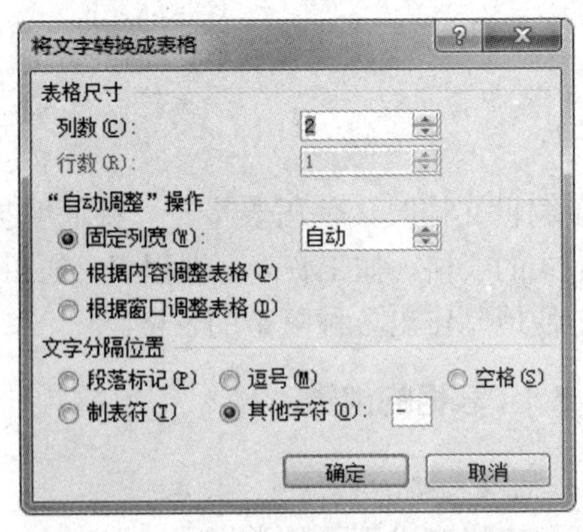

图 3-33 “将文本转换成表格”对话框

3. 绘制表格

自动插入的表格是规则的表格，如果需要不规则的表格，可以通过手工绘制来完成。

将插入点置于插入表格的位置，单击“插入”选项卡中“表格”组的“表格”按钮，打开如图 3-31 所示的“插入表格”下拉列表，单击“绘制表格”命令，此时鼠标指针变为笔，按下鼠标左键拖动鼠标绘制所需表格。

在绘制表格过程中，可以利用“表格工具”/“设计”选项卡的“擦除”按钮擦除表格线。

3.5.2 表格编辑

创建表格后，根据需要可以对表格进行编辑修改，如添加行或列，删除行或列，调整表格的行高或列宽，合并单元格，拆分单元格等。

1. 选定表格

- 选定行：将鼠标指针移动到该行左边选择区，待光标变为指向右上方的箭头时，单击鼠标左键可选定该行，按住左键拖动可选择连续多行。
- 选定列：将鼠标指针移动到该列顶端选择区，待光标变为黑色向下的箭头时，单击鼠标左键可选定该列，按住左键拖动可选择连续多列。
- 选定单元格：将鼠标指针移动到单元格左边选择区，待光标变为指向右上方的黑色箭头时，单击鼠标左键可选定该单元格，按住左键拖动可选择多个单元格。
- 选定表格：将鼠标指针移动到表格线任意位置，待表格的最左上角出现表格控制点标记，用鼠标单击它，可以选定整个表格。

2. 调整行高和列宽

（1）使用鼠标拖动

将鼠标指针移到表格的边框线上，待鼠标指针形状变为双向箭头时，按下鼠标左键并拖动可以调整行高或列宽。

（2）使用表格工具

选中需调整行高和列宽的单元格或表格，单击“表格工具”/“布局”选项卡，在如图 3-34 所示的“单元格大小”组中设定数值即可。

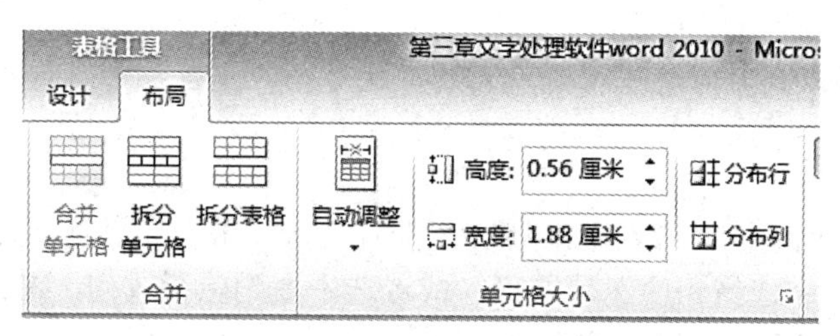

图 3-34　“单元格大小”组

（3）使用表格属性

选中需调整行高和列宽的单元格或在表格上右击鼠标，选择“表格属性”命令，在打开如图 3-35 所示的“表格属性”对话框中单击“行”或“列”选项卡设定数值即可。

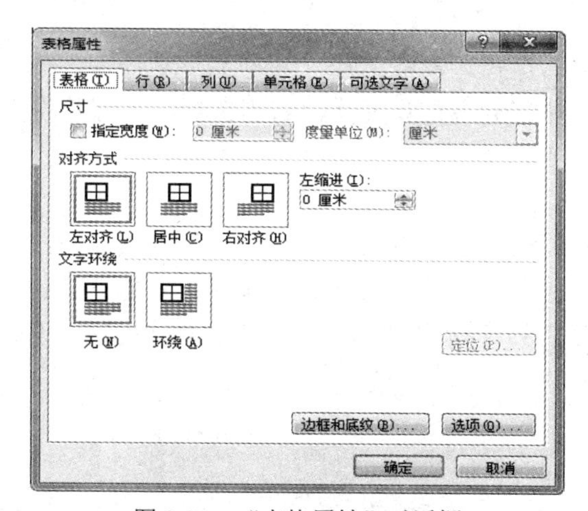

图 3-35　“表格属性”对话框

提示　单击“表格工具”/“布局”选项卡中的“表”组下的“属性”按钮也可以打开“表格属性”对话框。

（4）均分行和列

选定需平均分布的行和列，选择“表格工具”/“布局”选项卡，在“单元格大小”组中单击“分布行”或“分布列”按钮，即可在选定的行和列之间平均分布高度和宽度。

（5）自动调整表格

选择表格，单击“表格工具”/“布局”选项卡，在“单元格大小”组中单击“自动调整”按钮，在下拉列表中选择选项调整即可。

3. 插入和删除行和列

（1）插入行和列

将插入点置于需插入行或列的单元格中，选择“表格工具”/“布局”选项卡，在如图 3-36 所示“行和列”组中选择相应按钮，即可插入所需的行或列。

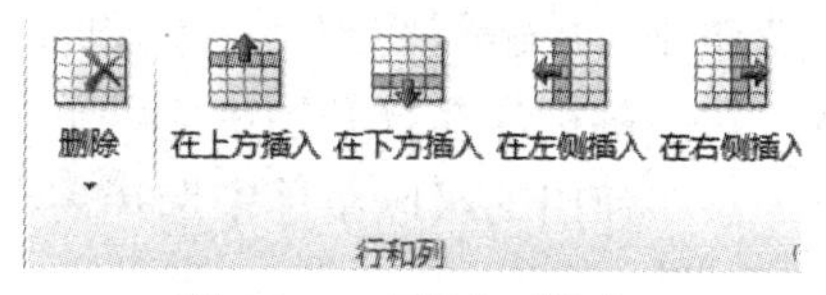

图 3-36　“行和列”组

提示 插入行或列时，选中几行或几列，就可插入几行或几列。

（2）删除行和列

选中需删除行或列，选择“表格工具”/“布局”选项卡，在“行和列”组中单击“删除”按钮，在下拉列表中选择相应选项即可。或者选中需删除行或列，右击鼠标，在打开的快捷菜单中选择“删除行”或“删除列”命令。

提示 选中表格，右击鼠标，在打开的快捷菜单中选择“删除表格”命令，完成表格删除。

4. 合并和拆分单元格

（1）合并单元格

选中要合并的单元格，选择“表格工具”/“布局”选项卡，在“合并”组中单击“合并单元格”按钮。或者选中需合并的单元格，右击鼠标，在打开的快捷菜单中选择“合并单元格”命令。

（2）拆分单元格

选中要拆分的单元格，选择“表格工具”/“布局”选项卡，在“合并”组中单击“拆分单元格”按钮。或者选中需拆分的单元格，右击鼠标，在打开的快捷菜单中选择“拆分单元格”命令，在打开的如图 3-37 所示的“拆分单元格”对话框中，设置列数和行数，单击“确定”按钮。

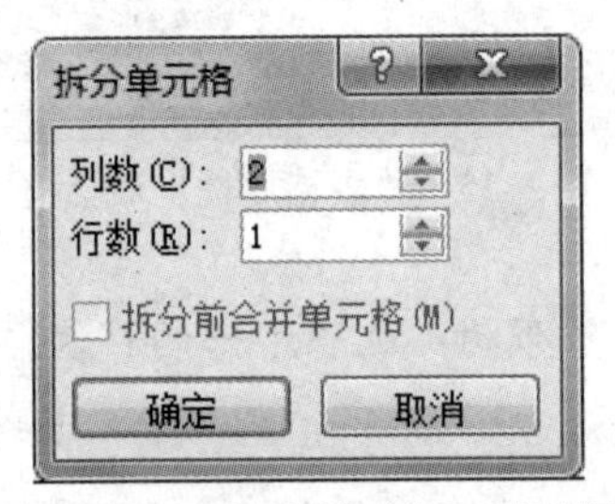

图 3-37 “拆分单元格”对话框

提示 如需要拆分表格，将光标置于要拆分表格的行，选择“表格工具”/“布局”选项卡，在“合并”组中单击“拆分表格”按钮，则在当前行上方表格被拆分。

3.5.3 设置表格格式

表格制作完成后，通常需要对表格做进一步的格式设置，包括单元格对齐方式、表格对齐方式、表格的边框底纹、表格的斜表头，以及自动套用表格样式快速格式化表格外观等。

1. 单元格的对齐方式

选中要对齐的单元格，选择“表格工具”/“布局”选项卡，在如图 3-38 所示的“对齐方式”组中，单击需要的对齐方式即可。或者选中要对齐的单元格，右击鼠标，在打开的快捷菜单中选择“单元格对齐方式”命令，在弹出的级联菜单中选择需要的对齐方式。

图 3-38 “对齐方式”组

2. 表格的对齐方式

选中表格，右击鼠标，在打开的如图3-35所示的“表格属性”对话框中，设置“左对齐”“右对齐”“居中”对齐方式及文字环绕。

3. 表格的边框底纹

创建的表格一般默认为黑色单实线，无底纹。通过设置表格的边框底纹可以美化表格，突出显示。

（1）表格边框设置

选中要设置边框的表格或行、列、单元格，选择“表格工具”/“设计”选项卡，在图3-39所示“表格样式”组中单击“边框”按钮，在下拉列表中直接设置。

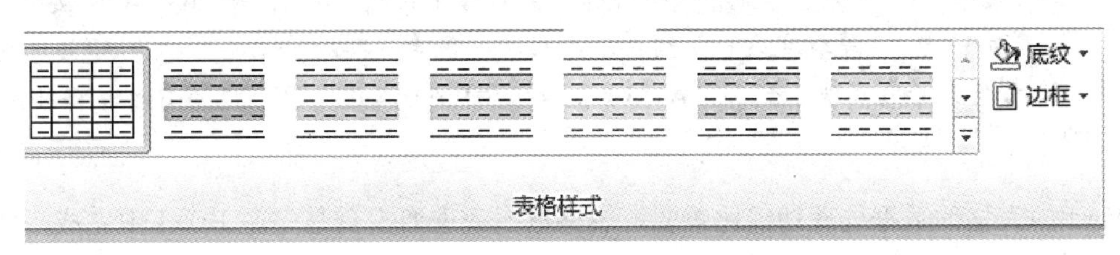

图3-39 “表格样式”组

提示 表格中的斜表头设置可在“表格样式”组中，单击“边框”按钮，在下拉列表中选择“斜上框线”或“斜下框线”选项完成。

（2）表格底纹设置

选中要设置底纹的表格或行、列、单元格，选择“表格工具”/“设计”选项卡，在“表格样式”组中单击“底纹”按钮，在下拉列表中选择相应颜色设置。

提示 选中要设置边框和底纹的表格或行、列、单元格，右击鼠标，在快捷菜单中选择“边框和底纹”命令，在打开的“边框和底纹”对话框中设置边框和添加底纹，其操作与文本或段落添加边框和底纹类似。

4. 套用表格样式

Word 2010提供了几十种表格样式，用户可以套用这些表格样式来快速完成表格设置。

将插入点置于表格中或选中表格，在“表格工具”/“设计”选项卡的“表格样式”组中选择一种适合的样式即可。

3.5.4 表格的数据处理

Word 2010还提供了对表格数据进行简单处理的功能，如对表格中数据排序、求和及求平均值等简单的统计功能。

1. 排序

将光标置于要排序的表格中，单击“表格工具”/“布局”选项卡的“数据”组中的“排序”按钮，打开“排序”对话框，选择关键字和排序方式，“列表”选项选择“有标题行”或“无标题行”，单击“确定”按钮。

2. 计算

表格中数据的计算，有求和、求平均值等，其操作步骤如下。

(1) 将光标置于要存放计算结果的单元格中，单击“表格工具”/“布局”选项卡的“数据”组中的“公式”按钮，打开如图 3-40 所示的“公式”对话框。

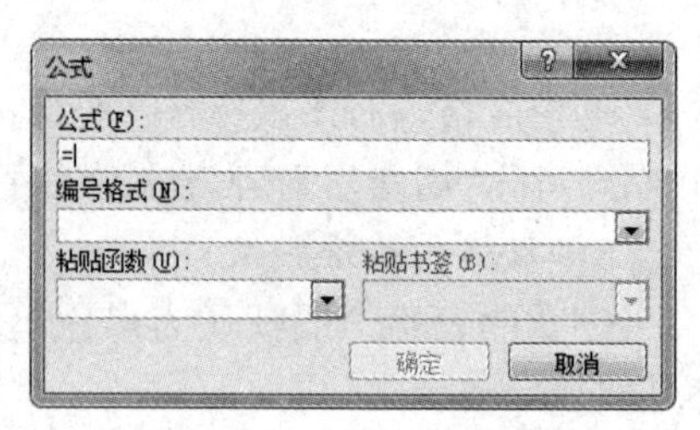

图 3-40 “公式”对话框

(2) 在“粘贴函数”下拉列表中选择所需的计算公式，如 SUM 求和函数，在“公式”文本框中出现“=SUM()”，在括号()中输入单元格引用，如 A1:A4。

(3) 在“编号格式”下拉列表中选择所需格式，单击“确定”按钮。

提示 表格中每个单元格都有一个名称，由列标（由 A、B、C 等 26 个字母表示）和行号（由 1、2、3 等数字表示）组成，例如第一行第一列的单元格名称为 A1。单元格引用由“:”号来实现，例如：A1:A4 表示从 A1 到 A4 这个区域的所有单元格（即 A1、A2、A3、A4）。

Word 中表格的数据处理功能比较弱，表格数据处理通常会是先在 Excel 中完成，然后将内容以嵌入对象的形式插入到 Word 文档中。

【例 3.4】制作效果如表 3-1 所示的职工转正申请表。

表 3-1 职工转正申请表样张

职 工 转 正 申 请 表

<table>
<tr><td rowspan="4">个人资料</td><td>姓名</td><td></td><td>性别</td><td></td><td>出生年月</td><td></td><td rowspan="3">照片</td></tr>
<tr><td>所属部门</td><td></td><td>职务</td><td></td><td>职称</td><td></td></tr>
<tr><td>入职时间</td><td colspan="2"></td><td colspan="2">试用期</td><td></td></tr>
<tr><td>本人总结</td><td colspan="6">申请人签字：
年 月 日</td></tr>
<tr><td colspan="2">主管意见</td><td colspan="6">签字：
年 月 日</td></tr>
<tr><td colspan="2">部门意见</td><td colspan="6">签字：
年 月 日</td></tr>
<tr><td colspan="2">人事部门意见</td><td colspan="6">签字：
年 月 日</td></tr>
<tr><td>总公司意见</td><td colspan="7">根据以上意见，同意职工转为本公司的正式职工，转正时间从年月日计算。执行，工资标准为。
（公章）：
年 月 日</td></tr>
</table>

操作步骤如下。

1. 页面设置

单击“页面布局”选项卡/“页面设置”组/“页边距”按钮，在打开的“页面设置”对话框中设置纸张为 A4 纸、纵向，上下左右页边距均为 2 厘米。

2. 输入标题

第一行输入“职工转正申请表”，按下 Enter 键。

3. 插入表格

单击“插入”选项卡/“表格”组/“表格”按钮/“插入表格”命令，在弹出的“插入表格”对话框中，“列数”输入“8”，“行数”输入“8”，单击“确定”按钮。

4. 设置单元格

（1）设置行间距

选择第 1～3 行，单击“表格工具”/“布局”选项卡，在“单元格大小”组中“高度”文本框中输入“1 厘米”，同样方法设置第 4 行高度为 4 厘米，第 5～7 行高度为 3 厘米，第 8 行高度为 4 厘米。

（2）设置列间距

选择第 1 列第 3 行的单元格，将鼠标指针移到单元格的右侧边框线，待鼠标指针变为双箭头，拖动鼠标指针移动边框线到适合的列宽位置，释放鼠标。同样方法为第 1 列第 8 行，第 2 列、第 4 列第 1～2 行、第 5 列第 1 行、第 6 列第 1～2 行的单元格设置列宽。

5. 合并单元格

选择第 1 列第 1～4 行的单元格，单击“表格工具”/“布局”选项卡，在“合并”组中单击“合并单元格”按钮。同样方法分别对第 8 列第 1～3 行；第 3 行第 3～4 列、第 6～7 列；第 4 行第 3～8 列；第 5 行第 1～2 列、第 3～8 列；第 6 行第 1～2 列、第 3～8 列；第 7 行第 1～2 列、第 3～8 列；第 8 行第 2～8 列合并单元格。

6. 输入表格内容

对照表格样张输入文字内容。

7. 设置文字的格式及单元格对齐方式

（1）选中标题文字，单击“开始”选项卡，在“字体”组中设置字体为宋体，3 号，字符间距加宽 2 磅，段后距离 6 磅。同样方法选中表格文字，设置为宋体，4 号。

（2）对照表格样张，分别选中单元格，单击“表格工具”/“布局”选项卡，在“对齐方式”组中设置单元格对齐方式和文字方向；选中文字，单击“开始”选项卡，在“段落”组中设置单元格中段落对齐方式。

3.6　图文混排

Word 2010 提供了强大的图文混排功能，在文档中除了可以有文字外，还可以插入图片、艺术字、文本框，绘制图形等，使文档图文并茂、生动形象，既提高了文档的整体美观效果，又增强了文档的可阅读性。

3.6.1 插入图片

1. 插入剪贴画

Word 2010 剪贴画库中包含了大量的图片、声音和影片，用户可以很方便地进行使用。其操作步骤如下。

（1）将插入点移到需插入剪贴画的位置，单击“插入”选项卡中“插图”组中的“剪贴画”按钮，打开如图 3-41 所示的“剪贴画”任务窗格。

图 3-41 “剪贴画”任务窗格

（2）在“搜索文字”文本框中输入关键字，例如“植物”，在“结果类型”下拉列表中选择媒体类型，单击“搜索”按钮。

（3）在搜索结果中单击所需图片，图片即插入到文档中。

2. 插入图片

在 Word 2010 文档中的图片可以来自文件，也可以来自扫描仪或数码相机，包含扩展名为.BMP、.JPG、.WMF 等图片格式，其操作步骤如下。

（1）将插入点移到需插入图片的位置，单击“插入”选项卡中“插图”组中的“图片”按钮，打开“插入图片”对话框。

（2）在“组织”窗格中找到插入图片所在的文件夹。

（3）单击“所有图片”按钮，在打开的下拉列表中选择文件类型，图片列表区中列出当前文件夹中的图片。

（4）在图片列表区中选择所需插入的图片，单击“插入”按钮。

3. 图片格式设置

（1）改变图片的大小和移动图片

- 移动图片：单击图片，将鼠标移到图片的任意位置，鼠标指针形状变为“十字箭头”时，按下鼠标左键拖动到新位置即可。

- 改变图片的大小：单击图片，将鼠标指针移到图片边框的小方（圆）块（控制点）的位置，鼠标指针形状变为“双箭头”时，按下鼠标左键拖动可以改变图片大小。

（2）裁剪图片

选中图片，单击如图 3-42 所示的“图片工具”/“格式”选项卡中“大小”组中的“裁剪”按钮，鼠标变为裁剪形状，按下鼠标左键向图片内侧拖动鼠标，可裁去图片不需要的部分。

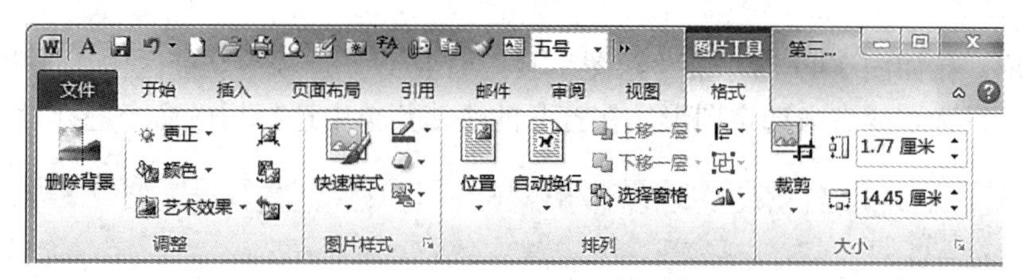

图 3-42　“图片工具“/“格式”选项卡功能区

（3）文字环绕

右击图片，在打开的快捷菜单中单击“大小和位置”命令，在打开的如图 3-43 所示的“布局”对话框中单击“文字环绕”选项卡，在“环绕方式”中选择所需方式，单击“确定”按钮。

图 3-43　“布局”对话框

提示　也可以在“图片工具”/“格式”选项卡的“排列”组中，单击“位置”按钮，在下拉列表中可选择文字的环绕方式。

（4）其他格式设置

选定图片，在“图片工具”/“格式”选项卡中单击不同的按钮（颜色、亮度、对比度、图片边框、样式、大小等）可对图片的格式进行调整。

3.6.2　绘制图形

Word 2010 提供了绘图工具，可以绘制一些常用的形状，满足用户的需求。

1. 绘制图形

（1）单击“插入”选项卡，在“插图”组中单击“形状”按钮，在打开的下拉列表中选中需绘制的图形按钮。

（2）此时，鼠标指针变为十字形状，按下鼠标左键拖动可绘制图形到所需的大小。

2. 调整图形的形状大小

单击图片，将鼠标指针移到图片的绿色旋转按钮或黄色形状控制按钮处，按下鼠标左键旋转或拖动可改变方向或形状；将鼠标指针移到图片边框的小方（圆）块（控制点）的位置，按下鼠标左键拖动可改变大小。

3. 格式设置

单击图形，在如图 3-44 所示的“绘图工具”/“格式”选项卡功能区中，选中相应按钮可进行形状格式设置。或右击选定图形，在打开的快捷菜单中选择相应命令进行设置。

图 3-44 “绘图工具”/“格式”选项卡功能区

3.6.3 使用文本框

文本框也是一种图形对象，在文本框中可以方便地输入文字或插入图片。通过使用文本框，用户可以方便地将文本放置到文档页面的任意位置，而不必受段落格式和页面设置的影响，使排版更轻松灵活。

1. 插入文本框

单击“插入”选项卡，在“文本”组中单击“文本框”按钮，在下拉列表中选择一种文本框类型，此时插入的文本框处于编辑状态，直接输入文本即可。在下拉列表中单击“绘制文本框”命令，将鼠标指针移动到需插入文本框的位置，鼠标指针变为十字形状，按下鼠标左键拖动到所需的大小。

2. 文本框的编辑

类似于图形的操作，也可以调整文本框的大小、移动文本框的位置，利用“绘图工具”/“格式”选项卡功能区可设置文本框效果等。

3. 文本框的链接

在文档中可建立多个文本框，并将它们链接起来，在当前文本框中输入文字时，装不下的文字内容会自动转入到所链接的文本框中继续输入。利用文本框的链接功能，在报纸和宣传册等排版时可以很方便地实现自动转版。创建两个文本框的链接方法如下。

（1）单击“插入”选项卡，在“文本”组中单击“文本框”按钮，在下拉列表中单击“绘制文本框”命令，在文档中绘制两个文本框。

（2）选定一个文本框，单击“绘图工具”/“格式”选项卡“文本”组中的“创建链接”按钮。

（3）将鼠标指针移到需创建链接的文本框（该文本框必须为空，）单击鼠标左键完成链接。

若需断开链接，则选定需断开链接的文本框，单击“绘图工具”/“格式”选项卡“文本”组中的“断开链接”按钮。

3.6.4　首字下沉和插入艺术字

1. 首字下沉

首字下沉是将段落的首字变成图形效果，以突出显示，其效果可以是“下沉”或“悬挂”。

单击“插入”选项卡中“文本”组中的“首字下沉”按钮，在下拉列表中选择“首字下沉选项”命令，在打开的“首字下沉”对话框中进行设置。

2. 插入艺术字

艺术字是一种特殊的图形对象，在文档中使用艺术字可以美化文档。

（1）插入艺术字

单击“插入”选项卡，在“文本”组中单击“艺术字”按钮，在打开的下拉列表中选择一种样式，在弹出的文本框中输入文字。

（2）编辑艺术字

选中艺术字，在打开的“绘图工具”/“格式”选项卡中，可以对艺术字形状的填充、轮廓、效果及艺术字文字的大小、方向、对齐文本、填充、轮廓、效果等进行设置。

Word 2010 将艺术字作为文本框插入，用户可以任意编辑其文字。

3.6.5　SmartArt 图形的使用

虽然插图和图形比文字更有助于读者阅读和理解信息，但要求大多数用户创建具有设计师水准的插图仍很困难。使用 SmartArt 图形和其他新功能，只需单击几下鼠标，即可创建出具有设计师水准的插图，从而在文档中快速、轻松、有效地传达信息。

1. 插入 SmartArt 图形

将插入点置于要插入 SmartArt 图形的位置，单击“插入”选项卡，在“插图”组中单击“SmartArt”按钮，打开“选择 SmartArt 图形”对话框。选择一种样式，单击“确定”按钮。单击 SmartArt 图形左侧按钮，在打开的窗口中输入文字，如图 3-45 所示。

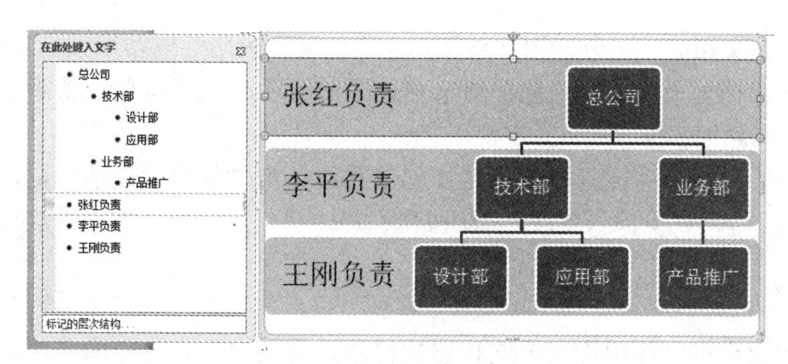

图 3-45　在 SmartArt 图形中输入文字

2. 添加 SmartArt 图形元素

选中 SmartArt 图形，在“SmartArt 工具”/“设计”选项卡中“创建图形”组中单击“添加形状”按钮，在下拉列表中选择选项即可添加 SmartArt 图形元素。

3. 编辑 SmartArt 图形

选中 SmartArt 图形，单击“SmartArt 工具”/“设计”选项卡和“格式”选项卡，可对 SmartArt

图形及其中的 SmartArt 图形元素进行如大小、布局、样式、颜色、文本效果等的设置。

3.6.6 公式编辑器的使用

公式编辑器用于在文档中编辑一些复杂的数学格式。单击“插入”选项卡的“符号”组中的“公式”按钮π，在下拉列表中选择“插入新公式”命令，打开如图 3-46 所示的“公式工具”/“设计”选项卡功能区，选择其中的命令，即可实现公式的编辑。

- “符号”组：提供用户用于插入的数学符号。
- “结构”组：提供用户用于插入的模板，在模板中可以输入文字和符号。

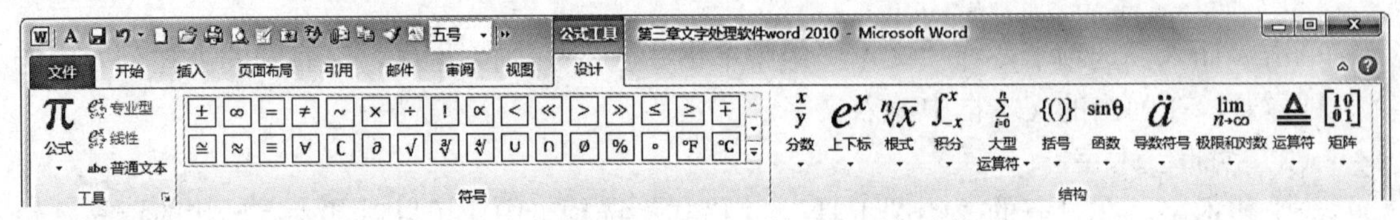

图 3-46 “公式工具”/“设计”选项卡功能区

公式编辑的操作方法是“先选模板后输入内容”。若需修改公式，单击公式需修改的位置即可进行修改。单击公式外的任意位置即可退出公式编辑器。如图 3-47 所示为数学编辑器输入的公式示例。

$$Y=\frac{a+\sqrt[3]{b^2}}{2a}+\int_2^4 xdx$$

图 3-47 公式示例

3.7 高级应用

3.7.1 脚注和尾注

脚注和尾注是文档的一部分，用于对文档正文的补充说明，以帮助读者理解文章的内容。

脚注出现在文档每页的末尾，用于对文档内容的说明。尾注出现在整篇文档的末尾，一般用于标明引用文献的来源。

将插入点置于文档中需插入脚注或尾注的位置，单击“引用”选项卡，在“脚注”组中单击“插入脚注” AB^{1}或“插入尾注” [i]按钮添加注释引用标记，并输入注释文字。

3.7.2 目录

在长文档中用户可以使用样式为文档建立目录，目录中包含文档的各级标题和相应的页码，用户可以方便地对文档内容进行阅读和查找。为文档建立目录的方法如下。

（1）打开文档，利用 Word 样式库对文档正文的各级标题进行设置，如分别设置为标题 1、标题 2、标题 3 等。

（2）将插入点置于插入目录的位置，单击“引用”选项卡，在“目录”组中单击“目录”按钮，在打开的下拉列表中选择“插入目录”命令，打开如图 3-48 所示的“目录”对话框。

（3）在“目录”对话框中设置所需的格式，单击“确定”按钮自动生成目录，如图 3-49 所示。

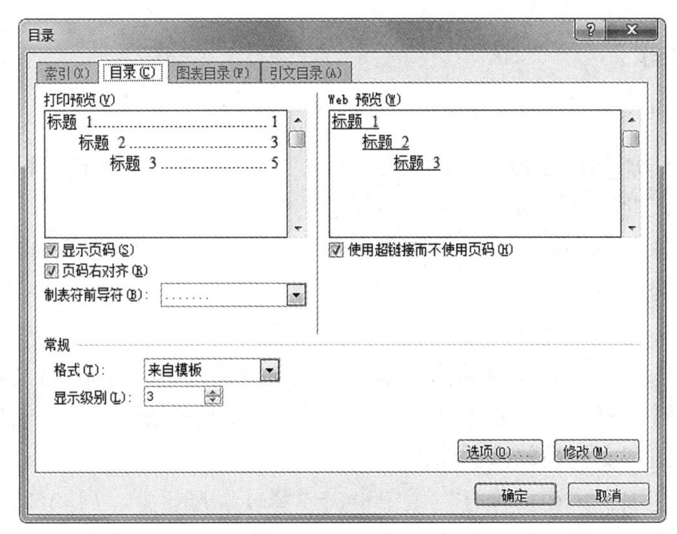

图 3-48　“目录”对话框

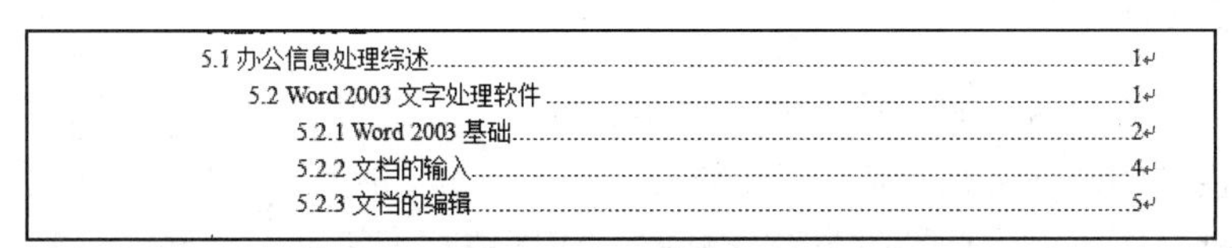
5.1 办公信息处理综述......1
5.2 Word 2003 文字处理软件......1
5.2.1 Word 2003 基础......2
5.2.2 文档的输入......4
5.2.3 文档的编辑......5

图 3-49　生成目录

当文档内容发生变化时，单击“引用”选项卡，在“目录”组中单击“更新目录”按钮即可更新目录。

3.7.3　封面

在编辑论文或长文档时，为了使文档更加完整，可在文档中插入封面。Word 2010 提供了一个封面样式库供用户使用。

打开文档，将插入点置于插入封面的位置，单击“插入”选项卡，在“页”组中单击“封面”按钮，在打开的下拉列表中选择封面样式，再在自动插入的文档封面中输入相应的信息文字即可完成插入封面的工作。

3.7.4　大纲

大纲视图用于快速地了解文档结构和内容概况，可以清晰地显示文档结构。单击“大纲视图”按钮，在大纲视图模式下打开如图 3-50 所示的“大纲”选项卡功能区，可以显示文档级别，提升或降低级别，显示或隐藏部分文字或标题等，方便用户组织和编辑文档。

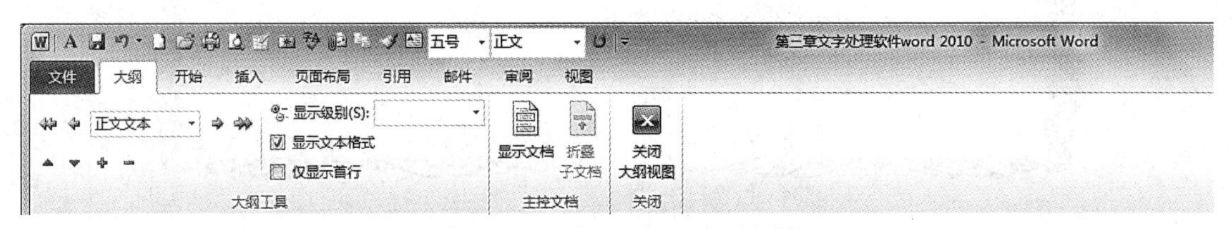

图 3-50　“大纲”选项卡功能区

3.7.5 文档审阅

1. 批注

批注是审阅者添加到独立窗口中的文档注释。当审阅者只是评论文档，而不直接修改文档时就需插入批注，批注是隐藏的文字，不影响文档的内容。

将插入点置于插入批注的位置，单击“审阅”选项卡，在“批注”组中单击“新建批注”按钮，并输入批注内容。

2. 修订

在 Word 2010 中，可以启动审阅修订模式。在审阅模式下，Word 将文档审阅者对文档的每一处修改的位置进行标注，而文档的初始内容不发生任何改变。同时也能标注出多位审阅者的修订，使作者能跟踪文档被修改的情况。

单击“审阅”选项卡，在“修订”组中单击“修订”按钮，启动修订模式，“修订”按钮呈高亮状态。若要退出修订模式，再次单击“修订”按钮即可。

3.7.6 邮件合并

邮件合并是指在邮件文档（主文档）的固定内容中，合并与发送信息相关的一组数据，从而批量生成需要的邮件文档，提高工作效率。邮件合并功能除可以批量处理信函信封等与邮件相关的文档外，还可以轻松地批量制作标签、成绩单、准考证、获奖证书等。

邮件合并过程包含建立主文档、建立数据源文件和合并文档三个步骤。

①建立主文档：邮件中内容固定不变的部分，如录取通知书中每个收件人都不变的内容。在主文档的创建中，要注意布局和排版，如留有合适空间位置给将来的数据在邮件合并时填充。

②建立数据源文件：即数据记录表，包含要合并到主文档的数据信息，如录取通知书中的姓名、学院、专业等信息。数据源文件可以来源于 Word 表格、Excel 表格、Access 数据库等。

③合并文档。使用邮件合并向导将数据源合并到主文档，得到邮件文档。

【例 3.5】利用邮件合并批量制作录取通知书。

（1）创建如图 3-51 所示的主文档并保存为 “录取通知书主文档.docx”。

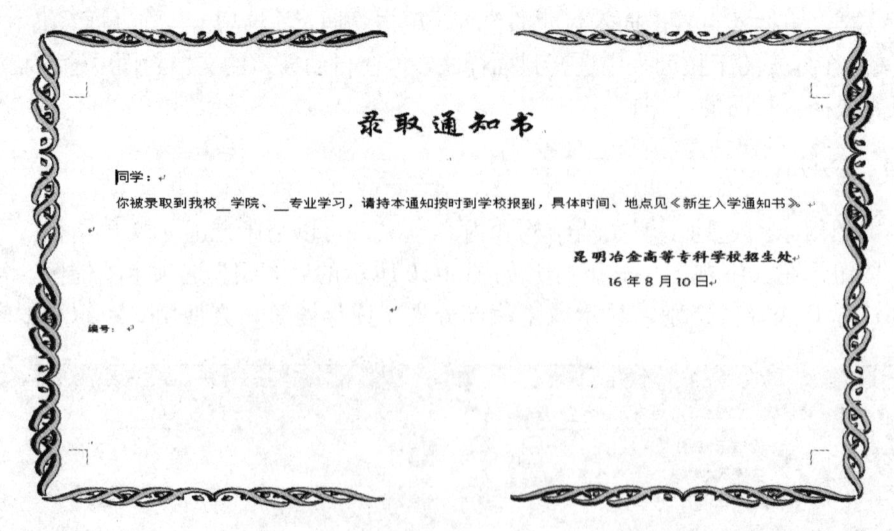
录取通知书

同学：

你被录取到我校__学院、__专业学习，请持本通知按时到学校报到，具体时间、地点见《新生入学通知书》。

昆明冶金高等专科学校招生处

16 年 8 月 10 日

编号：

图 3-51 主文档

（2）创建一个如图 3-52 所示的数据源文件，并保存为“录取信息.docx”。

编号	姓名	学院	专业
170001	刘宏伟	物流	物流技术
170002	张颖	计算机信息	网络工程
170003	李忠奎	建工	建筑工程
170004	刘洪	机械	矿山机械

图 3-52　数据源文件

（3）打开主文档，单击“邮件”选项卡/“开始邮件合并”/“邮件合并分步向导”，打开“邮件合并”任务窗格。

（4）在任务窗格的“选择标题类型”下选中“信函”，单击任务窗格底部的“下一步：正在启动文档”。

（5）在任务窗格的“选择开始文档”下选中“使用当前文档”，单击“下一步：选取收件人”。

（6）在任务窗格的“使用现有列表”下单击“浏览”，打开“选取数据源”对话框，在对话框中选择数据源文件“录取信息.docx”文件，单击“打开”按钮，出现“合并邮件收件人”对话框，单击“确定”按钮进到下一步骤。

（7）按提示单击“下一步：撰写信函”，进入到撰写信函状态。将插入点定位于主文档“同学”之前，在“撰写信函”下选中“其他项目”，打开“插入合并域”对话框。在其中选中“姓名”域，单击“插入”按钮，再单击“关闭”按钮，完成第一个合并域。同样的方法在主文档中插入“学院”“专业”“编号”域，全部插入后如图 3-53 所示。

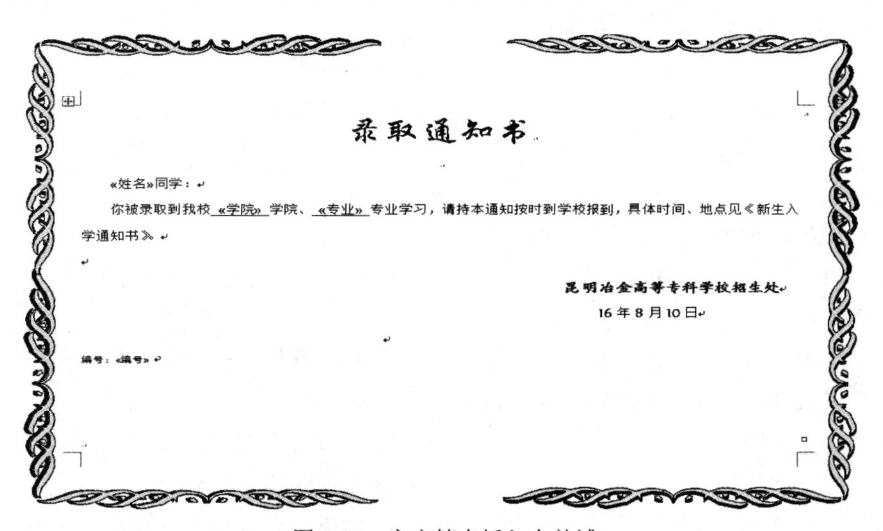

录取通知书

«姓名»同学：

你被录取到我校«学院»学院、«专业»专业学习，请持本通知按时到学校报到，具体时间、地点见《新生入学通知书》。

昆明冶金高等专科学校招生处

16 年 8 月 10 日

编号：«编号»

图 3-53　主文档中插入合并域

（8）单击“下一步：预览信函”预览结果。

（9）单击“下一步：完成合并”。在“合并”下选中“编辑单个信函”，在打开的“合并到新文档”对话框中，选中“全部”，单击“确定”按钮，即可生成一个名为“信函 1”的新文档。

（10）单击“文件”/“另存为”命令，以新文件名保存文件。

习　题

1．中文 Word 2010 是（　　）。

A．文字编辑软件　　B．系统软件

C．硬件　　D．操作系统

2．在使用 Word 进行文字编辑时，下面叙述中错误的是（　　）。

A．Word 可将正在编辑的文档另存为一个纯文本（txt）文件

B．使用“文件”/“打开”命令可以打开一个已存在的 Word 文档

C．打印预览时，打印机必须是已经打开的

D．Word 2010 允许同时打开多个文档

3．能显示页眉和页脚的方式是（　　）。

A．普通视图　　B．页面视图　　C．大纲视图　　D．全屏幕视图

4．要删除单元格，正确的是（　　）。

A．选中要删除的单元格，按 Del 键

B．选中要删除的单元格，单击“剪切”按钮

C．选中要删除的单元格，使用 Shift+Delete 组合键

D．选中要删除的单元格，使用右键菜单的“删除单元格”命令

5．Word 2010 在编辑完毕一个文档后，要想知道它打印后的结果，可使用（　　）功能。

A．打印预览　　B．模拟打印　　C．提前打印　　D．屏幕打印

6．在 Word 中，如果在输入的文字或标点下面出现红色波浪线，表示（　　），可用“审阅”功能区中的“拼写和语法”来检查。

A．拼写和语法错误　　B．句法错误

C．系统错误　　D．其他错误

7．给每位家长发送一份《期末成绩通知单》，用（　　）命令最简便。

A．复制　　B．信封　　C．标签　　D．邮件合并

8．Word 2010 文档默认使用的扩展名是（　　）。

A．RTF　　B．TXT　　C．DOCX　　D．DOTX

9．在 Word 2010 中，默认的字体、字号是（　　）。

A．楷体、四号　　B．宋体、五号　　C．隶书、五号　　D．黑体、四号

10．在 Word 2010 中，默认的视图方式是（　　）。

A．页面视图　　B．Web 版式视图

C．大纲视图　　D．普通视图

11．在 Word 2010 编辑状态下，利用（　　）可快速、直接调整文档的左右边界。

A．功能区　　B．工具栏　　C．菜单　　D．标尺

12．中文 Word 2010 运行的环境是（　　）。

A．DOS　　B．Office　　C．WPS　　D．Windows

13．Word 2010 中的段落标记是在输入（　　）之后产生的。

A．句号　　B．Enter 键　　C．Tab　　D．分页符

14．进入中文 Word 2010 后，在录入文本时，系统默认为“插入”方式，可用鼠标在状态

栏的“插入”按钮处（　　）使之变成“改写”方式。

A．单击　　B．右击　　C．双击左键　　D．双击右键

15．在 Word 2010 的编辑状态中，“复制”操作的组合键是（　　）。

A．Ctrl+A　　B．Ctrl+C　　C．Ctrl+V　　D．Ctrl+X

16．在 Word 2010 编辑状态，执行快速访问工具栏中的（　　）命令，可恢复刚删除的文本。

A．撤消　　B．清除　　C．复制　　D．粘贴

17．在 Word 2010 的编辑状态中，统计文档字数可使用“审阅”选项卡的（　　）组中的命令按钮。

A．校对　　B．批注　　C．修订　　D．更改

18．在 Word 2010 中，要快速复制对象，可以在拖动鼠标的同时按住（　　）键。

A．Ctrl　　B．Alt　　C．Shift　　D．Tab

19．在 Word 2010 中，删除插入点前的字符所使用的命令键是（　　）。

A．Delete　　B．Backspace　　C．Ctrl+Delete　　D．Ctrl+Backspace

20．在 Word 2010 中，“页面设置”组在（　　）选项卡。

A．开始　　B．插入　　C．页面布局　　D．视图

21．Word 2010 提供了添加边框的功能，以下说明正确的是（　　）。

A．只能为文档中的段落添加边框　　B．只能为所选文本添加边框

C．只能为文档的页面添加边框　　D．以上三种都正确

22．在 Word 2010 的编辑窗口中，使用（　　）选项卡下的“插图”组，可以插入来自剪贴画或图片文件的图形。

A．开始　　B．页面布局　　C．插入　　D．视图

23．在 Word 2010 的表格操作中，计算求和的函数是（　　）。

A．Count()　　B．Sum()　　C．Total()　　D．Average()

24．在 Word 2010 中，“窗口”组在（　　）选项卡中。

A．开始　　B．视图　　C．引用　　D．审阅

25．在 Word 2010 中，执行命令有多种方法，其中激活快捷菜单的方法是（　　）。

A．单击鼠标左键　　B．单击鼠标右键

C．双击鼠标左键　　D．双击鼠标右键

第4章　电子表格处理软件 Excel 2010

1. 了解 Excel 2010 基本概念。
2. 掌握 Excel 2010 工作簿、工作表的基本操作。
3. 熟练掌握 Excel 2010 工作表的编辑及格式化。
4. 熟练掌握 Excel 2010 公式及函数的使用。
5. 熟练掌握 Excel 2010 图表的操作。
6. 掌握 Excel 2010 的基本数据分析和管理。
7. 掌握 Excel 2010 的数据保护。
8. 掌握 Excel 2010 的页面设置和打印。

4.1　Excel 2010 概述

Excel 2010 是微软公司开发的 Office 2010 办公组件中优秀的电子表格制作和数据处理软件，它具有强大的制表和数据处理等功能，广泛地应用于管理、统计、财务等领域，是目前最有效、最流行的电子表格制作和数据处理软件。利用 Excel 2010，用户可以快捷方便地制作电子表格，还可以组织、计算、统计各类数据，制作出复杂的各类报表和图表。

Excel 2010 与过去的版本相比，用户界面直观形象、操作方便，对用户来说学习更加轻松，办公更加便捷。

4.2　认识 Excel 2010

4.2.1　Excel 2010 窗口

Excel 2010 启动后，系统即打开如图 4-1 所示的 Excel 2010 窗口。窗口主要包含以下几个组成部分。其中标题栏、快速访问工具栏、“文件”按钮、功能区、选项卡等与 Word 2010 功能相同，第 3 章已做介绍，这里不再重复。下面介绍 Excel 2010 特有的几个窗口元素。

- 名称框：用于定义和显示单元格的名称。
- 编辑栏：用于显示和编辑当前单元格的数据或公式。
- 工作区：用于编辑或处理数据的区域，用户可以在其中插入各种对象。
- 工作表标签：用于显示工作表内容或切换工作表。

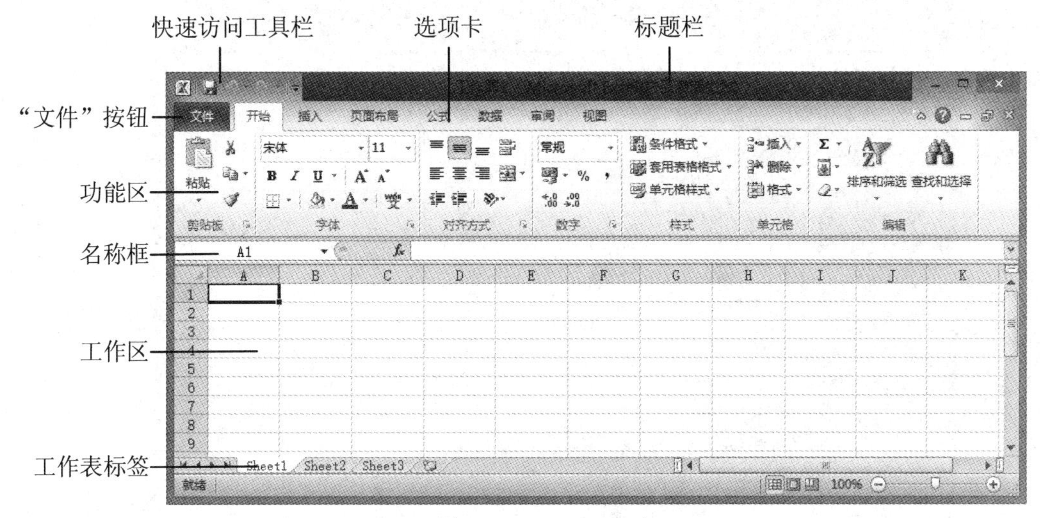

图 4-1　Excel 2010 窗口

4.2.2　基本概念

1. 工作簿

工作簿是 Excel 2010 建立的文件，其扩展名为“.xlsx”。默认情况下，Excel 2010 为每个工作簿创建 3 张工作表，其工作表标签分别为 Sheet1、Sheet2、Sheet3。用户可根据需要增加或删除工作表，一个工作簿可以包含多张工作表，但最多只能有 255 张工作表。

2. 工作表

工作簿中每一张表称为一个工作表，每张工作表都有一个与之对应的工作表标签。每张工作表是由 1048576 行和 16384 列组成，列用字母 A～XFD 表示，行用阿拉伯数字 1～1048576 表示。

3. 单元格

Excel 2010 的工作表中，行和列的交叉构成的小方格称为单元格，是 Excel 工作簿的最小单位。每个单元格都有固定的地址，由列号和行号表示，如 A5 表示 A 列第 5 行的单元格。

4. 活动单元格

单击某单元格，单元格边框线变粗，该单元格被称为活动单元格，可在其中输入和编辑数据。活动单元格是当前工作表中仅有且唯一的。

5. 区域

区域是指一组单元格，可以是连续的，也可以是不连续的。对工作表的区域可以进行计算、复制、移动等操作。

4.2.3　工作簿及工作表的基本操作

1. 工作簿的基本操作

工作簿的建立、打开、保存与保护、关闭等操作与 Word 2010 类似，在此不赘述。下面只对使用模板建立工作表做简单介绍。

单击“文件”/“新建”命令，打开如图 4-2 所示“新建文档”窗口，选择“可用模板”和“Office.com 模板”中相应的文档模板创建文档。

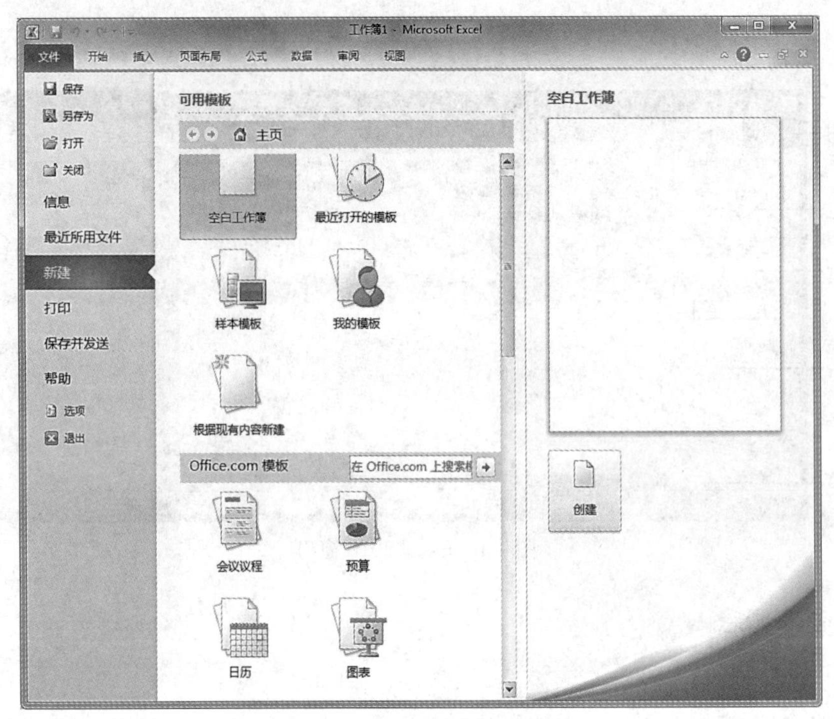

图 4-2 “新建文档”窗口

2. 工作表的基本操作

（1）选定工作表

- 单击某个工作表标签即选定该工作表。
- 按下 Shift 键不放，单击头和尾的工作表标签，可以选定头尾中间的多个连续的工作表。
- 按下 Ctrl 键不放，单击多个工作表标签，可以选定不连续的多个工作表。

（2）插入工作表

- 右击某个工作表，在弹出的快捷菜单中选择“插入”，打开“插入”对话框，单击“工作表”/“确定”按钮，则在选定的工作表之前插入新的工作表。
- 在现有的工作表标签的末尾单击“插入工作表”按钮，则在工作表标签最末尾插入新的工作表。

（3）删除工作表

选定要删除的一个或多个工作表，单击鼠标右键，在弹出的快捷菜单中单击“删除”命令即可。

（4）移动或复制工作表

- 选定要移动的工作表，按住鼠标左键拖动到目的位置。
- 选定要复制的一个或多个工作表，按下 Ctrl 键不放，用鼠标拖动到目的位置。
- 选定要复制或移动的工作表，单击鼠标右键，在弹出的快捷菜单中单击“移动或复制工作表”命令，在弹出的“移动或复制工作表”对话框中选择目的位置，若要进行复制，则选中“建立副本”复选框，若只进行移动，单击“确定”按钮。

（5）重命名工作表

- 双击要重命名的工作表标签，输入名称。
- 右击需更改名称的工作表，在弹出的快捷菜单中选择“重命名”命令，输入名称。

（6）改变工作表标签颜色

右击需更改标签颜色的工作表，在弹出的快捷菜单中选择“工作表标签颜色”命令即可更改颜色。

4.3　工作表的编辑与格式化

4.3.1　输入数据

Excel 2010 允许在工作表的单元格中输入各种数据，如文本型、数值型、日期和时间型等数据类型的数据。

1. 文本型数据的输入

文本型数据包括汉字、字母、数字字符以及其他可打印显示的符号，文本通常不参与计算。输入时，选中需输入数据的单元格，然后输入即可，文本默认的对齐方式为左对齐。

若要将数字如身份证号码、邮政编码、电话号码等作为文本型数据输入，为避免 Excel 将其默认为数值型数据，用户必须将其强行转换为文本型数据，可采用如下两种方法。

（1）在数字前加英文字符的单引号“'”，如身份证号码输入：“'53011119821205124”，输入完成后按下回车键，单引号自动隐藏。

（2）先将单元格的数字格式设置为“文本”再输入数据。选中要输入数据的单元格右击，执行“设置单元格格式”命令，在打开的“设置单元格格式”对话框中选择“数字”选项卡“分类”列表框中的“文本”选项，单击“确定”按钮，再在选中的单元格中输入“53011119821205124”。

提示　当输入的数据超过单元格的宽度，数据将显示一串“#”，此时调整列宽即可。

2. 数值型数据的输入

数值型数据有数字（0～9）组成的整数、小数等数值，还有+、-、/、%、()、$等符号，默认对齐方式为右对齐。

（1）输入分数时，如 1/5，应先输入“0”或一个空格，再输入分数 1/5，否则 Excel 自动将其作为日期处理，显示“1 月 5 日”。

（2）带括号()的数将认为是负数，如输入(8)，则显示-8。

（3）如输入的数据太长，Excel 将自动以科学记数法表示。

3. 日期和时间数据的输入

Excel 中输入日期时使用“-”或“/”分隔，如 2017/1/12 或 2017-1-12，按“Ctrl+;”，可输入当前的日期。

输入时间时使用“:”号或汉字分隔，如 10:30 或 10 时 30 分。按“Ctrl+:”，可输入当前的日期。默认日期和时间对齐方式为右对齐。

4. 自动填充数据

当输入大量有规律的数据，如相同或等差数据系列时，可以使用 Excel 的自动填充功能，快速地输入数据。

（1）使用自动填充柄输入数据

自动填充是根据初始值决定以后的填充项。使用自动填充柄输入数据时，首先将鼠标指针移到初始值所在单元格的右下角填充柄（黑色小方块）上，鼠标指针呈黑十字形，按下鼠标左键拖动至需要填充数据的最后单元格时释放鼠标，完成自动填充。使用自动填充柄输入数据通常有以下几种情况。

- 初始值为纯数值或字符（如 12 或工程师）时，填充相当于复制功能。
- 初始值为纯数值时，填充时按下 Ctrl 键，数值会依次递增。
- 初始值为文本数字时，填充时文本数字依次增加。
- 初始值为字符和数字混合体（如 A1）时，填充时字符不变数字增加。
- 初始值为 Excel 预设的自定义序列中的成员之一，填充时按预设序列填充。如初始值为甲，填充时将产生乙、丙、丁……癸。
- 初始值包含两个单元格的数值（如 1 和 3），填充时以两个单元格数值之差为公差的序列填充。
- 以上数据输入的效果如图 4-3 所示。

	A	B	C	D	E	F	G
1	12	工程师	1	0001	A1	甲	1
2	12	工程师	2	0002	A2	乙	3
3	12	工程师	3	0003	A3	丙	5
4	12	工程师	4	0004	A4	丁	7
5	12	工程师	5	0005	A5	戊	9
6	12	工程师	6	0006	A6	己	11
7	12	工程师	7	0007	A7	庚	13
8	12	工程师	8	0008	A8	辛	15
9							

图 4-3 填充柄输入数据

（2）使用“填充”按钮输入数据

使用“填充”按钮输入数据有两种方法。

- 在第一个单元格输入初始值（如党员），选中要填充的区域（如 A1:A10），单击“开始”/“编辑”组中“填充”按钮，在下拉列表中选择“向下”（或向上、向左、向右），则在选中的单元格中均填入“党员”。
- 在第一个单元格输入初始值（如 5），单击“开始”/“编辑”组中“填充”按钮，在下拉列表中选择“序列”，在打开的如图 4-4 所示的“序列”对话框中设置序列产生方向（如列），选择填充类型（如等差序列），设置步长值（如 5）和终止值（如 50），则自动填充设置的数据序列。

以上方法输入数据的效果如图 4-5 所示。

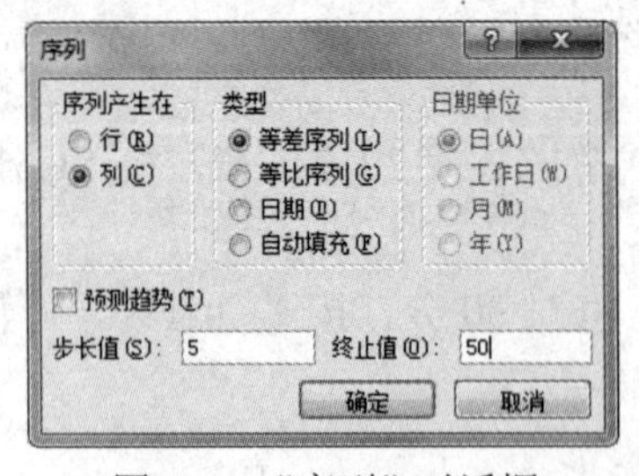

图 4-4 “序列”对话框

	A	B	C
1	党员	5	
2	党员	10	
3	党员	15	
4	党员	20	
5	党员	25	
6	党员	30	
7	党员	35	
8	党员	40	
9	党员	45	
10	党员	50	

图 4-5 “填充”按钮输入数据

5. 自定义序列

单击“文件”/“选项”命令，在打开的“Excel 选项”对话框中选择“高级”选项卡，在“常规”区域中单击“编辑自定义列表”按钮，打开如图 4-6 所示的“自定义序列”对话框，用户可以查看到 Excel 预设的自定义序列。

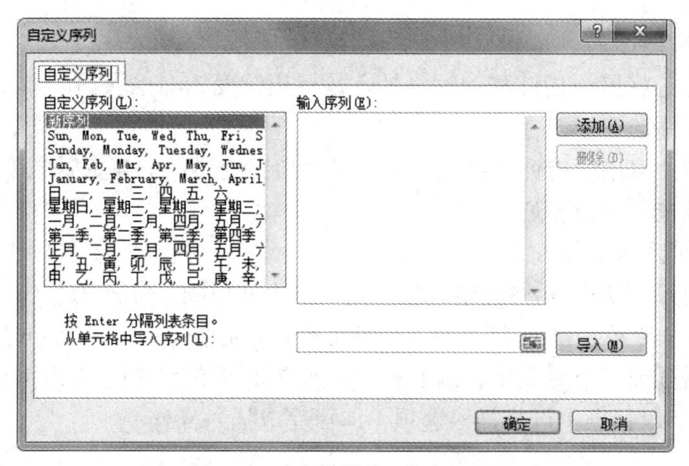

图 4-6 “自定义序列”对话框

如果需添加新的序列，用户在“自定义序列”列表框中单击“新序列”，在“输入序列”列表框中依次输入新序列的每个成员，成员之间用 Enter 键分隔，单击“添加”按钮，新序列即添加到“自定义序列”列表中。

用户也可以从单元格导入生成新序列，但不能是数值型数据。不需要的序列也可以删除。

6. 数据的有效性

在 Excel 2010 中，可以限定单元格输入的数据类型、范围以及设置数据输入提示信息和输入错误警告信息等。

选定要定义数据有效性的单元格区域，单击“数据”选项卡，在“数据工具”组中单击“数据有效性”按钮，在如图 4-7 所示的“数据有效性”对话框中进行设置。

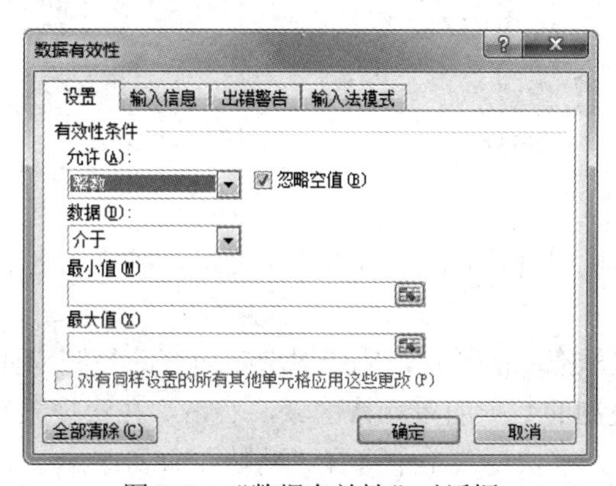

图 4-7 “数据有效性”对话框

4.3.2 数据编辑

1. 单元格的选定

- 选定单个单元格：单击需选定的单元格，也可在名称框中输入该单元格的地址。
- 选定连续的单元格区域：单击第一个单元格，然后按下鼠标左键并拖动鼠标至最后一个单元格后释放鼠标。
- 选定不连续的单元格区域：先选中第一个单元格区域，按下 Ctrl 键不放，再选择其他单元格区域。

2. 整行或整列的选定

- 选定整行：将鼠标指针移到行号处，鼠标指针变为右箭头时，单击行号选定一行，按住鼠标拖动选择多行。
- 选定整列：将鼠标指针移到列号处，鼠标指针变为向下箭头时，单击列号选定一列，按住鼠标拖动选择多列。

3. 行、列和单元格的插入

Excel 中插入行、列和单元格遵循选多少插入多少的原则，即选一行（一列或一个单元格）插入一行（一列或一个单元格），选 n 行（n 列或 n 个单元格）插入 n 行（n 列或 n 个单元格）。

选定一行（一列或一个单元格）或 n 行（n 列或 n 个单元格），右击鼠标，在打开的如图 4-8 所示的“插入”对话框中选择插入选项，即可完成插入操作。

提示 利用“开始”选项卡的“单元格”组中的“插入”按钮也可完成插入操作。

4. 行、列和单元格的删除

- 删除行（或列）：选择行（或列），右击鼠标，在打开的快捷菜单中单击“删除”命令即可。
- 删除单元格：选择单元格，右击鼠标，在打开的快捷菜单中单击“删除”命令，在弹出的如图 4-9 所示的“删除”对话框中选择删除选项，即可完成删除操作。

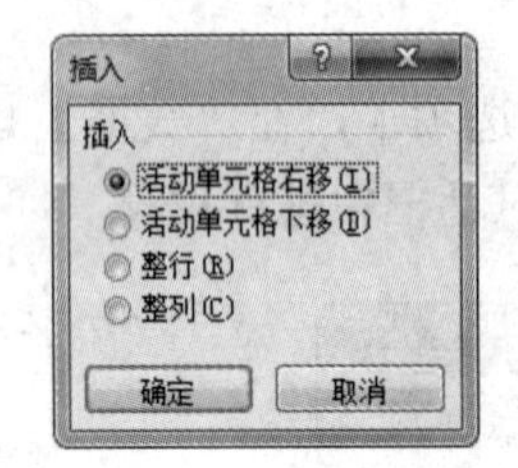

图 4-8 “插入”对话框

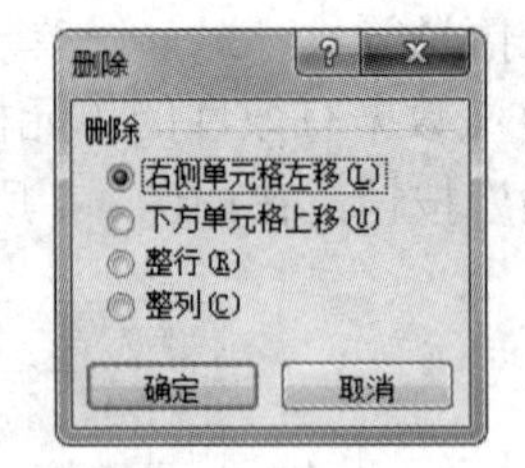

图 4-9 “删除”对话框

5. 数据的修改

单击单元格，在编辑栏中进行修改，或双击单元格，在单元格中进行修改。

6. 数据的复制或移动

可以通过剪贴板或鼠标拖动的方式，完成对选定内容的复制或移动。

数据复制：选中需复制的数据的单元格区域，右击，在快捷菜单中选择“复制”命令，然后选中目标单元格右击，在快捷菜单中选择“粘贴”命令。

数据移动：选中需移动的数据的单元格区域，将鼠标指针移到选区边框，指针变为四角十字形，按下左键拖动（这时可看到一个虚线框）到目的位置即可。也可以用“剪切”和“粘贴”命令完成。

提示 数据的复制或移动也可以单击“开始”选项卡，在“剪贴板”组中完成。

7. 数据的清除

选定需清除数据的单元格区域，单击“开始”选项卡，在“编辑”组中单击“清除”按钮，在弹出的下拉列表中选择相应选项即可实现“全部清除”“清除格式”“清除内容”“清除批注”“清除超链接”。

选定需清除数据的单元格区域，按下 Delete 键，只清除其内容。

8. 批注的使用

用户可以使用批注对单元格进行注释或者说明，帮助用户备忘或者帮助其他使用者更好地理解单元格的数据内容。

- 插入批注：选定要添加批注的单元格，单击“审阅”选项卡，在“批注”组中单击“新建批注”按钮，在弹出的批注框中输入批注，单击批注框外任意工作区即可退出。
- 编辑或删除批注：选定有批注的单元格，在“批注”组中单击“编辑批注”按钮或“删除”按钮，即可对批注进行编辑或删除。

批注可以显示或隐藏。

4.3.3　工作表的格式化

为了使工作表外观更美观和内容更加清晰，用户需要对工作表进行各种格式化操作，如调整行高和列宽、合并或拆分单元格、对齐数据项，进行边框和底纹、文本的格式等设置。

1. 格式化的方法

工作表的格式化可以通过以下五种方法实现。

（1）使用“开始”选项卡，如图 4-10 所示。

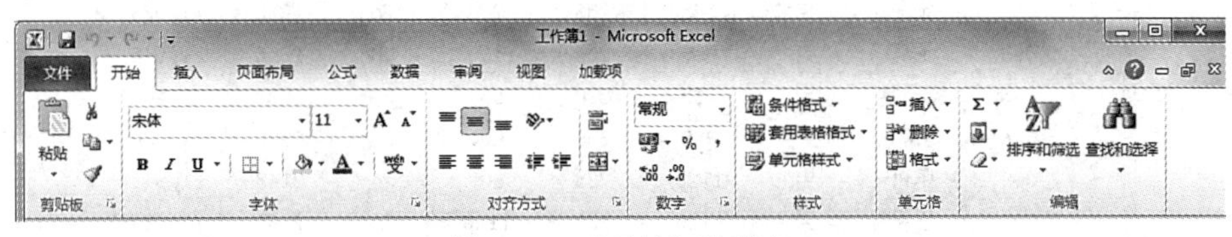

图 4-10　“开始”选项卡

使用“开始”选项卡可以完成常见的工作表格式化操作。

（2）使用“开始”选项卡/“单元格”组/“格式”按钮/“设置单元格格式”命令或右击鼠标在快捷菜单中执行“设置单元格格式”命令，在打开的如图 4-11 所示的“设置单元格格式”对话框中，完成“数字”格式、“对齐”格式、“字体”格式、“边框”格式、“填充”格式、“保护”的设置。

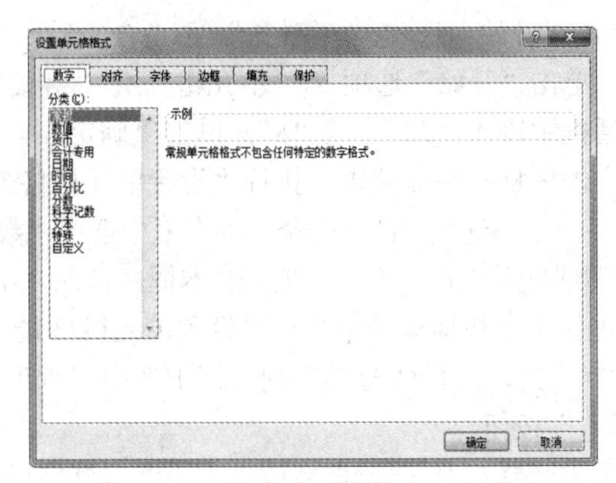

图 4-11　“设置单元格格式”对话框

提示 “设置单元格格式”对话框提供了对工作表进行格式化最全面的命令。

（3）在“开始”选项卡/“样式”组/“套用表格格式”按钮下系统预先定义了各种表格样式。

提示 使用“套用表格格式”用户可以快捷、高效地设置出美观的表格。

（4）在“开始”选项卡/“样式”组/“单元格样式”列表按钮下系统预先定义了各种单元格样式。

提示 使用“单元格样式”用户可以快捷、高效地设置单元格格式。

（5）使用“开始”选项卡/“样式”组/“条件格式”按钮，可以根据用户设置的条件，动态显示有关数据和格式。

2. 表格格式化案例

【例 4.1】打开“职工工资表”完成以下设置，其完成样张如图 4-12 所示。

	A	B	C	D	E	F	G	H	I
1	职工工资表								
2	工号	姓名	性别	基本工资	补贴	奖金	扣款	应发工资	实发工资
3	001	张三	男	785	253	200	-200	1238	¥1,038
4	002	王辉	男	980	265	400	-100	1645	¥1,545
5	003	张五常	男	785	320	500	-200	1605	¥1,405
6	004	刘柳红	女	980	650	600	-300	2230	¥1,930
7	005	陈丹	男	1120	223	800	-200	2143	¥1,943
8	006	王强	男	1120	223	1120	-100	2463	¥2,363
9	007	苏丽	女	980	259	520	-200	1759	¥1,559

图 4-12 “职工工资表”完成样张

标题格式：合并后居中。

表格行高列宽：行高 20，列宽 8。

“扣款”列数据：红色负数且倾斜-10°。

“实发工资”列数据：设置为货币格式。

操作步骤如下。

（1）选中 A1:I1，单击“开始”选项卡/“对齐”组/“合并后居中”按钮。

（2）选中整张表格，单击“开始”选项卡/“单元格”组/“格式”按钮/“行高”（或“列宽”）命令，在打开的对话框中输入“20”（或“8”）单击“确定”按钮。

（3）选中 G3:G9，右击鼠标在快捷菜单中执行“设置单元格格式”命令，在打开的“设置单元格格式”对话框的“数字”选项卡的“分类”列表框中选中“数值”，在“负数”项中选中红色负数。单击“对齐”选项卡，在“方向”项中文本框内输入“-10”，单击“确定”按钮。

（4）选中 I3:I9，右击鼠标在快捷菜单中执行“设置单元格格式”命令，打开“设置单元格格式”对话框，在“数字”选项卡的“分类”列表框中选中“货币”，在“小数位数”文本框内输入“0”，单击“确定”按钮。

【例 4.2】打开“学生成绩登记表（一）”完成以下设置，其完成样张如图 4-13 所示。

学生成绩登记表（一）

序号	行政班级	学号	姓名	性别	数学	英语	制图	计算机	总分	平均分
1	造价1635班	1600006001	张武	男	88	88	89	88	353	88
2	造价1635班	1600006002	杨飘	女	76	92	74	78	320	80
3	造价1635班	1600006003	王绍帅	男	95	78	73	85	331	83
4	造价1635班	1600006004	杨国云	男	68	69	60	60	257	64
5	造价1635班	1600006005	李大友	男	78	87	65	69	299	75
6	造价1635班	1600006006	罗月凤	女	89	86	76	81	332	83
7	造价1635班	1600006007	杨坚	男	65	72	69	90	296	74
8	造价1635班	1600006008	周月妮	女	79	74	55	88	296	74
9	造价1635班	1600006009	刘岷东	男	62	65	65	70	262	66
10	造价1635班	1600006010	徐新程	男	79	88	96	64	327	82

图 4-13　“学生成绩登记表（一）”完成样张

标题格式：黑体、20 磅、跨列居中。

表头格式：字体设置为楷体、蓝色、14 磅、底纹黄色。

单元格对齐方式：表格全体单元格水平居中对齐。

“平均分”列数据：平均分小于 70 分的单元格字体标为红色。

表格边框：外框为粗实线、内框为细实线，第一行下框线为双实线。

其操作步骤如下。

（1）选中 A1:K1，右击鼠标在快捷菜单中执行“设置单元格格式”命令，在打开的“设置单元格格式”对话框中，单击“字体”选项卡设置字体黑体、字号 20，再单击“对齐”选项卡，在“水平对齐”下拉列表中选中“跨列居中”，单击“确定”按钮。

（2）选中 A2:K2，单击“开始”选项卡，在“字体”组中设置字体楷体、字号 14、字体颜色蓝色、填充颜色黄色。

（3）选中 A2:K12，单击“开始”选项卡/“对齐方式”组/“居中”按钮。

（4）选中 K3:K12，单击“开始”选项卡/“样式”组/“条件格式”按钮/“突出显示单元格规则”/“小于”命令，在打开的“小于”对话框的文本框中输入 70，在“设置为”下拉列表中选中“红色文本”，单击“确定”按钮。

（5）选中 A2:K12，右击鼠标在快捷菜单中执行“设置单元格格式”命令，打开“设置单元格格式”对话框，单击“边框”选项卡，在“样式”项中选中粗实线，单击“预置”项中的“外边框”，再在“样式”项中选中细实线，单击“预置”项中的“内部”，单击“确定”按钮。

（6）选中 A2:K12，单击“开始”选项卡/“字体”组/“边框”下拉列表/“双底框线”样式。

4.4　公式与函数

用户在分析和处理 Excel 工作表的数据时，常常需要进行大量复杂的运算，使用 Excel 的公式和函数就可以方便快捷地完成任务，从而避免手工运算的繁琐和容易出错。而且用于运算的数据源若发生变化，相应的公式或者函数的计算结果会自动更新，这是手工计算无法实现的。

4.4.1　公式的使用

在 Excel 中，使用公式可以对工作表中的数值进行加、减、乘、除等运算。只要在单元格中输入正确的公式后，计算结果就会在单元格中显示。

1. 公式中的运算符

公式运算中最多的是数学运算，此外还有比较运算、文本运算、引用运算等。Excel 2010 中常用的运算符及其优先级如表 4-1 所示。

表 4-1 常用运算符

名称	优先级	运算符	意义
引用运算符	1	:（冒号）	区域运算符，如 C1:E4 表示从 C1 到 E4 之间的单元格区域
		（单个空格）	交叉运算符，如 A1:C3 C1:E2 表示两个区域公共的单元格区域
		,（逗号）	并集运算符，如 A3,D6,F4:I8 表示将多个单元格（或区域）合并
算术运算符	2	—	负数
		%	百分比
		^	乘方
		*和/	乘和除
		+和-	加和减
文本运算符	3	&	链接两个文本字符串
比较运算符	4	=（等于）	比较数值大小，得到逻辑结果 True 或 False，如 1>2 运算结果为 True
		>（大于）	
		<（小于）	
		>=（大于或等于）	
		<=（小于或等于）	
		<>（不等于）	

如果公式中有多个相同优先级别的运算符，按照从左到右的顺序进行，若要更改运算次序可使用()将需要优先运算的括起来。

2. 单元格引用

Excel 允许在公式中引用单元格地址来代替单元格中的数据，这样可以简化繁琐的数据输入和提高运算效率，同时还能指明公式中所使用的数据的位置。Excel 提供了 3 种不同的引用方式。

（1）相对引用或相对地址

Excel 默认为相对引用，如 A1、H9、K12 等。使用单元格的相对引用能使公式在复制和移动后根据移动的位置自动调整公式中所引用的单元格的地址。

（2）绝对引用或绝对地址

在行号和列标前加上“$”符号，如$A$1、$B$2、$H$9 等表示绝对引用。公式在复制和移动时，绝对引用的单元格地址不会随公式位置变化而改变。

（3）混合引用或混合地址

在行号或列标前加上“$”符号，如$A1、B$2 等表示混合引用。公式在复制和移动时，混合引用的单元格地址只有相对引用的行或列地址改变，绝对引用的行或列的地址不改变。

3. 输入公式

输入公式有两种方法。

（1）直接输入

如图 4-14 所示，选定要输入公式的单元格，如 D3，在 D3 中输入公式“=B3*C3”，按下 Enter 键确认输入，即可在选定的单元格中计算出结果，而公式则在编辑栏中显示。

提示　在单元格中输入公式，必须以“=”开头。

（2）选择单元格输入公式

如图 4-15 所示，其操作步骤如下。

D3　fx　=B3*C3

	A	B	C	D	E
1					
2		单价	数量	销售额	
3		15.3	15	229.5	
4					
5					

图 4-14　直接输入公式

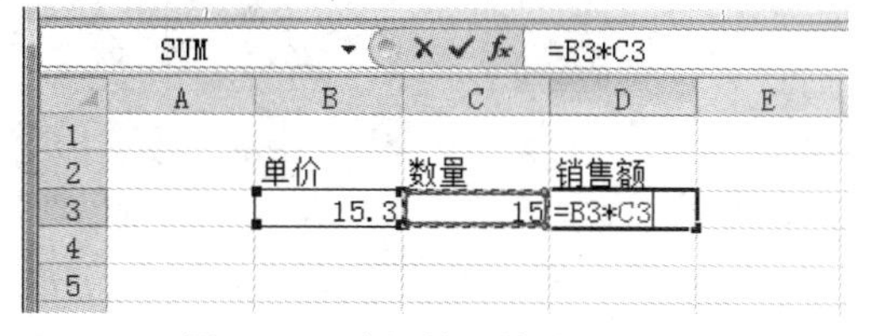

图 4-15　选择单元格输入公式

①选定要输入公式的单元格，如 D3，在 D3 中输入“=”；

②单击选中 B3；

③输入运算符“*”；

④单击选中 C3；

⑤按下 Enter 键确认，完成公式输入。

4. 复制公式

在 Excel 中公式可以复制，复制公式的应用可以将一个单元格的公式复制到需要相似公式的单元格中，从而提高运算效率。

复制公式时可以使用自动填充柄或“复制/粘贴”命令的方式。如图 4-16 所示，在 C2 中输入公式“=A2*B2”，按下 Enter 键确认输入，使用自动填充柄完成其余金额运算。

C2　fx　=A2*B2

	A	B	C	D
1	单价	数量	金额	
2	1.5	5	7.5	
3	3.2	9	28.8	
4	6.5	6	39	
5	3.1	8	24.8	
6	2.9	4	11.6	
7				
8				

图 4-16　公式复制样张

提示　单击“公式”选项卡/“公式审核”组中的显示公式按钮，可以将表格中所有使用公式的单元格以公式的形式显示出来。

5. 修改公式

在 Excel 中公式和数据一样可以修改。单击选定需修改公式的单元格，使用鼠标在编辑栏中进行修改，或双击单元格，进入编辑状态进行修改，按下 Enter 键确认，即完成公式修改。

4.4.2 函数的使用

对于简单的计算，用户可以自己编写公式，而对于一些复杂的运算（如求最大值），用户一般不能编写公式实现。Excel 提供了许多内置的函数，为用户对数据进行运算和分析带来了极大的方便。

函数其实是预先定义好的公式。在 Excel 2010 中，所有函数都在“公式”选项卡的“函数库”组中分类存放，如图 4-17 所示。

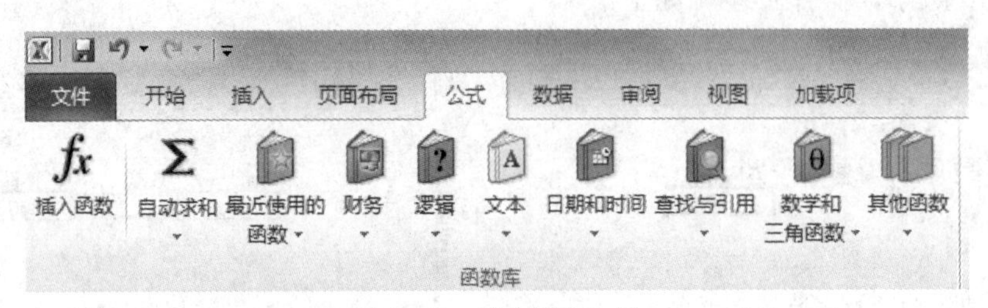

图 4-17 “函数库”组

函数由三部分组成：函数名称、括号和参数。

其结构以“=”号开始，语法结构为：函数名称（参数 1，参数 2，参数 3，...），其中参数可以用数据、单元格地址、单元格区域、公式及其他函数表示。

1. 函数的使用方法

函数的使用一般采用两种方法。

- 直接输入：用户在使用熟悉的函数或嵌套函数时可以在单元格或编辑栏中输入所需函数。
- 插入函数：用户对插入到单元格的函数不熟悉，则可通过单击编辑栏的“插入函数”按钮 *fx* 或图 4-17 所示中的“插入函数”按钮 *fx* ，在打开的“插入函数”对话框的提示下选择函数类型、函数名和参数来插入函数。

单击如图 4-17 所示各类函数下拉列表按钮 ▾，在列表中选取所需函数，在打开的“函数”或“函数参数”对话框中输入相应的参数，也可实现函数插入。

2. 常用函数举例

Excel 函数种类丰富，涉及的数据计算方方面面。表 4-2 给出了一些常用函数的用法举例。

表 4-2 常用函数举例

序号	函数名	用法举例	功能
1	SUM	SUM(A1:A8)	计算 A1:A8 单元格数据的和值
2	AVERAGE	AVERAGE(A1:A8)	计算 A1:A8 单元格数据的平均值
3	MAX	MAX(A1:A8)	计算 A1:A8 单元格数据的最大值
4	MIN	MIN(A1:A8)	计算 A1:A8 单元格数据的最小值
5	COUNT	COUNT(A1:A8)	统计 A1:A8 单元格区域中包含的数值单元格的个数
6	PRODUCT	PRODUCT(A1:A8)	计算 A1:A8 单元格数据的乘积值
7	ROUND	ROUND(A1,2)	对 A1 单元格的数值保留 2 位小数进行四舍五入

续表

序号	函数名	用法举例	功能
8	IF	IF(A1>=60,"及格","不及格")	如果 A1 单元格的值大于或等于 60，函数返回值为“及格”，否则为“不及格”
9	SUMIF	SUMIF(A1:A8,">=60")	计算 A1:A8 单元格区域中数值大于或等于 60 的单元格数据的和值
10	COUNTIF	COUNTIF(A1:A8,">=60")	统计 A1:A8 单元格区域中数值大于或等于 60 的单元格的个数
11	RANK	RANK(A1, A1:A8)	计算 A1 单元格的值在 A1:A8 数值序列中的排位
12	TODAY	TODAY()	获取当前日期
13	NOW	NOW()	获取当前日期和时间
14	YEAR	YEAR(1986/8/15)	获取年份数值

【例 4.3】打开“电气 1605《大学计算机基础》学生成绩统计表”，利用公式计算每个学生的总评分，并根据总评分使用 IF 和 RANK 函数求出对应的等级和名次，使用 SUM、AVERAGE、MAX、MIN、COUNT、COUNTIF 及 SUMIF 函数求出总分、平均分、最高分、最低分、总人数、优秀人数及总评分高于 80 分的总分。完成后样张如图 4-18 所示。

H3　=IF(G3>=85,"优秀",IF(G3>=60,"合格","不合格"))

	A	B	C	D	E	F	G	H	I
1	电气1605《大学计算机基础》学生成绩统计表								
2	序号	学号	姓名	平时（40%）	期中（20%）	期末（40%）	总评分	等级	名次
3	1	0160001	张华	80	85	90	85	优秀	4
4	2	0160002	刘丽	95	88	92	92.4	优秀	1
5	3	0160003	程一红	78	65	66	70.6	合格	7
6	4	0160004	赵凯	65	55	50	57	不合格	8
7	5	0160005	刘华强	99	87	83	90.2	优秀	2
8	6	0160006	张凯杰	75	63	76	73	合格	6
9	7	0160007	舒畅	87	79	88	85.8	优秀	3
10	8	0160008	刘伟	77	85	75	77.8	合格	5
11	总分	631.8							
12	平均分	78.975							
13	最高分	92.4							
14	最低分	57							
15	总人数	8							
16	优秀人数	4							
17	高于80分的总分	353.4							

图 4-18　“电气 1605《大学计算机基础》学生成绩统计表”样张

（1）求出各学生的总评分。

其操作步骤如下。

①选中 G3 单元格，输入公式“＝D3*40%+E3*20%+F3*40%”，按下 Enter 键，完成公式输入。

②将鼠标指针移到 G3 单元格右下角变为黑十字时，拖动鼠标指针至 G10，完成其他学生总评分计算。

（2）根据总评分求出学生等级，其中 85 分以上（含 85 分）为优秀，60 分以上（含 60 分）至 85 分为合格，60 分以下为不合格。

其操作步骤如下。

①选中 H3 单元格，输入“=IF(G3>=85,"优秀",IF(G3>=60,"合格","不合格"))”，按下 Enter 键。

②将鼠标指针移到H3单元格右下角变为黑十字时，拖动鼠标至H10，求出各学生等级。

提示 在Excel的公式或函数中的标点符号必须用英文标点符号，如双引号、单引号、逗号、大于等于、小于等符号。

（3）使用RANK函数求出学生对应的名次。

其操作步骤如下。

①选中I3单元格，单击编辑栏的“插入函数”按钮 *fx* ，在打开的“插入函数”对话框的类别中选择“全部”，在“选择函数”中选中RANK，单击“确定”。

②在打开的“函数参数”对话框中，设置参数如图4-19所示，单击“确定”。

③将鼠标指针移到I3单元格右下角变为黑十字时，拖动鼠标指针至I10，求出各学生名次。

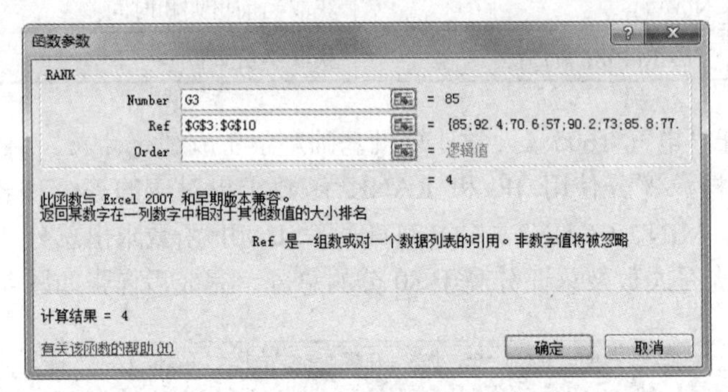

图4-19 RANK“函数参数”对话框

（4）使用SUM、AVERAGE、MAX、MIN、COUNT函数求总分、平均分、最高分、最低分及总人数。

其操作步骤如下。

①选中B11单元格，单击“公式”选项卡/“函数库”组/“自动求和”按钮Σ。

②用鼠标选中G3:G10区域，按下Enter键，完成总分计算。

③选中B12单元格，单击“公式”选项卡/“函数库”组/“自动求和”下拉列表按钮▼，在列表中选中“平均值”选项。

④用鼠标选中G3:G10区域，按下Enter键，完成平均分计算。

⑤选中B13单元格，单击“公式”选项卡/“函数库”组/“自动求和”下拉列表按钮▼，在列表中选中“最大值”选项。

⑥用鼠标选中G3:G10区域，按下Enter键，完成最高分计算。

⑦选中B14单元格，单击“公式”选项卡/“函数库”组/“自动求和”下拉列表按钮▼，在列表中选中“最小值”选项。

⑧用鼠标选中G3:G10区域，按下Enter键，完成最低分计算。

⑨选中B15单元格，单击“公式”选项卡/“函数库”组/“自动求和”下拉列表按钮▼，在列表中选中“计数”选项。

⑩用鼠标选中G3:G10区域，按下Enter键，完成总人数统计。

（5）使用COUNTIF及SUMIF函数求优秀人数及总评分高于80分的总分。

其操作步骤如下。

①选中B16单元格，单击编辑栏的“插入函数”按钮 *fx* ，在打开的“插入函数”对话框

的类别中选择“全部”，在“选择函数”中选中 COUNTIF，单击“确定”。

②在打开的“函数参数”对话框中，设置参数如图 4-20 所示，单击“确定”。

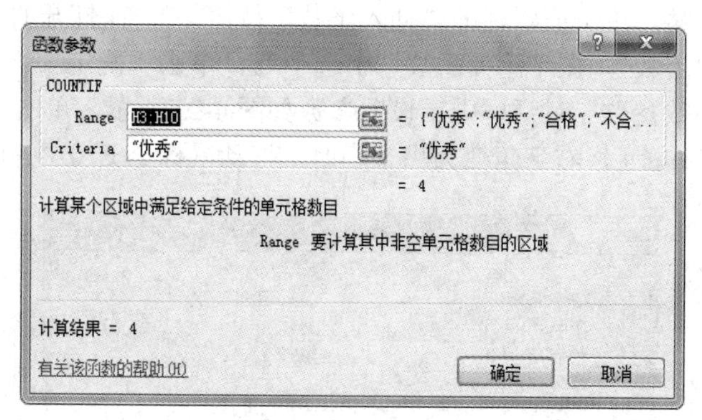

图 4-20　COUNTIF“函数参数”对话框

③选中 B17 单元格，单击编辑栏的“插入函数”按钮 *fx*，在打开的“插入函数”对话框的类别中选择“全部”，在“选择函数”中选中 SUMIF，单击“确定”。

④在打开的“函数参数”对话框中，设置参数如图 4-21 所示，单击“确定”。

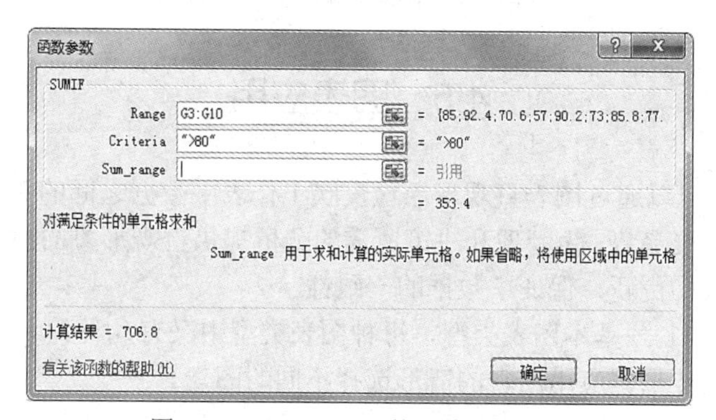

图 4-21　SUMIF“函数参数”对话框

【例 4.4】打开“职工花名册”，计算出员工年龄，且将年龄大于或等于 25 岁的标记置为“1”，其余职工标记置为“0”，样张如图 4-22 所示。

D3　*fx*　=YEAR(TODAY())-YEAR(C3)

	A	B	C	D	E	F
1	职工花名册					
2	工号	姓名	出生年月日	年龄	标记	
3	001	张飞	1990/8/9	27	1	
4	002	李丽	1998/5/7	19	0	
5	003	刘敏	1980/4/5	37	1	
6	004	王力宏	1978/8/8	39	1	
7	005	苏江	1987/5/3	30	1	
8	006	陈戈	1995/8/8	22	0	
9	007	赵菲菲	1990/7/8	27	1	
10	008	李永华	1993/8/5	24	0	

图 4-22　“职工花名册”样张

其操作步骤如下。

①选中 D3 单元格，输入公式“=YEAR(TODAY())-YEAR(C3)”，按下 Enter 键，完成公式输入。

②将鼠标指针移到 D3 单元格右下角变为黑十字时，拖动鼠标指针至 D10，完成其他职工年龄计算。

③选中 E3 单元格，单击编辑栏的“插入函数”按钮 f_x，在打开的“插入函数”对话框的类别中选择“常用函数”，在“选择函数”中选中 IF，单击“确定”。

④在打开的“函数参数”对话框中，设置参数如图 4-23 所示，单击“确定”。

⑤将鼠标移到 E3 单元格右下角变为黑十字时，拖动鼠标至 E10，完成其他职工标记。

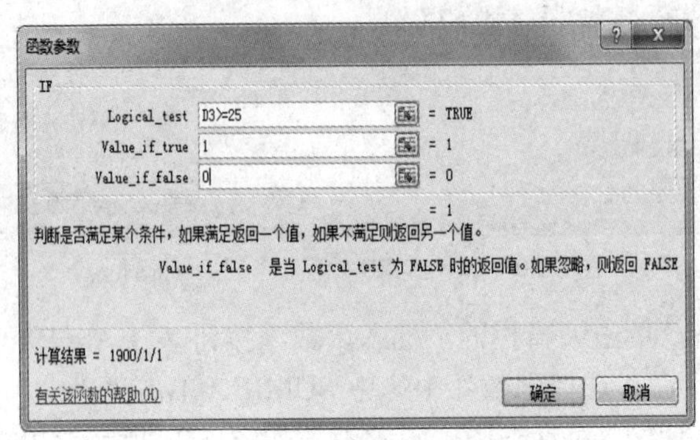

图 4-23 IF 函数“函数参数”对话框

4.5 图表应用

在 Excel 中用户可以通过图表直观形象地反映工作表中数据之间的关系，方便对比与分析数据的变化规律与发展趋势，为管理和决策所需的分析提供直观形象的数据依据。当更改工作表数据时，图表会自动更新，保证了数据的一致性。

Excel 中提供了 11 种基本图表类型，每种图表类型中又有几种到十几种不等的子图表类型，在创建图表时需要根据应用图表的情形选择不同的图表。

4.5.1 图表的创建及构造

建立一个 Excel 图表，首先应对需要建立图表的工作表进行阅读分析，用什么类型的图和图表的内在表达，才能使图表建立后，直观形象地表达数据之间的关系。

1. 创建图表的方法

图表创建的一般操作步骤如下。

（1）阅读分析需创建图表的工作表，选定要创建图表的数据源。

（2）单击“插入”选项卡/“图表”组中各命令按钮，选择所需的图表类型，完成图表的基本创建。

【例 4.5】打开“职工工资表”创建一个反映职工实发工资比较的图表，样张如图 4-24 所示。

其操作步骤如下。

①选定建立图表的数据区域 B2:B9 和 I2:I9。

②单击“插入”选项卡/“图表”组中的“柱形图”按钮，在下拉列表中选择“二维柱形图”中的“簇状柱形图”，完成图表创建。

（3）选定图表，激活“图表工具”中的设计、布局和格式三个选项卡，添加图表元素和美化图表。

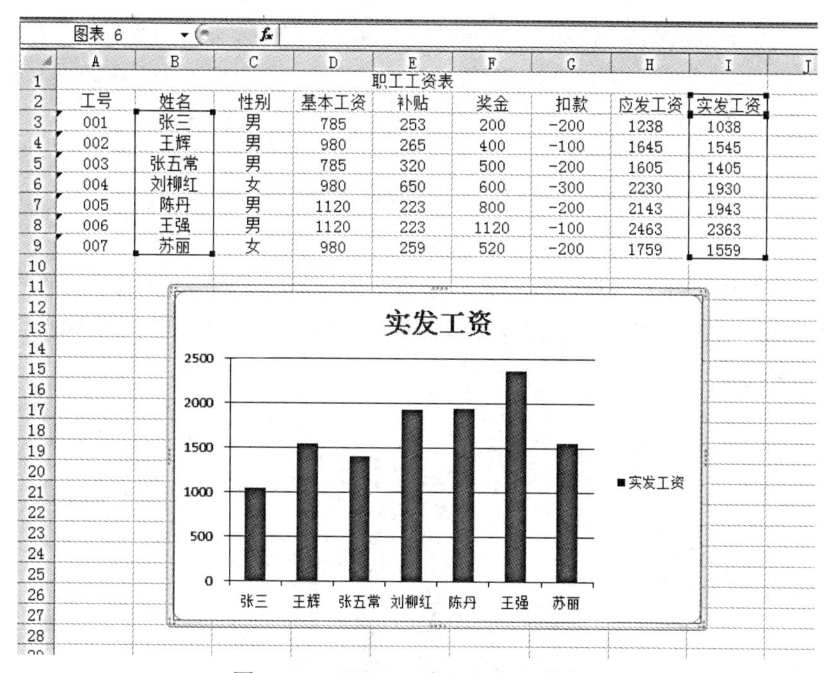

工号	姓名	性别	基本工资	补贴	奖金	扣款	应发工资	实发工资
001	张三	男	785	253	200	-200	1238	1038
002	王辉	男	980	265	400	-100	1645	1545
003	张五常	男	785	320	500	-200	1605	1405
004	刘柳红	女	980	650	600	-300	2230	1930
005	陈丹	男	1120	223	800	-200	2143	1943
006	王强	男	1120	223	1120	-100	2463	2363
007	苏丽	女	980	259	520	-200	1759	1559

图 4-24　“职工工资表”图表样张

- “设计”选项卡

图 4-25 所示“设计”选项卡的各组中提供了对图表类型、数据、布局、样式及位置进行修改的命令。

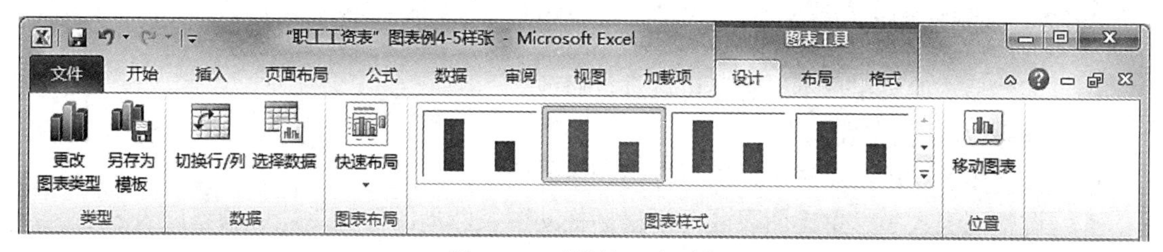

图 4-25　“设计”选项卡

- “布局”选项卡

图 4-26 所示“布局”选项卡的各组中提供了对图表标题、坐标轴、图例、数据标签、网格线等图表元素的设置命令。

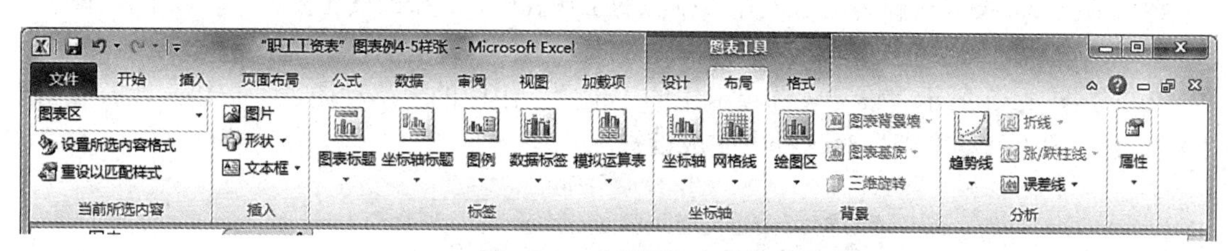

图 4-26　“布局”选项卡

- “格式”选项卡

图 4-27 所示“格式”选项卡的各组中提供了对图表文字、边框，填充背景的设置命令，可完成对图表的进一步美化工作。

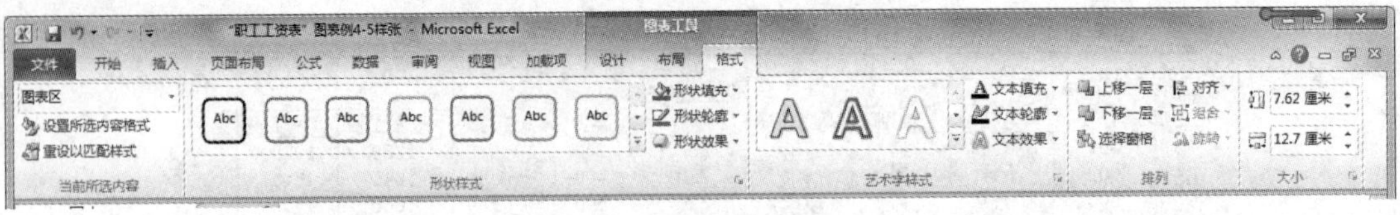

图 4-27 “格式”选项卡

2. 图表的构造

认识图表的组成，对于正确选择图表元素进行设置是非常重要的。Excel 图表由“图表区”“绘图区”“标题”“数据序列”“图例”“数据标签”“数值轴”“分类轴”“网格线”等元素组成，如图 4-28 所示。

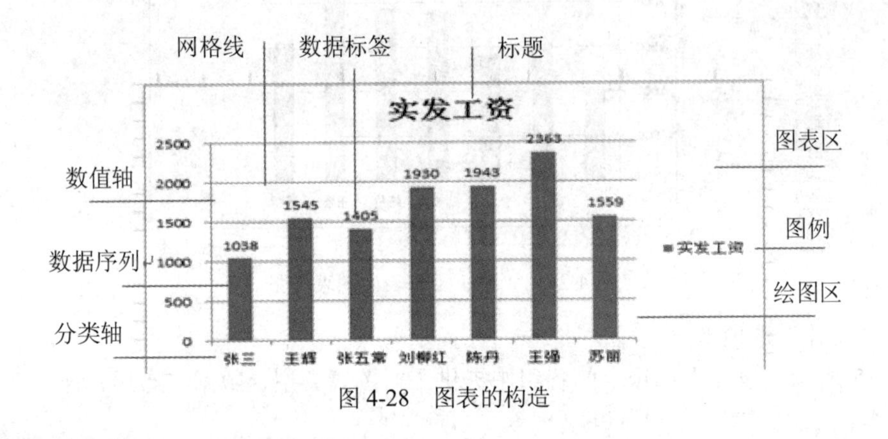

图 4-28 图表的构造

4.5.2 图表的编辑

图表创建后，如果用户不满意还可以进行修改。

（1）移动和调整图表大小

- 移动图表：单击图表区，用鼠标拖动图表到所需位置。
- 调整图表大小：单击图表区，用鼠标拖动图表四周的控制点，可调整图表大小。

（2）复制和删除图表

- 复制图表：单击图表区，使用“复制”/“粘贴”命令。
- 删除图表：单击图表区，按下 Delete 键。

（3）图表位置的改变

默认情况下，图表是作为对象嵌在数据源的工作表中，若要改变位置，可按以下操作完成。

①单击图表的任意位置，激活图表。

②单击图 4-25 所示“设计”选项卡中的“位置”组中的“移动图表”按钮，在打开的如图 4-29 所示的“移动图表”对话框中完成设置。

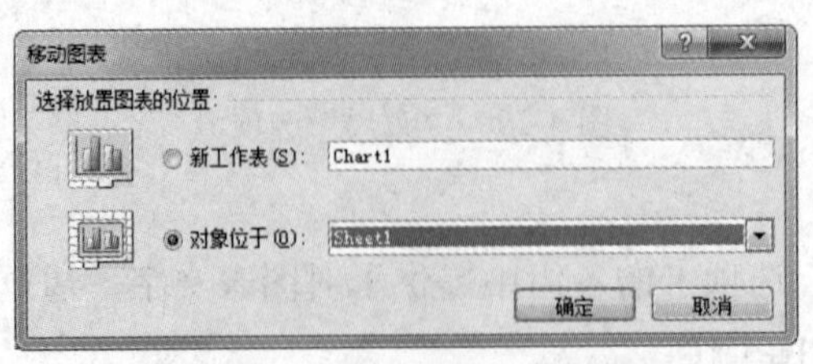

图 4-29 “移动图表”对话框

提示　图表放置有两种方式：一种是作为独立的新工作表，另一种是作为对象嵌在其他工作表中。

（4）更改图表类型

按以下操作完成。

①单击图表的任意位置，激活图表。

②单击图 4-25 所示“设计”选项卡中的“类型”组中的“更改图表类型”按钮，在图表中选择所需的图表样式。

（5）在图表中添加或删除数据源

按以下操作完成。

①单击图表的任意位置，激活图表。

②单击图 4-25 所示“设计”选项卡中的“数据”组中的“选择数据”按钮，在打开的“选择数据源”对话框中添加或删除数据源数据。

（6）更改图表的布局或样式

按以下操作完成。

①单击图表的任意位置，激活图表。

②单击图 4-25 所示“设计”选项卡中的“图表布局”组中的下拉按钮，在打开的下拉列表框中选择所需的图表布局。

③单击“图表样式”组中的下拉按钮，在打开的列表框中选择所需的图表样式。

（7）修改图表元素的格式

按以下操作完成。

①单击图表的任意位置，激活图表。

②打开图 4-25 所示“设计”选项卡或图 4-26 所示“格式”选项卡，在其中选择对应的按钮命令，进行相应的修改和设置。

提示　在 Excel 中，完成图表的编辑可以采用的方法很多，除以上介绍的方法外，通常还使用以下两种方法。

①双击图表的任意元素，在打开的对话框中对该元素格式进行设置。

②右击图表的任意元素，在弹出的快捷菜单中执行相应命令，快速执行编辑操作。

【例 4.6】对【例 4.5】创建的基本图表完成以下设置。如图 4-30 所示为图表样张。

图表类型：簇状圆柱形。

图例：设置为姓名。

图表标题：设置为“工资情况”。

数据标签：添加数据标签。

绘图区：“边框颜色”设置为实线红色。

其操作步骤如下。

①选中图表，在“图表工具”/“设计”选项卡的“类型”组中单击“更改图表类型”按钮，在打开的“更改图表类型”对话框中选择“簇状圆柱形”样式，单击“确定”按钮。

②单击“数据”组中“切换行/列”按钮，完成图例设置。

③单击“图表工具”/“布局”选项卡，在“标签”组中单击“图表标题”按钮，在下拉列表中选择“图表上方”选项，输入“工资情况”，完成图表标题设置。

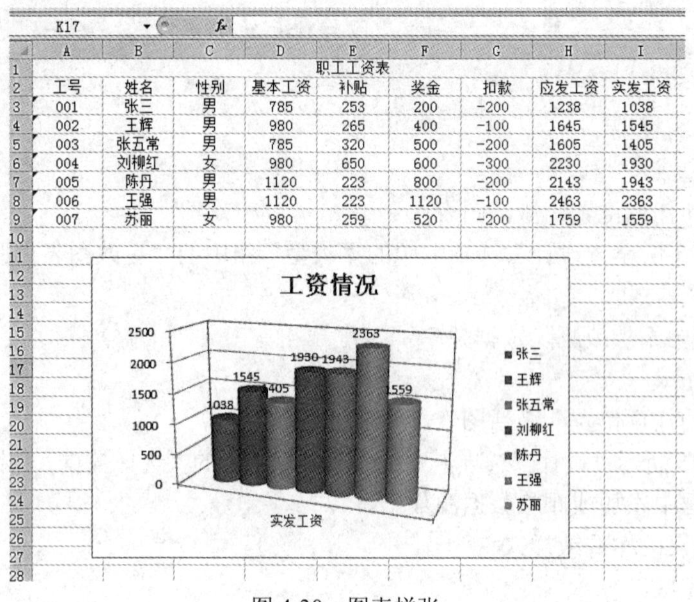

	A	B	C	D	E	F	G	H	I
1					职工工资表				
2	工号	姓名	性别	基本工资	补贴	奖金	扣款	应发工资	实发工资
3	001	张三	男	785	253	200	-200	1238	1038
4	002	王辉	男	980	265	400	-100	1645	1545
5	003	张五常	男	785	320	500	-200	1605	1405
6	004	刘柳红	女	980	650	600	-300	2230	1930
7	005	陈丹	男	1120	223	800	-200	2143	1943
8	006	王强	男	1120	223	1120	-100	2463	2363
9	007	苏丽	女	980	259	520	-200	1759	1559

图 4-30　图表样张

④在“标签”组中单击“数据标签”按钮，在下拉列表中选择“显示”选项，完成标签添加。

⑤单击“背景”组中的“绘图区”按钮，在打开的“设置绘图区格式”对话框中选择“边框颜色”为“实线”，“颜色”为红色，单击“关闭”按钮。

4.5.3　迷你图的使用

迷你图是 Excel 2010 中新增加的功能。迷你图创建在单元格中，能直观地显示数据变化趋势。

Excel 2010 中提供了折线图、柱形图、盈亏图三种类型的迷你图，用户可根据需要选择使用。下面以实例的方式介绍迷你图的使用。

【例 4.7】打开“天天耗材销售情况统计”表，创建每年各耗材的销售“变化趋势”迷你图。样张如图 4-31 所示。

	A	B	C	D	E	F	G
1	天天耗材销售情况统计						
2	品名	2013年	2014年	2015年	2016年	变化趋势	
3	电风扇	200	320	198	350		
4	鼠标	100	250	155	200		
5	键盘	110	220	114	320		
6	1G硬盘	20	15	32	15		
7	刻录盘	10	8	9	6		
8	苹果数据丝	100	200	360	300		
9							

图 4-31　“变化趋势”迷你图

其操作步骤如下。

①选中 F3 单元格，单击“插入”选项卡的“迷你图”组中的“折线图”按钮。

②在打开的“创建迷你图”对话框中，按图 4-32 所示的数据设置，单击“确定”按钮，生成迷你图。

图 4-32　“创建迷你图”对话框

③将鼠标指针移到 F3 单元格右下角变为黑十字时，拖动鼠标指针至 F8，完成其他迷你图创建。

4.6　数据管理和分析

Excel 不仅具有简单数据计算处理能力，还提供了对数据进行查询、排序、筛选以及分类汇总等数据库管理功能。通过这些功能，用户可以方便地管理、分析数据，快速地为决策者提供可靠的依据。当数据列表中的数据发生变化，其统计结果也随之更新。

4.6.1　数据清单

1. 数据清单

数据清单又称为数据列表，是由工作表中单元格构成的矩形区域，即一张二维表。创建的数据清单需遵循以下原则。

（1）数据清单含有固定的列，一列称为一个“字段”，每列有标题，列标题称为“字段名”，每一列数据必须是数据类型相同的数据。

（2）数据清单中每一行的数据称为一条记录。

（3）数据清单中不允许有空行或空列。

2. 数据清单的建立与编辑

数据清单可以像一般工作表那样直接建立和编辑，也可以通过单击“数据”选项卡/“记录单”组中的“记录单”按钮，在打开的如图 4-33 所示的“记录单”对话框中对数据清单中的记录进行新建、查询浏览、删除等操作。

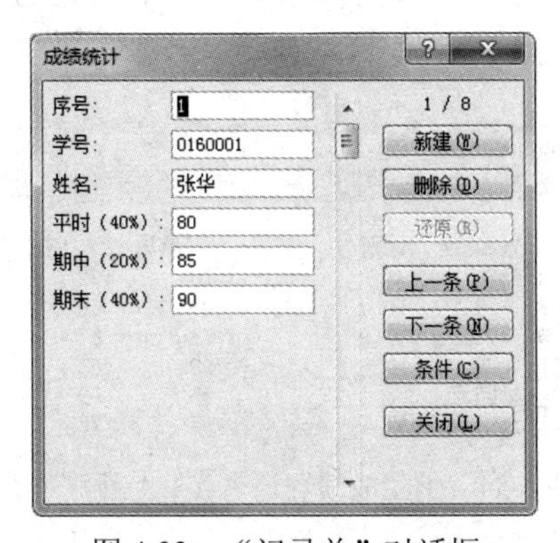

图 4-33　“记录单”对话框

由于“记录单”按钮命令在默认状态下是隐藏起来的，用户可以通过以下操作步骤显示“记录单”按钮命令并对它们进行使用。

（1）单击“文件”/“选项”按钮。

（2）在打开的“Excel 选项”对话框中选择“自定义功能区”选项，在“自定义功能区”的“从下拉位置选择命令”的下拉菜单中选择“不在功能区中的命令”。

（3）在列表菜单中找到“记录单”命令并选中，在其右侧的“自定义功能区”的下拉列表中选择“主选项卡”，在“主选项卡”菜单中选中“数据”。

（4）单击“新建组”命令按钮，为新建的组名重命名为“记录单”。

（5）单击“添加”/“确定”按钮，即把“记录单”添加到功能区中。

（6）选中数据清单，单击“数据”选项卡/“记录单”组/“记录单”按钮，打开如图 4-33 所示的“记录单”对话框。

（7）单击“新建”按钮，在空白记录单中输入数据，单击“关闭”按钮，即添加一条新记录。

（8）单击“上一条”或“下一条”按钮，可以浏览查询记录，也可以单击“条件”按钮进行满足“条件”的查询。

（9）单击“删除”按钮，可删除当前记录。

4.6.2 数据排序

排序是指按照指定的顺序重新组织数据清单中的记录，使杂乱无章的数据清单能按照某个数据的变化有序排列。Excel 可以根据一个字段或多个字段下的数据按文本、数值及日期和时间进行升序或降序排序。对于文字，默认按汉语拼音字母排序，也可指定按文字笔画排序。

1. 简单排序

根据一个字段对数据按升序或降序排序，即为简单排序。其方法如下。

①将光标置于要排序的字段任意单元格中。

②单击“数据”选项卡/“排序和筛选”组中的“升序”按钮 或“降序”按钮 。

2. 复杂排序

当参与排序的字段中出现相同数据时，可以使用多个字段参与复杂排序。用户需通过“数据”选项卡/“排序和筛选”组中的升序排序按钮，在打开的“排序”对话框中完成。

【例 4.8】打开“学生成绩登记表（二）”，按“性别”为第一关键字降序排序，“性别”相同，再按“数学”升序排序，如果“数学”相同，再按“总分”升序排序。排序后的样张如图 4-34 所示。

C7 ’1600006004

	A	B	C	D	E	F	G	H	I	J	K
1	学生成绩登记表(二)										
2	序号	行政班级	学号	姓名	性别	数学	英语	制图	计算机	总分	平均分
3	2	造价1635班	1600006002	杨飘	女	78	92	74	78	322	81
4	6	造价1635班	1600006006	罗月凤	女	89	86	76	81	332	83
5	5	造价1635班	1600006005	李大友	男	78	87	65	69	299	75
6	1	造价1635班	1600006001	张武	男	88	88	89	88	353	88
7	4	造价163[illegible]	1600006004	杨国云	男	95	69	60	60	284	71
8	3	造价1635班	1600006003	王绍帅	男	95	78	73	85	331	83

图 4-34 学生成绩登记表（二）排序样张

其操作步骤如下。

①将光标置于要排序的字段任意单元格中。

②单击“数据”选项卡/“排序和筛选”组中的“排序”按钮，打开“排序”对话框，

在对话框中选取需要排序的主关键字为“性别”“降序”。

③单击“添加条件”按钮，添加次要关键字为“数学”“升序”。再单击“添加条件”按钮，添加次要关键字为“总分”“升序”，如图 4-35 所示。

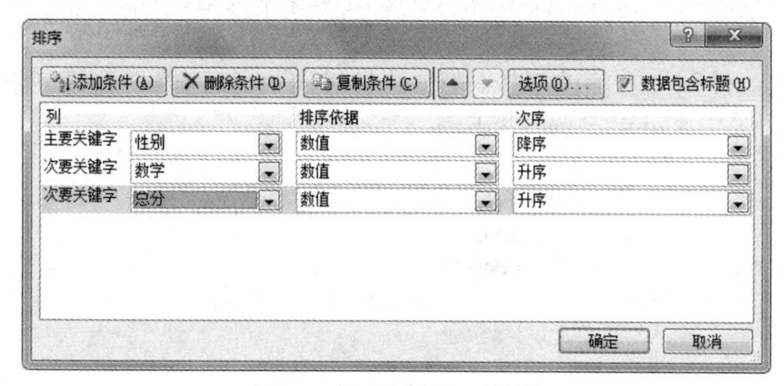

图 4-35　“排序”对话框

3. 自定义排序

用户可以在“排序”对话框中单击“选项”按钮，打开如图 4-36 所示的“排序选项”对话框，在对话框中设置自定义排序的“方法”“方向”及“区分大小写”。

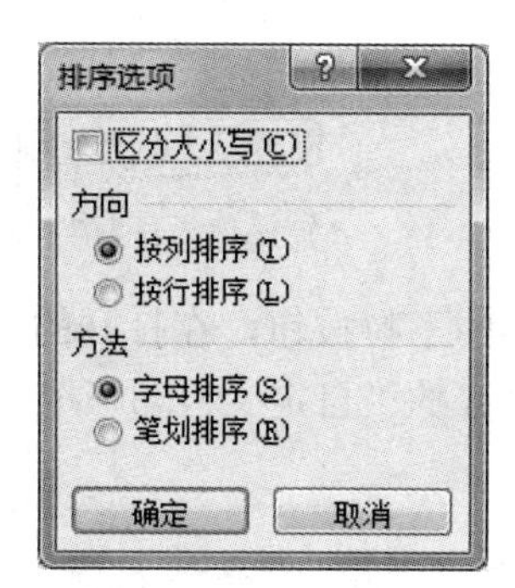

图 4-36　“排序选项”对话框

4.6.3　数据筛选

数据筛选是对数据清单中的数据快速查找并显示符合指定条件的记录，而不满足条件的记录将被隐藏起来。在 Excel 中可采用自动筛选和高级筛选两种方式来筛选数据。

1. 自动筛选

自动筛选是通过单击“数据”选项卡/“排序和筛选”组中的“筛选”按钮，进入筛选状态，在所需筛选的字段名下拉列表中选择所需筛选的值，或通过“自定义”输入筛选的条件。

【例 4.9】打开“学生成绩登记表（二）”，筛选出计算机成绩在 80 分以上（包含 80 分）的所有男生记录。样张如图 4-37 所示。

E19

	A	B	C	D	E	F	G	H	I	J	K
1	学生成绩登记表(二)										
2	序号	行政班级	学号	姓名	性别	数学	英语	制图	计算机	总分	平均分
3	1	造价1635班	1600006001	张武	男	88	88	89	88	353	88
5	3	造价1635班	1600006003	王绍帅	男	95	78	73	85	331	83
9	7	造价1635班	1600006007	杨坚	男	65	72	69	90	296	74

图 4-37　“学生成绩登记表（二）”样张筛选

①将光标置于数据清单任意单元格中，单击“数据”选项卡/“排序和筛选”组中的按钮，进入筛选状态（数据清单各字段名右侧出现一个下拉按钮）。

提示　执行筛选操作前，在数据清单中必须要有字段名。

②单击字段名“性别”右侧的下拉按钮，在打开的“筛选器”选择列表中只勾选“男”复选框，如图 4-38 所示，单击“确定”按钮。

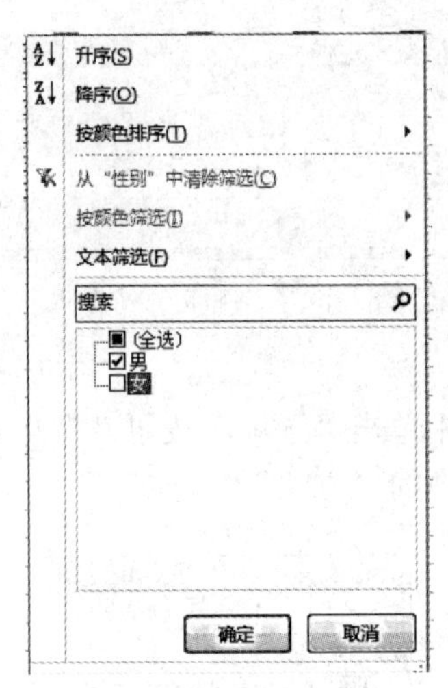

图 4-38　“筛选器”选择列表

③单击字段名“计算机”右侧的下拉按钮，在打开的“筛选器”选择列表中选择“数值筛选”/“大于或等于”命令，在打开的“自定义自动筛选方式”对话框中设置如图 4-39 所示的筛选条件，单击“确定”按钮。

图 4-39　“自定义自动筛选方式”对话框

提示　若要取消自动筛选状态，恢复全部数据，只需再次单击“数据”选项卡/“排序和筛选”组中的按钮，即可退出筛选状态。

2. 高级筛选

自动筛选在复杂的筛选条件下，往往显得力不从心。Excel 提供了高级筛选功能，能够在自定义的筛选条件下进行筛选。高级筛选的方法是：

首先，要自定义一个筛选条件区域。条件区域的第一行是所有作为筛选条件的字段名，这些字段名必须与数据清单中的字段名完全相同。条件区域的其他行用于输入筛选条件，“与”

关系条件写在同一行，“或”关系条件写在不同行。而且条件区域不能与数据清单连在一起，至少离开一行或一列。

其次，通过单击“数据”选项卡/“排序和筛选”组中的“高级”按钮，在打开的“高级筛选”对话框中完成。

【例 4.10】打开“学生成绩登记表（二）”，筛选出数学和计算机成绩都在 80 分以上的男同学。

其操作步骤如下。

①打开“学生成绩登记表（二）”，输入如图 4-40 所示的条件区域。

E20

	A	B	C	D	E	F	G	H	I	J	K
1	学生成绩登记表(二)										
2	序号	行政班级	学号	姓名	性别	数学	英语	制图	计算机	总分	平均分
3	1	造价1635班	1600006001	张武	男	88	88	89	88	353	88
4	2	造价1635班	1600006002	杨飘	女	78	92	74	78	322	81
5	3	造价1635班	1600006003	王绍帅	男	95	78	73	85	331	83
6	4	造价1635班	1600006004	杨国云	男	95	69	60	60	284	71
7	5	造价1635班	1600006005	李大友	男	78	87	65	69	299	75
8	6	造价1635班	1600006006	罗月凤	女	89	86	76	81	332	83
9	7	造价1635班	1600006007	杨坚	男	65	72	69	90	296	74
10											
11			性别	数学	计算机						
12			男	>=80	>=80						

图 4-40　条件区域

②将光标置于数据清单任意单元格中，单击“数据”选项卡/“排序和筛选”组中的“高级”按钮，打开“高级筛选”对话框。

③在对话框中选择“方式”中的“在原有区域显示筛选结果”单选按钮，在“列表区域”中输入需筛选的区域，在“条件区域”输入条件所在的区域，如图 4-41 所示。

提示　“列表区域”和“条件区域”的输入可以手工直接输入，也可以用鼠标选取获得。

图 4-41　“高级筛选”对话框

④单击“确定”按钮。完成筛选，结果如图 4-42 所示。

E6　男

	A	B	C	D	E	F	G	H	I	J	K
1	学生成绩登记表(二)										
2	序号	行政班级	学号	姓名	性别	数学	英语	制图	计算机	总分	平均分
3	1	造价1635班	1600006001	张武	男	88	88	89	88	353	88
5	3	造价1635班	1600006003	王绍帅	男	95	78	73	85	331	83
10											
11			性别	数学	计算机						
12			男	>=80	>=80						
13											

图 4-42　“学生成绩登记表（二）”高级筛选

提示 若要筛选出数学或者计算机成绩都在 80 分以上的男同学，其条件区域中数学成绩条件(>=80)和计算机成绩条件(>=80)不能写在同一行。

4.6.4 分类汇总

分类汇总是进行数据分析的一种常用方法。Excel 中的分类汇总是对数据清单中的某个关键字字段进行分类，将字段值相同的连续记录作为一类，进行汇总计算，计算方式有求和、计数、平均值、最大值、最小值等。

用户需注意的是：只要对数据清单进行分类汇总，数据清单第一行必须有字段名，并且必须对分类的字段进行排序，以便把数据分类相同的记录先归在一起，否则分类汇总结果通常无意义。

其次用户需搞清楚三个要素：分类字段、汇总方式、汇总项。它们需通过单击“数据”/“分级显示”组/“分类汇总”按钮，在打开的“分类汇总”对话框中设置。

分类汇总分为简单汇总和嵌套汇总两种方式。

1. 简单汇总

简单汇总是对数据清单的一个或多个字段仅做一种方式的汇总，如只是“求和”或只是“计数”。

【例 4.11】打开“职工工资表”，统计“性别”为男或女发放的“奖金”和“实发工资”的总和。分类汇总后的样张如图 4-43 所示。

	A	B	C	D	E	F	G	H	I
1					职工工资表				
2	工号	姓名	性别	基本工资	补贴	奖金	扣款	应发工资	实发工资
3	004	刘柳红	女	980	650	600	-300	2230	1930
4	007	苏丽	女	980	259	520	-200	1759	1559
5			女 汇总			1120			3489
6	001	张三	男	785	253	200	-200	1238	1038
7	002	王辉	男	980	265	400	-100	1645	1545
8	003	张五常	男	785	320	500	-200	1605	1405
9	005	陈丹	男	1120	223	800	-200	2143	1943
10	006	王强	男	1120	223	1120	-100	2463	2363
11			男 汇总			3020			8294
12			总计			4140			11783
13									

图 4-43 “职工工资表”简单分类汇总样张

其操作步骤如下。

①打开“职工工资表”，按分类字段“性别”进行升序或降序排序，把男或女的记录分别归在一起。

②将光标置于数据清单任意单元格中，单击“数据”/“分级显示”组/“分类汇总”按钮，在打开的“分类汇总”对话框中对三个要素选项进行如图 4-44 所示的设置。

③单击“确定”按钮，完成分类汇总。

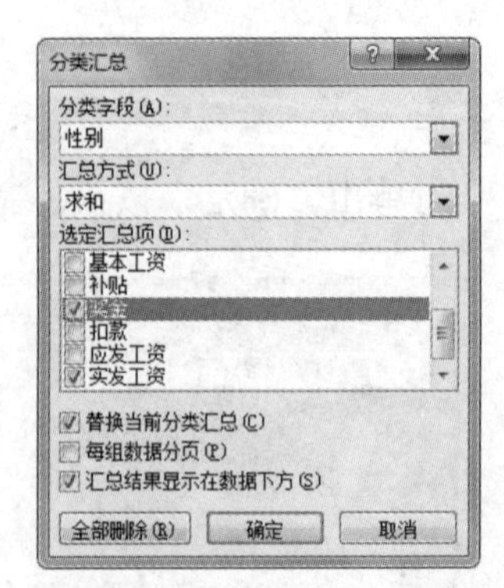

图 4-44 “分类汇总”对话框

2. 嵌套分类汇总

嵌套分类汇总是对数据清单的同一个字段进行多种方式的汇总，如同时“求和”和“求平均值”。

【例 4.12】打开“职工工资表”，统计“性别”为男或女发放的“奖金”和“实发工资”的总和及平均值。分类汇总后的样张如图 4-45 所示。

	A	B	C	D	E	F	G	H	I
1					职工工资表				
2	工号	姓名	性别	基本工资	补贴	奖金	扣款	应发工资	实发工资
3	004	刘柳红	女	980	650	600	-300	2230	1930
4	007	苏丽	女	980	259	520	-200	1759	1559
5			女 平均值			560			1745
6			女 汇总			1120			3489
7	001	张三	男	785	253	200	-200	1238	1038
8	002	王辉	男	980	265	400	-100	1645	1545
9	003	张五常	男	785	320	500	-200	1605	1405
10	005	陈丹	男	1120	223	800	-200	2143	1943
11	006	王强	男	1120	223	1120	-100	2463	2363
12			男 平均值			604			1659
13			男 汇总			3020			8294
14			总计平均值			591.4286			1683
15			总计			4140			11783

图 4-45　分类汇总后的样张

其操作步骤如下。

①按【例 4.11】的操作步骤，统计出男或女发放的“奖金”和“实发工资”的总和。

②单击“数据”/“分级显示”组/“分类汇总”按钮，在打开的“分类汇总”对话框中按图 4-46 所示对选项进行设置。

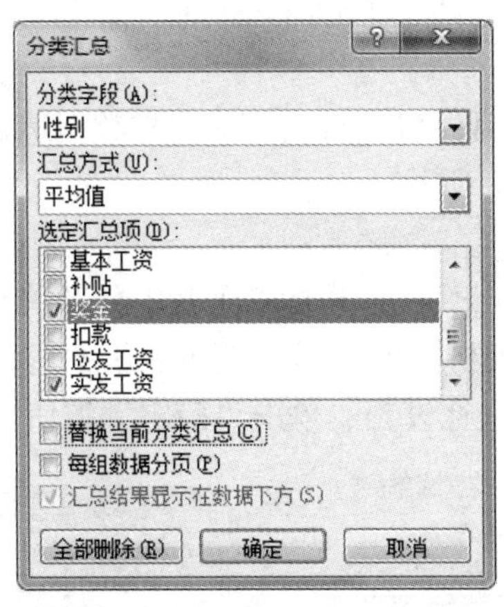

图 4-46　“分类汇总”对话框

③单击“确定”按钮，完成分类汇总。

提示　在图 4-46 所示“分类汇总”对话框设置中，必须将“替换当前分类汇总”复选框取消勾选。

3. 分级显示分类汇总

对数据分类汇总后，数据清单的右侧上方出现分级显示的级别符号 1 2 3 4，单击其中的级别数字，可以分级显示汇总结果。例如单击【例 4.12】汇总结果后的级别数字“2”，即显示如图 4-47 所示的结果。

提示　单击数据清单右侧的 + 或 - 按钮也可以完成分级显示分类汇总。

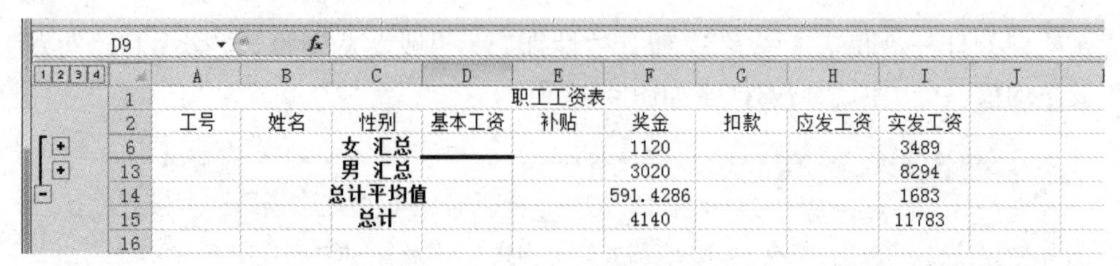

	A	B	C	D	E	F	G	H	I	J
1					职工工资表					
2	工号	姓名	性别	基本工资	补贴	奖金	扣款	应发工资	实发工资	
6			女 汇总			1120			3489	
13			男 汇总			3020			8294	
14			总计平均值			591.4286			1683	
15			总计			4140			11783	
16										

图 4-47　分级显示分类汇总

4. 删除分类汇总

如果需要删除已做的分类汇总，其方法是单击分类汇总数据清单的任意单元格，再单击“数据”/“分级显示”组/“分类汇总”按钮，在打开的“分类汇总”对话框中，单击“全部删除”按钮，即可删除分类汇总。

4.6.5 数据透视表

数据透视表是一种快速汇总大量数据和建立交叉列表的交互式分类汇总表格。利用它可以快速地对流水形式的记录、记录数量大及结构复杂的数据清单从不同角度进行分类汇总。它是分类汇总功能的进一步延伸，一般的分类汇总只针对一个字段进行，而数据透视表可同时对多个字段分类汇总，并且汇总前不需要排序。

在创建的数据透视表中，可以根据用户需要对数据进行任意的排序和筛选，还可以显示或隐藏明细数据、生成数据透视图等，帮助用户分析、组织数据，灵活地以各种方式表达数据的特征。

【例 4.13】打开“便利店销售数量登记表”，建立数据透视表，显示各分店各商品销售量和销售额的总和，样张如图 4-48 所示。

其操作步骤如下。

①打开“便利店销售数量登记表”，光标置于其中任意单元格。

②单击“插入”选项卡/“表格”组/“数据透视表”按钮，在打开的“创建数据透视表”对话框中按图 4-49 所示对选项进行设置，单击“确定”按钮。

	A	B	C
1	分店名	(全部)	
2			
3	行标签	求和项:数量	求和项:销售金额
4	可乐	140	490
5	啤酒	678	2373
6	汽水	780	1560
7	总计	1598	4423
8			

图 4-48　“便利店销售数量登记表”数据透视表样张

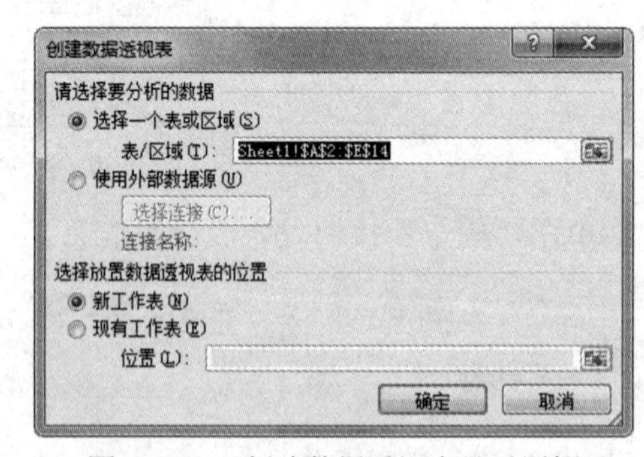

图 4-49　“创建数据透视表”对话框

③激活“数据透视表工具”选项卡，同时出现如图 4-50 所示的空白的“数据透视表”和“数据透视表字段列表”。

④在“数据透视表字段列表”中布局字段。方法是：在“选择要添加到报表的字段：”选项框中右击“分店名”，在打开的快捷菜单中选择“添加到报表筛选”。同样的方法完成其他字段布局，如图 4-51 所示为“数据透视表字段列表”中字段布局效果。

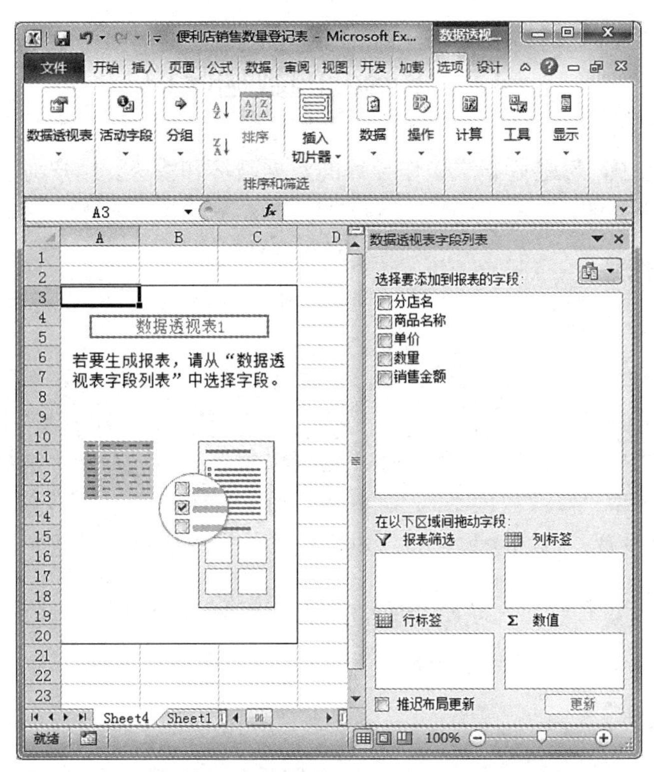

图 4-50　空白的“数据透视表”和“数据透视表字段列表”

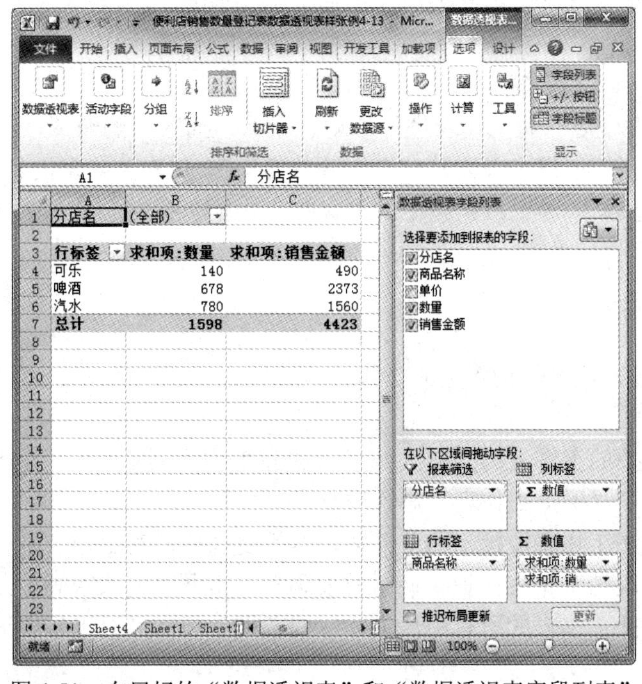

图 4-51　布局好的“数据透视表”和“数据透视表字段列表”

⑤在数据透视表的区域外单击鼠标，“数据透视表字段列表”自动隐藏。同时显示出如图 4-48 所示的“数据透视表”样张。

⑥单击数据透视表中的下拉列表，在打开的列表中进行设置，可以动态地显示汇总结果。

4.7 Excel 的数据保护

在 Excel 的使用中，为避免非法操作导致的数据破坏和丢失，用户对重要的工作簿或工作表进行保护是非常必要的。

4.7.1 保护工作簿

1. 为工作簿设置密码

操作如下。

（1）打开工作簿，单击“文件”/“另存为”命令，打开“另存为”对话框。

（2）在对话框中，单击“工具”按钮/“常规选项”命令，打开“常规选项”对话框，输入“打开权限密码”和“修改权限密码”，单击“确定”按钮。

（3）完成密码设置，返回“另存为”对话框，单击“保存”按钮。

若要取消密码，只需再次打开“常规选项”对话框，删除“打开权限密码”和“修改权限密码”，单击“确定”按钮，返回“另存为”对话框，单击“保存”按钮。

2. 设置加密文档

操作如下。

（1）打开工作簿，单击“文件”/“信息”命令，单击右侧的“保护工作簿”按钮。

（2）在下拉列表中选择“用密码加密”命令，在打开的“加密文档”对话框中输入密码，单击“确定”按钮。

3. 保护工作簿的结构和窗口

如果不允许对工作簿中的工作表进行移动、删除、插入、隐藏或取消隐藏及重命名，或者对工作表窗口进行移动、缩放及隐藏或取消隐藏等操作，可对工作簿的结构和窗口进行保护。

单击“审阅”选项卡/“更改”组中的“保护工作簿”按钮，在打开的“保护结构和窗口”对话框中进行相应设置。

4.7.2 保护工作表

除保护工作簿外，也可保护指定的工作表。

操作如下。

（1）选中需保护的工作表为当前工作表，单击“审阅”选项卡/“更改”组中的“保护工作表”按钮，打开“保护工作表”对话框。

（2）勾选“保护工作表及锁定的单元格内容”复选框，对工作表进行保护。

（3）可以在“取消工作表保护时使用的密码”文本框中输入密码。

（4）在“允许此工作表的所有用户进行”列表框中勾选可对工作表进行的操作项，单击“确定”按钮。

若要取消保护工作表，单击“审阅”选项卡/“更改”组中的“取消保护工作表”按钮。

4.8　页面设置和打印

工作表和图表建立完成后，可以将它们打印出来。打印之前首先进行页面设置，再通过打印预览查看打印效果，最后通过打印操作实现打印。

4.8.1　页面设置

单击“文件”/“打印”/“页面设置”命令，打开如图 4-50 所示“页面设置”对话框，其中有 4 个选项卡“页面”“页边距”“页眉/页脚”及“工作表”。

1. “页面”选项卡

如图 4-52 所示，可以设置纸张方向、纸张缩放比例、纸张大小及打印的起始页码等。

图 4-52　“页面设置”对话框

2. “页边距”选项卡

如图 4-53 所示，可以设置页边距、页眉/页脚与页边距的距离及表格内容的居中方式。

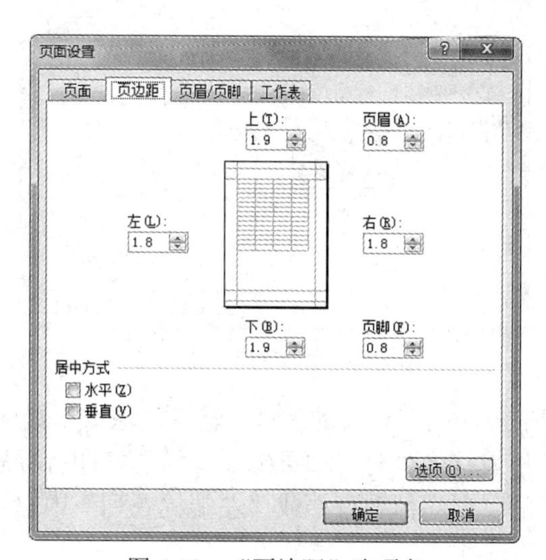

图 4-53　“页边距”选项卡

3. “页眉/页脚”选项卡

如图 4-54 所示，在“页眉/页脚”选项卡中，单击“页眉”和“页脚”下拉列表，可选择预先设置好的页眉和页脚。

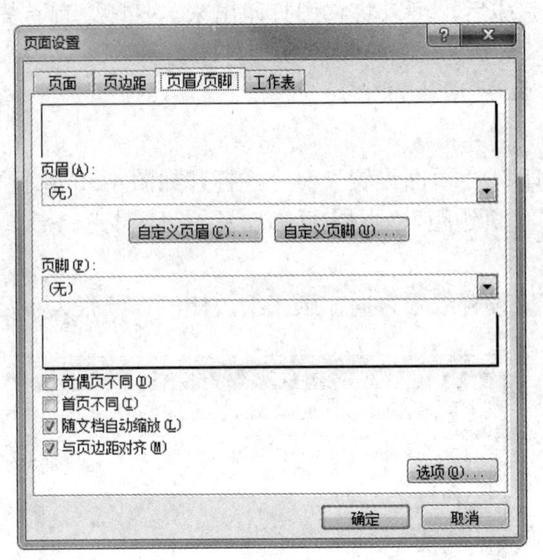

图 4-54 “页眉/页脚”选项卡

单击“自定义页眉”或“自定义页脚”按钮，在打开的“页眉”或“页脚”对话框中可自定义页眉或页脚。

4. “工作表”选项卡

如图 4-55 所示，其主要的选项功能如下。

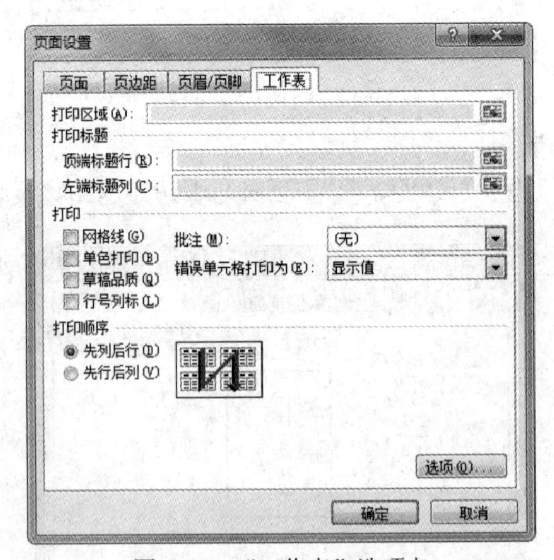

图 4-55 “工作表”选项卡

- 打印区域：设置需打印的工作表的区域，输入区域或用鼠标直接选取区域皆可。
- 打印标题：当工作表有多页时，如果每页均需要打印行标题或列标题，则可在“打印标题”选项下的“顶端标题行”或“左端标题列”中输入或用鼠标直接选取工作表标题所在单元格的地址。

- 打印：可以设置打印的相关参数。
- 打印顺序：指定工作表打印顺序。

4.8.2　打印预览及打印

单击“文件”/“打印”，打开“打印”窗口，如图 4-56 所示，可以进行“打印”方式设置和“打印预览”。

若对“打印预览”效果满意，单击“打印”按钮正式打印。

若对“打印预览”效果不满意，可单击“开始”选项卡，返回工作表继续进行编辑修改。

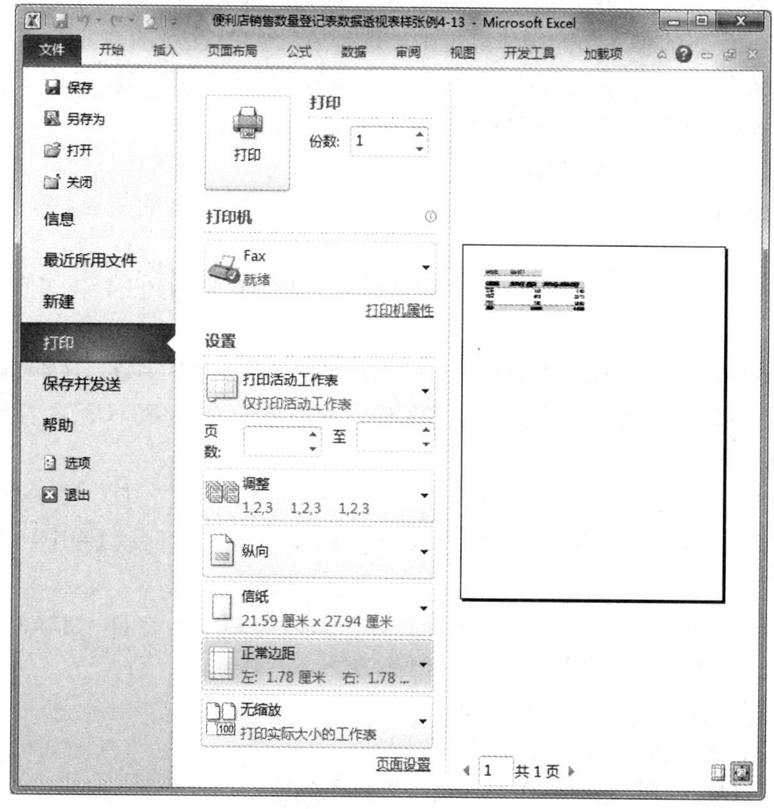

图 4-56　“打印”窗口

习　　题

1．新建的工作簿中系统会自动创建（　　）个工作表。

A．2　　B．4　　C．3　　D．1

2．下列 Excel 单元格地址表示正确的是（　　）。

A．22E　　B．2E2　　C．AE　　D．E22

3．在选定不相邻的多个区域时使用的键盘按键是（　　）。

A．Shift　　B．Alt　　C．Ctrl　　D．Enter

4．（　　）是 Excel 的三个重要概念。

A．工作簿、工作表和单元格　　B．行、列和单元格

C．表格、工作表和工作簿　　D．桌面、文件夹和文件

5．用相对地址引用的单元格在公式复制时目标公式会（　　）。

A．不变　　B．变化　　C．列地址变化　　D．行地址变化

6．Excel 不允许用户命名的有（　　）。

A．工作表　　B．表格区域　　C．样式　　D．函数

7．Excel 可以同时打开（　　）个工作簿。

A．3　　B．1　　C．多　　D．2

8．在 Excel 中，消除图表中的数据，会不会影响到工作表中单元格的数据?（　　）

A．不会　　B．会　　C．影响一部分　　D．有时会

9．在选择工作表的单元格的操作过程中，选择 A2 到 C5 区域的地址表示为（　　）。

A．A2:C5　　B．A2-C5　　C．A2，C5　　D．B1-C5

10．在 Excel 2010 中，单元格 D5 的绝对地址表示为（　　）。

A．D5　　B．D5　　C．$　　D．5

11．在 Excel 2010 中，向一个单元格输入公式或函数时，使用的前导字符必须是（　　）。

A．=　　B．>　　C．<　　D．%

12．假定单元格 D3 中保存的公式为“=B3+C3”，若把它复制到 E4 中，则 E4 中保存的公式为（　　）。

A．=B3+C3　　B．=C3+D3　　C．=B4+C4　　D．=C4+D4

13．如果上面题目改为：假定单元格 D3 中保存的公式为“=B3+C3”，若把它移动到 E4 中，则 E4 中保存的公式为（　　）。

A．=B3+C3　　B．=C3+D3　　C．=B4+C4　　D．=C4+D4

14．假定单元格 D3 中保存的公式为“=B$3+C$3”，若把它复制到 E4 中，则 E4 中保存的公式为（　　）。

A．=B3+C3　　B．=C$3+D$3　　C．=B$4+C$4　　D．=C&4+D&4

15．在 Excel 2010 中，所建立的图表（　　）。

A．只能插入到数据源工作表中

B．只能插入到一个新的工作表中

C．可以插入到数据源工作表，也可以插入到新工作表中

D．既不能插入到数据源工作表，也不能插入到新工作表中

16．在 Excel 2010 的高级筛选中，条件区域中写在同一行的条件是（　　）。

A．或关系　　B．与关系　　C．非关系　　D．异或关系

17．在 Excel 2010 的高级筛选中，条件区域中不同行的条件是（　　）。

A．或关系　　B．与关系　　C．非关系　　D．异或关系

18．在 Excel 2010 中，假定存在着一个职工简表，要对职工工资按职称属性进行分类汇总，则在分类汇总前必须进行数据排序，所选择的关键字为（　　）。

A．性别　　B．职工号　　C．工资　　D．职称

19．在 Excel 2010 中，如果只需要删除所选区域的内容，则应执行的操作是（　　）。

A．“清除”/“清除批注”　　B．“清除”/“全部清除”

C．“清除”/“清除内容”　　D．“清除”/“清除格式”

20．关于分类汇总，叙述正确的是（　　）。

A．分类汇总首先应按分类字段值对记录排序

B．分类汇总可以按多个字段分类

C．只能对数值型的字段分类

D．汇总方式只能求和

21．关于筛选，叙述正确的是（　　）。

A．自动筛选可以同时显示数据区域和筛选结果

B．高级筛选可以进行更复杂条件的筛选

C．高级筛选不需要建立条件区域

D．自动筛选可将筛选结果放在指定位置

22．Excel 图表是动态的，当在图表中修改了数据系列的值时，与图表相关的工作表中的数据（　　）。

A．出现错误值　B．不变　C．自动修改　D．用特殊颜色显示

23．设置工作簿密码是在（　　）中完成。

A．“文件”/“选项”　B．“文件”/“信息”

C．“文件”/“新建”　D．“文件”/“保存”

24．设置工作表密码是在（　　）中完成。

A．加载项　B．视图　C．审阅　D．数据

25．打印部分工作表在（　　）中完成 。

A．“文件”/“选项”　B．打印

C．信息　D．帮助

第 5 章　演示文稿制作软件 PowerPoint 2010

1. 认识 PowerPoint 2010 的作用、功能及界面。
2. 熟练掌握制作幻灯片的流程和制作技巧。
3. 熟练掌握 PowerPoint 2010 中各种对象的编辑。
4. 熟练掌握幻灯片的外观设计、交互效果设置等技术环节。
5. 掌握演示文稿放映与输出。

5.1　PowerPoint 2010 概述

随着多媒体技术和电脑办公的普及和发展，演示文稿在产品展示与宣传、讨论发布会、竞标提案、演讲报告、主题会议及教学等各个领域的应用越来越广泛，已经成为我们日常工作和生活中经常要接触到的内容，甚至不少公司已将制作演示文稿的能力作为面试中的一项评价标准。本章我们就来认识一下 PowerPoint 2010 的功能及界面，并学习制作幻灯片的流程和制作技巧。

5.1.1　PowerPoint 2010 简介

PowerPoint 2010 是 Microsoft 公司推出的一款功能强大的专业幻灯片编辑制作软件，它与 Word、Excel 等常用办公软件一样，是 Office 办公软件系列中的一个重要成员，深受各行业办公人员的青睐。

5.1.2　认识 PowerPoint 2010

1. 认识 PowerPoint 2010

演示文稿由“演示”和“文稿”两个词组成，这说明它是用于制作演示用的文档。演示文稿能将文档、表格等枯燥的东西，结合图片、图表、声音、影片和动画等多种元素，通过电脑、投影仪等设备生动地展示给观众。

PowerPoint 2010 作为当前使用范围最广的演示文稿制作软件，在日常工作生活中的各个领域都有着非常广泛的应用。无论是制作工作类演示文稿，还是制作娱乐生活类演示文稿，都能轻松方便地完成。演示文稿不仅可以表达演讲者的思想和观点，而且可用于传授知识、促进交流以及宣传文化等。PowerPoint 2010 不仅继承了以往版本的强大功能，更以全新的界面和便捷的操作模式引导用户更快速地制作出图文并茂、声形兼具的多媒体演示文稿。

若要将演示文稿通过投影仪或电脑放映出来，可以为幻灯片设计生动的动画效果，以达到完美的放映效果。

2. *启动 PowerPoint 2010*

和其他 Office 办公软件一样，启动 PowerPoint 2010 的方法也有很多，包括通过“开始”菜单、创建新文档、利用现有演示文稿以及桌面快捷方式等几种，下面分别进行介绍。

- 通过“开始”菜单启动：单击“开始”按钮，在弹出的菜单中选择“所有程序”/“Microsoft Office” / “Microsoft PowerPoint 2010” 命令，即可启动 PowerPoint 2010，如图 5-1 所示。

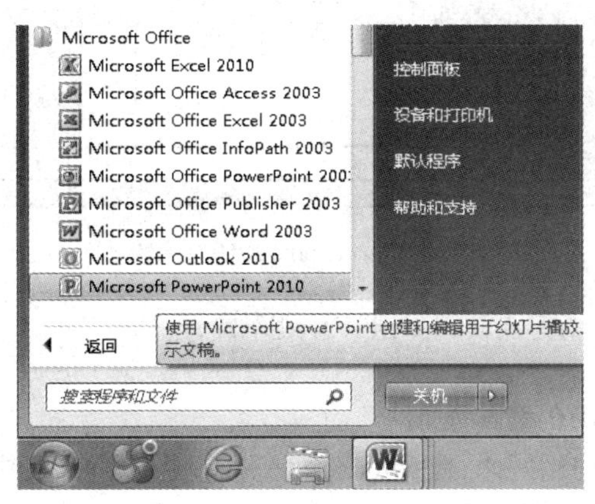

图 5-1　通过“开始”菜单启动

- 通过创建新文档启动：在桌面空白处单击鼠标右键，在弹出的快捷菜单中选择“新建” / “Microsoft PowerPoint 演示文稿” 命令，创建一个新的演示文稿，双击该演示文稿即可启动 PowerPoint 2010，如图 5-2 所示。

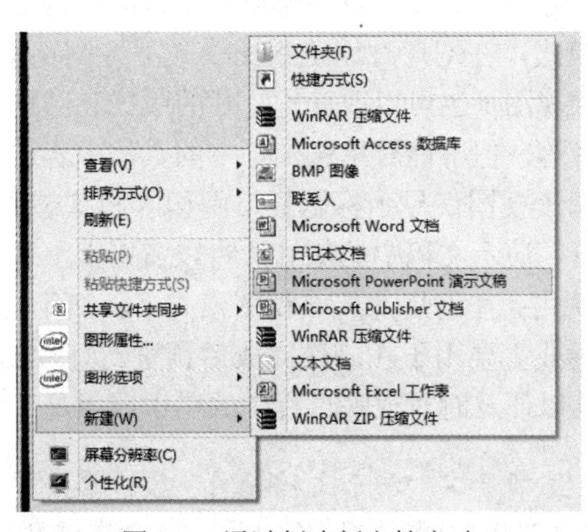

图 5-2　通过创建新文档启动

- 通过已有演示文稿文档启动：若电脑中已有由 PowerPoint 2010 创建的演示文稿文档，则直接双击该演示文稿文档，即可启动 PowerPoint 2010 并打开该演示文稿。
- 通过桌面快捷图标启动：若在桌面上新建了 PowerPoint 2010 快捷图标，双击图标即可快速启动 PowerPoint 2010。

3. *认识 PowerPoint 2010 工作界面*

PowerPoint 2010 的工作界面与其他 Office 2010 组件类似，主要包括标题栏、快速访问工具栏、功能选项卡、功能区、幻灯片编辑区、“大纲/幻灯片” 窗格、“备注” 窗格、状态栏等部分，如图 5-3 所示。

图 5-3 PowerPoint 2010 工作界面

显示/隐藏功能区可使用 Ctrl+F1 组合键。

4. 认识 PowerPoint 2010 视图模式

为了满足不同场合的使用需求，PowerPoint 2010 提供了多种视图模式供用户编辑和查看幻灯片。幻灯片视图切换按钮位于状态栏右侧，单击视图切换按钮中的任意一个，即可切换到相应的视图模式下。下面对各视图模式进行介绍。

- 普通视图模式：PowerPoint 2010 默认显示的视图模式为普通视图，在该视图中可以同时显示幻灯片编辑区、"大纲/幻灯片"窗格以及"备注"窗格等内容。普通视图主要用于编辑单张幻灯片中的内容及调整演示文稿的结构等。
- 幻灯片浏览视图模式：在幻灯片浏览视图模式下可浏览幻灯片在演示文稿中的整体结构和效果。在此视图下也可以改变幻灯片的版式和结构，如更换演示文稿的背景、移动或复制幻灯片等，但不能对单张幻灯片的具体内容进行编辑。
- 阅读视图模式：阅读视图仅显示标题栏、阅读区和状态栏，主要用于浏览幻灯片的内容。在此模式下，演示文稿中的幻灯片将以窗口大小进行放映。
- 幻灯片放映视图模式：在幻灯片放映视图模式下，演示文稿中的幻灯片将以全屏状态进行放映。该模式主要用于在制作完成后预览幻灯片的放映效果，测试插入的动画、声音等效果，以便及时对放映过程中的错误或不足进行修改。

选择"视图"选项卡下"演示文稿视图"组，单击"普通视图"按钮、"幻灯片浏览"按钮和"阅读视图"按钮可切换到相应的视图模式下。在幻灯片浏览视图中双击某张幻灯片，即可切换到该张幻灯片的普通视图窗口中。

5.2 演示文稿的制作

1. 演示文稿制作的一般思路

优秀的演示文稿需要制作者长时间的积累和不断的摸索、学习才能制作出来。优秀的演示文稿不论是字体的搭配、幻灯片的配色，还是多媒体或动画的运用，都有一定的技巧和规则，不但要美观好看，而且要清晰易读，同时，整个演示文稿的主题要明确，设计风格要符合主题，动画要适宜，不能喧宾夺主，最好能给人一种直接的视觉冲击力。

2. *演示文稿制作的规律与技巧*

刚开始接触 PPT 时，很多人都会错误地认为文字才是 PPT 的主角，或者认为 PPT 仅仅是演讲的辅助工具而已，实际效果并不明显，这种意识当然是不对的。PPT 作为一种多媒体演示文稿，最大的特点就是形象，它可以让枯燥的内容变得生动起来，以提升观众的注意力，达到更好的传播效果。

其实，制作 PPT 有很多捷径和技巧可循，这些捷径和技巧就是 PPT 的制作要领，掌握了这些要领后，PPT 的制作就将容易很多，通常可以遵循以下思路来制作演示文稿：

- 优秀的策划和设计：在制作演示文稿前有一个整体规划非常重要，包括演示文稿由哪些内容组成、切入点是什么、用哪种方式表达、要达到什么效果等，都需要一一考虑。
- 符合思维逻辑的架构：演示文稿切忌结构混乱，让观众不知所云。演讲者在注重幻灯片结构合理的前提下，还可事先将内容大纲整理打印出来，分发给观众。
- 精练、简洁的文字：PPT 不是作文，也不是演讲稿，因此，大段晦涩枯燥的文字不仅无法为 PPT 加分，反而会导致糟糕的效果。
- 图片、图表的巧妙运用：图片是幻灯片最重要的元素之一，其排列方法和内容会直接影响幻灯片的效果。职场、商务类演示文稿中通常数据非常多，此时图表的使用就非常重要，它可以让你的 PPT 更精美、清晰。
- 动画效果的设计：动画是 PPT 的灵魂，只有美观的排版而没有合适的动画，也会使观看者在观赏幻灯片时感到乏味。为了活跃演讲气氛，就需增加 PPT 的动感效果。
- 多媒体效果的运用：PPT 既然具有多媒体演示的功能，那么完全可以巧用这些多媒体元素，让 PPT 告别无趣的无声模式。

5.2.1 创建演示文稿

默认情况下，启动 PowerPoint 2010 时，系统新建一份空白演示文稿，并新建一张幻灯片。也可以通过执行下列操作新建演示文稿，如图 5-4 所示。

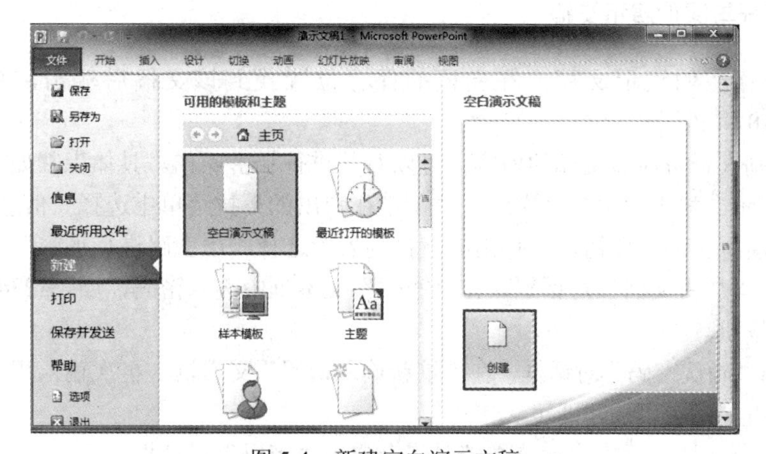

图 5-4 新建空白演示文稿

在 PowerPoint 2010 中，单击“文件”选项卡，然后单击“新建”。单击“空白演示文稿”，然后单击“创建”。

提示 一个完整的演示文稿是由多张“文档”组成的，而单张的“文档”就叫作幻灯片，每张幻灯片都是演示文稿中既相互独立又相互联系的内容。

5.2.2 关闭与保存演示文稿

1. 保存演示文稿

创建了演示文稿之后，用户可以将其保存起来，以供今后使用。保存演示文稿的具体步骤如下：

（1）在演示文稿窗口中的快速访问工具栏中，单击“保存”按钮，弹出“保存”对话框，在“保存范围”列表框中选择合适的保存位置，然后在“文件名”文本框中输入希望命名的文稿名，设置完毕，单击“确定”按钮即可。

（2）如果对已有的演示文稿进行了编辑操作，可以直接单击快速访问工具栏中的“保存”按钮保存文稿。如果要将已有的演示文稿保存到其他位置，可以在演示文稿窗口中单击“文件”按钮，在弹出的快捷菜单中选择“另存为”菜单项进行保存。

2. 关闭演示文稿

当幻灯片制作完成，结束使用该软件编辑演示文稿，则退出 PowerPoint 2010，主要方法有以下几种：

- 通过标题栏：单击窗口标题栏右边的按钮，或在 PowerPoint 2010 工作界面标题栏右侧单击“关闭”按钮。
- 通过菜单命令：在 PowerPoint 2010 工作界面中单击“文件”选项卡再单击“退出”命令。
- 通过右键快捷菜单：在 PowerPoint 2010 工作界面的标题栏上单击鼠标右键，在弹出的快捷菜单中选择“关闭”命令。
- 通过应用程序按钮：在快速访问工具栏中单击按钮，在弹出的下拉菜单中选择“关闭”命令。
- 在当前 PowerPoint 2010 为活动窗口的情况下，按快捷键 Alt+F4。

5.2.3 打开与保护演示文稿

对于已经存在的演示文稿，在文稿的保存位置找到该文稿后双击，系统会自动用 PowerPoint 2010 将其打开。

为了防止别人查看演示文稿的内容，可以对其进行加密操作。具体步骤如下：

（1）在演示文稿中，单击“文件”菜单，在弹出的下拉菜单中选择“信息”菜单项，然后单击“保护演示文稿”按钮，在弹出的下拉列表中选择“用密码进行加密”选项。

（2）弹出“加密文档”对话框，在“密码”文本框中输入密码，如“123456”等，然后单击“确定”按钮。

（3）弹出“确认密码”对话框，在“重新输入密码”文本框中再次输入相同密码以确认。设置完毕，单击“确定”按钮即可。

（4）保存该文档，再次启动该文档时将会弹出“密码”对话框。

（5）在“输入密码以打开文件”文本框中输入前面设置的密码，然后单击“确定”按钮，即可打开演示文稿。

5.3　幻灯片的制作

5.3.1　幻灯片的插入与编辑

一个完整的演示文稿是由多张“文档”组成的，而单张的“文档”就叫作幻灯片，每张幻灯片都是演示文稿中既相互独立又相互联系的内容，演示文稿和幻灯片之间是包含与被包含的关系。

可以通过下面的三种方法，在当前演示文稿中添加新的幻灯片：

- 方法一：快捷键法。按 Ctrl+M 组合键，即可快速添一张空白幻灯片。
- 方法二：回车键法。在“普通视图”下，将鼠标定位在左侧的窗格中，然后按下回车键，同样可以快速插入一张新的空白幻灯片。
- 方法三：命令法。执行“开始”选项卡/“幻灯片”组，选择“新建幻灯片”命令，也可以新增一张空白幻灯片。

提示　如果演示文稿中有多余的幻灯片，要将其删除，则是选中要删除的幻灯片，单击鼠标右键，在弹出的快捷菜单中选择“删除幻灯片”菜单项，也可以按 Delete 键，即可将选中的幻灯片删除。

5.3.2　插入和编辑幻灯片中的文本

可以向文本占位符、文本框和形状中添加文本。

直接利用每张幻灯片原有设置的自动版式标题框（文本占位符）“单击此处添加标题”和“单击此处添加文本”添加、编辑文字。

利用插入“文本框”添加、编辑文字。

（1）在演示文稿中，切换到“插入”选项卡，单击“文本”组中的“文本框”命令，然后根据自己的需要选择文本框的类型，如“横排文本框”。

（2）此时鼠标变成可编辑状态，在合适的位置单击鼠标左键，并拖动鼠标绘制文本框的大小，确定文本框绘制好之后释放鼠标即可。

（3）此时文稿中已插入文本框，在其中输入需要的汉字即可，同时可以设置其字体、字号、颜色，以及段落等格式。

知识点

- 占位符：是版式中预先设定的文本框，这是一种带有虚线边缘的框，绝大部分幻灯片版式中都有这种框。在这些框内可以放置标题及正文，或者是图表、表格和图片等对象。
- 文本框：一种可移动、可调大小的文字或图形容器。使用文本框，可以在一页上放置数个文字块，或使文字按与文档中其他文字不同的方向排列。

5.3.3　插入和编辑幻灯片中的对象

1. 插入形状

（1）在“开始”选项卡上的“绘图”组中单击“形状”，如图 5-5 所示。

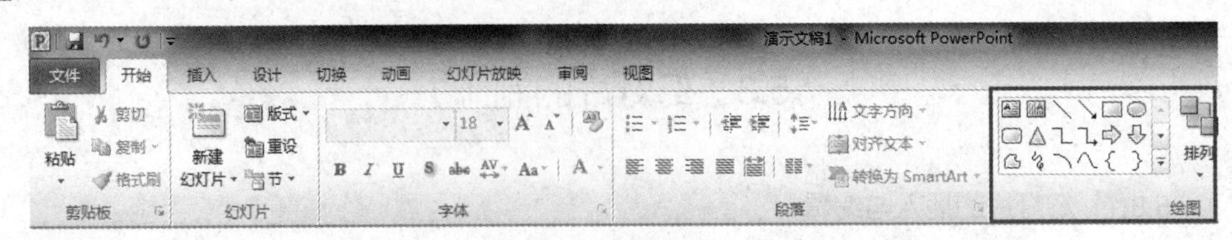

图 5-5　插入形状（一）

（2）在“插入”选项卡上的“插图”组中单击“形状”，如图 5-6 所示。

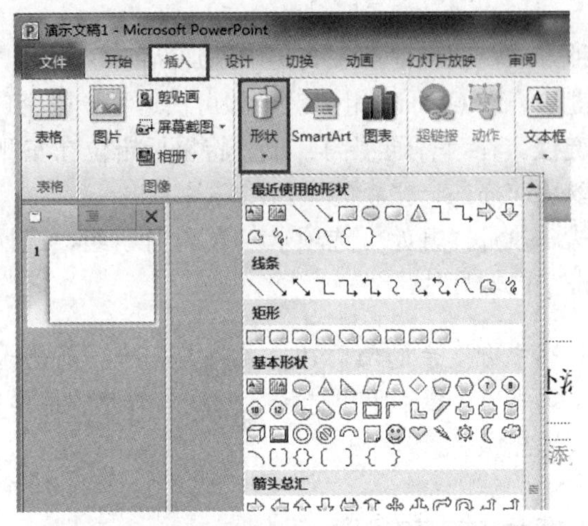

图 5-6　插入形状（二）

（3）选择所需形状，着单击幻灯片上的任意位置，然后拖动以放置形状。

提示　若要创建规范的正方形或圆形（或限制其他形状的尺寸），请在拖动的同时按住 Shift 键。

2. 插入图片

为了增强文稿的可视性，向演示文稿中添加图片是一项基本的操作，如图 5-7 所示。

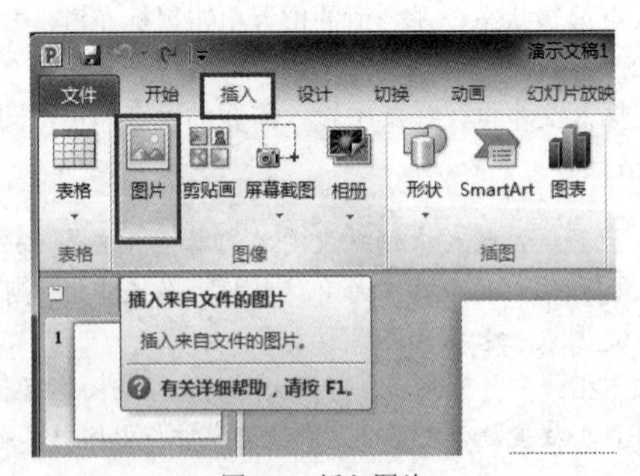

图 5-7　插入图片

（1）执行“插入”选项卡/“图像”组/“图片”/“插入来自文件的图片”命令，打开“插入图片”对话框。

（2）在“插入图片”对话框中，定位到需要插入图片所在的文件夹，选中相应的图片文件，然后单击“插入”按钮，即可将图片插入到幻灯片中。

（3）用拖拉图片控制点的方法调整好图片的大小，并将其定位在幻灯片的合适位置上即可。

提示　定位图片位置时，按住 Ctrl 键，再按方向键，可以实现图片的微量移动，达到精确定位图片的目的。

3. 屏幕截图的使用

屏幕截图可以方便地截取桌面上的窗口，而且可以随意截取，如图 5-8 所示。

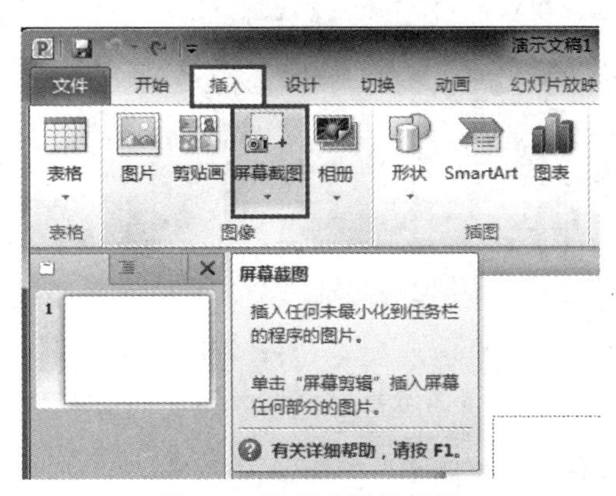

图 5-8　屏幕截图的使用

4. 插入表格

要在 PowerPoint 中创建表格，先选择要向其中添加表格的幻灯片。在“插入”选项卡上的“表格”组中单击“表格”。在“插入表格”对话框中，执行下列操作之一：

- 单击并移动鼠标指针以选择所需的行数和列数，然后释放鼠标按钮，如图 5-9 所示。

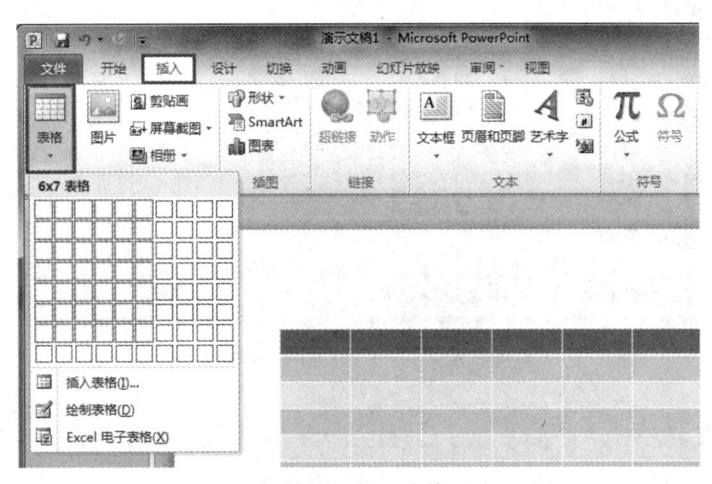

图 5-9　插入表格

- 单击“插入表格”命令，然后在“列数”和“行数”文本框中输入数字。

若要向表格单元格添加文字，先单击某个单元格，然后输入文字。若要在表格的末尾添加一行，可在最后一行的最后一个单元格内单击，然后按 Tab 键。

5. 插入图表

在 Microsoft PowerPoint 2010 中，您可以插入多种数据图表和图形，如柱形图、折线图、饼图、条形图、面积图、散点图、股价图、曲面图、圆环图、气泡图和雷达图等，如图 5-10 所示。

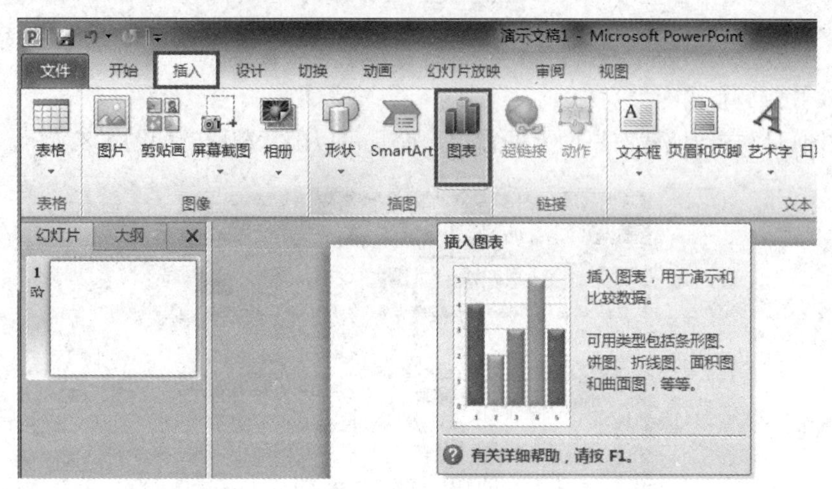

图 5-10 插入图表

（1）在“插入”选项卡上的“插图”组中单击“图表”。

（2）在“插入图表”对话框中，选择所需图表的类型，然后单击“确定”，如图 5-11 所示。

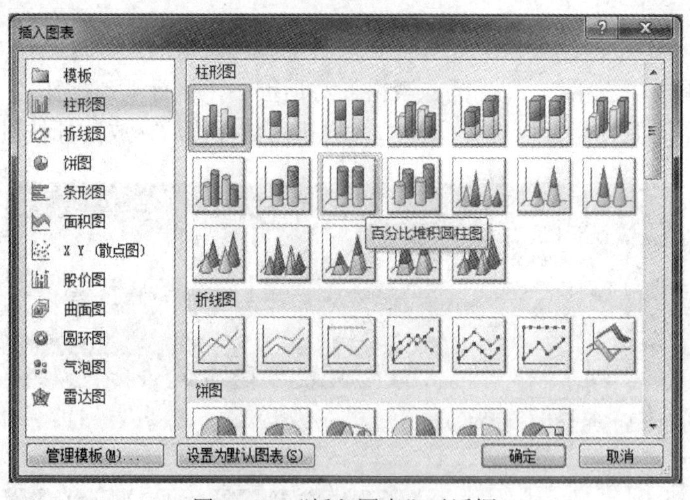

图 5-11 “插入图表”对话框

提示 将鼠标指针停留在任何图表类型上时，屏幕提示将会显示其名称。

（3）自动进入 Excel 2010，进行数据编辑，如图 5-12 所示。

（4）在编辑完数据后，关闭 Excel，与数据相对应的图表自动生成，如图 5-13 所示。

提示 如果需要重新编辑图表数据，可以在图表上单击鼠标右键，选择“编辑数据”，系统将自动打开 Excel 进行数据编辑。

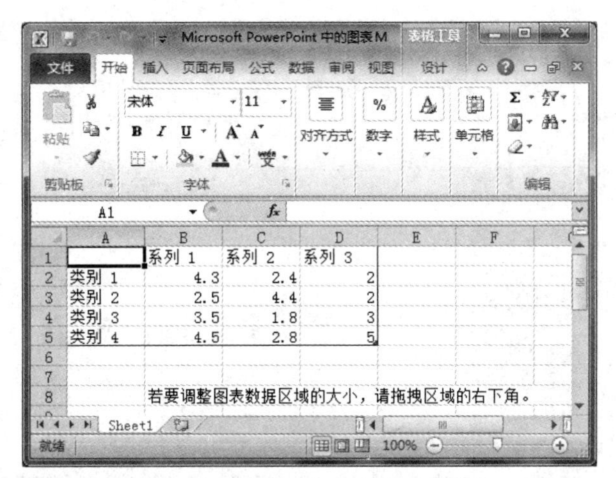

图 5-12　Excel 工作表中的示例数据

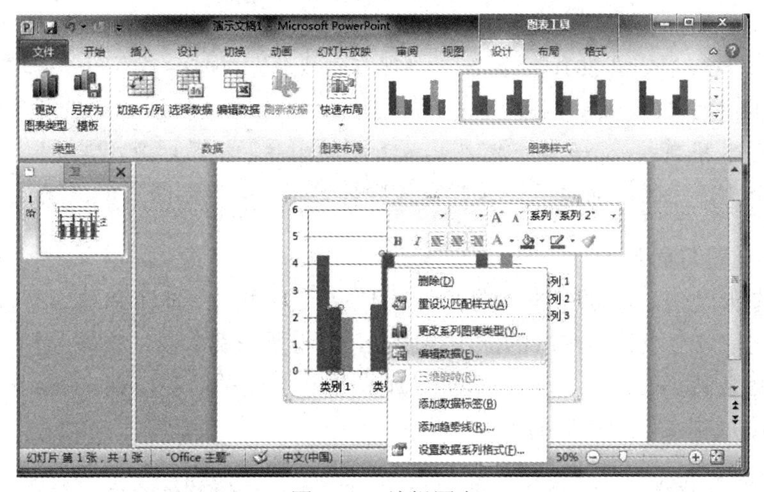

图 5-13　编辑图表

6. 艺术字的插入

艺术字是一个文字样式库，您可以将艺术字添加到 Office 文档中以制作出装饰性效果。例如，可以拉伸标题、对文本进行变形、使文本适应预设形状或应用渐变填充，如图 5-14 所示。

图 5-14　艺术字

插入艺术字的方法如下：

在“插入”选项卡上的“文字”组中单击“艺术字”，单击所需艺术字样式，然后输入艺术字的文字，如图 5-15 所示。

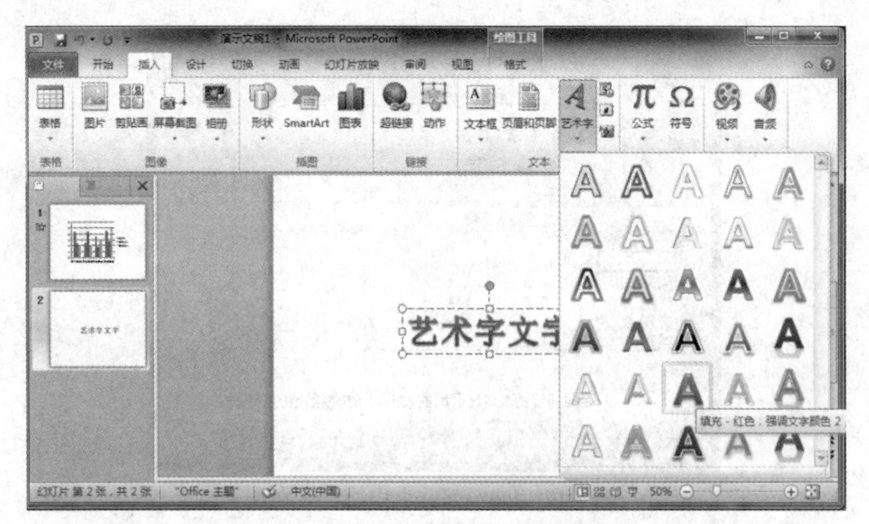

图 5-15　插入艺术字方法示例

提示　在 PowerPoint 2010 中，可以将现有文字转换为艺术字，方法如下：选定要转换为艺术字的文字。在“插入”选项卡上的“文字”组中单击“艺术字”，然后单击所需的艺术字样式，将出现“请在此放置您的文字”提示，输入需要做成艺术字效果的文字。删除艺术字时，只需选择要删除的艺术字，然后按 Delete 键。

7. SmartArt 图形的插入

SmartArt 图形是信息和观点的视觉表示形式。与文字相比，插图和图形更有助于读者理解和记住信息。创建具有设计师水准的插图很困难，起码要花费大量的时间与精力，大多数人还是只能创建仅包含文字的内容。使用 SmartArt 图形和其他新功能，如主题，只需单击几下鼠标，即可创建出具有设计师水准的插图。

知识点　什么是主题？主题是颜色、主题字体和主题效果三者的组合。主题可作为一套独立的选择方案应用于文件中。

创建 SmartArt 图形时，系统会提示您选择一种类型，这类似于 SmartArt 图形的类别，并且每种类型还包含几种不同布局，如“流程”“层次结构”或“关系”。插入 SmartArt 图形的方法如下：

（1）在“插入”选项卡的“插图”组中单击“SmartArt”，在“选择 SmartArt 图形”对话框中单击所需的类型和布局，如图 5-16 所示。

（2）单击“文本”窗格中的“[文本]”，然后键入或粘贴文本，如图 5-17 所示。

提示　如果看不到“SmartArt 工具”或“设计”选项卡，请确保已选择一个 SmartArt 图形。可能必须双击 SmartArt 图形才能打开“设计”选项卡。

- 若要从“文本”窗格中添加形状，请单击现有窗格，将光标移至文本之前或之后要添加形状的位置，然后按 Enter 键。
- 若要在所选形状之后插入一个形状，请单击“在后面添加形状”；若要在所选形状之前插入一个形状，请单击“在前面添加形状”。

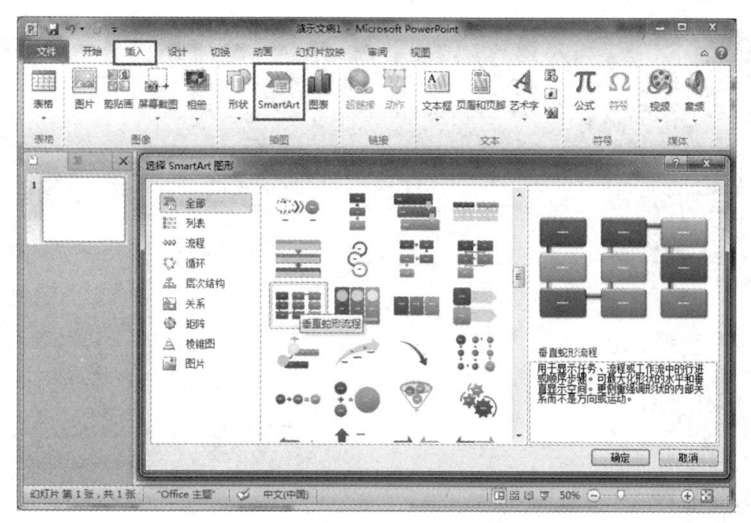

图 5-16　插入 SmartArt 图形

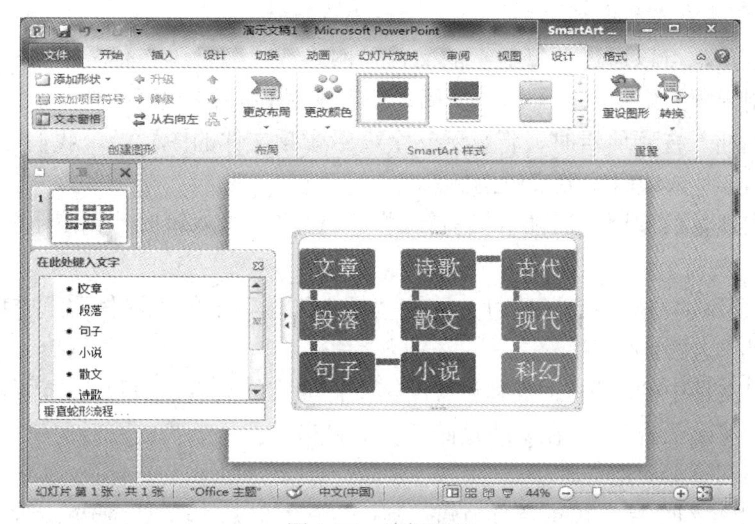

图 5-17　编辑形状

- 若要从 SmartArt 图形中删除形状，请单击要删除的形状，然后按 Delete 键；若要删除整个 SmartArt 图形，请单击 SmartArt 图形的边框，然后按 Delete 键。

SmartArt 图形的样式、颜色和效果可以按如下方法进行设置：

（1）在“SmartArt 工具”的“设计”选项卡上，有两个用于快速更改 SmartArt 图形外观的库，即“SmartArt 样式”和“更改颜色”。将鼠标指针停留在其中任意一个库中的缩略图上时，无需实际应用便可以看到相应 SmartArt 样式或颜色变体对 SmartArt 图形产生的影响。

（2）向 SmartArt 图形添加专业设计的组合效果的一种快速简便的方式是应用 SmartArt 样式。包括形状填充、边距、阴影、线条样式、渐变和三维（3D）透视，可以应用于整个 SmartArt 图形，还可以对 SmartArt 图形中的一个或多个形状应用单独的形状样式。

（3）第二个库“更改颜色”为 SmartArt 图形提供了各种不同的颜色选项，每个选项可以用不同方式将一种或多种主题颜色应用于 SmartArt 图形中的形状。

8. 公式的插入

PowerPoint 2010 中有自带的公式库，插入与修改公式都非常方便，如图 5-18 所示。

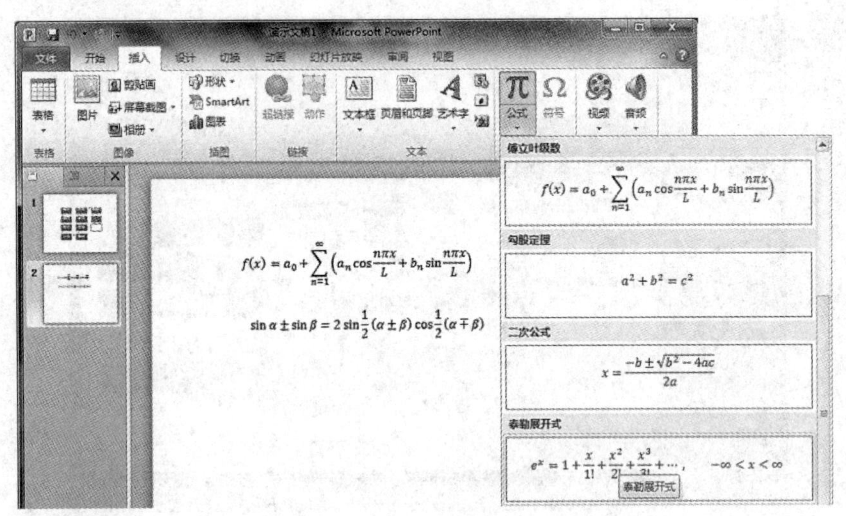

图 5-18 公式的插入

9. *在演示文稿中添加音频*

为了突出重点，可以通过计算机上的文件、网络或“剪贴画”任务窗格添加音频剪辑，也可以自己录制音频，将其添加到演示文稿，或者使用 CD 中的音乐。

在幻灯片上插入音频剪辑时，将显示一个表示音频文件的图标。我们可以预览音频剪辑，也可以在幻灯片放映时隐藏音频图标。

为了防止出现播放问题，添加音频剪辑时，可以将音频剪辑嵌入到演示文稿中，具体方法如下：

（1）单击要添加音频剪辑的幻灯片。在“插入”选项卡的“媒体”组中单击“音频”，然后执行下列操作之一：

- 单击“文件中的音频”，找到包含所需文件的文件夹，然后双击要添加的文件。
- 单击“剪贴画音频”，在“剪贴画”任务窗格中找到所需的音频剪辑，然后单击该剪辑以将其添加到幻灯片中。

（2）如果想在幻灯片上预览音频剪辑，则可以在幻灯片上选择音频剪辑图标，然后单击图标下的“播放”，如图 5-19 所示。

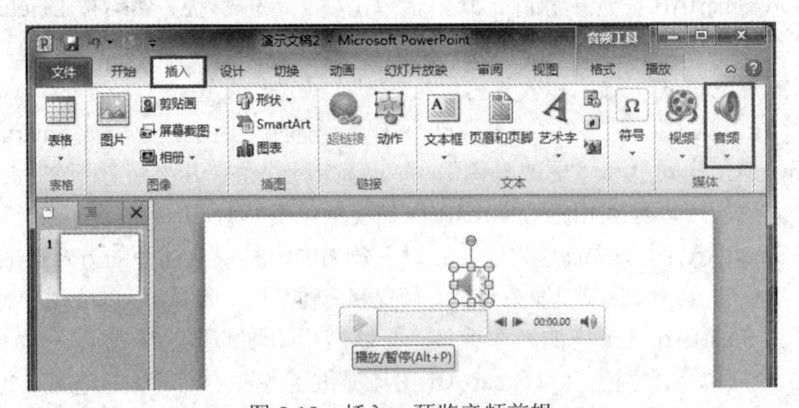

图 5-19 插入、预览音频剪辑

（3）要设置音频剪辑的播放选项，则应在幻灯片上双击音频剪辑图标。在“音频工具”的“播放”选项卡上的“音频选项”组中，执行下列操作之一：

- 若要在放映该幻灯片时自动开始播放音频剪辑，请在“开始”列表中单击“自动”。
- 若要通过在幻灯片上单击音频剪辑来手动播放，请在“开始”列表中单击“单击时”。
- 若要在演示文稿中单击切换到下一张幻灯片时播放音频剪辑，请在“开始”列表中单击“跨幻灯片播放”，如图 5-20 所示。
- 要连续播放音频剪辑直至停止播放，选中“循环播放，直到停止”复选框。

提示　循环播放时，声音将连续播放，直至转到下一张幻灯片为止。

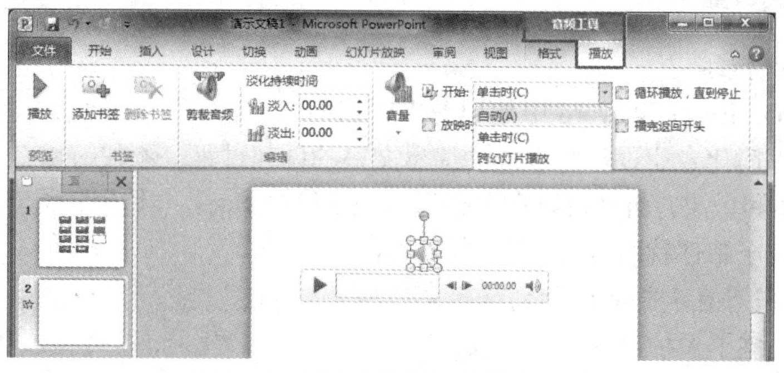

图 5-20　设置音频剪辑的播放选项

10. *在演示文稿中添加视频*

可以从 Microsoft PowerPoint 2010 演示文稿链接到外部视频文件或电影文件。通过链接视频，可以减小演示文稿的文件大小。另外，也可以将视频嵌入到演示文稿中，这样有助于消除文件缺失的问题。在演示文稿中添加视频，可执行下列操作：

（1）在“幻灯片”选项卡上的“普通”视图中，单击要为其添加视频或动态 GIF 文件的幻灯片。

（2）在“插入”选项卡上的“媒体”组中单击“视频”下方的箭头。

（3）单击“文件中的视频”，找到并单击要链接到的文件。

（4）单击“插入”按钮右侧的向下箭头，单击“链接到文件”；如果要将视频嵌入到演示文稿中，则在“插入视频文件”对话框中，找到并单击要嵌入的视频，然后单击“插入”，如图 5-21 所示。

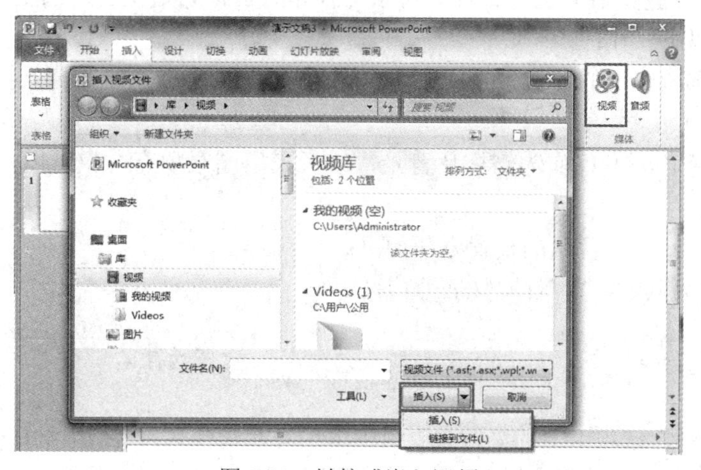

图 5-21　链接或嵌入视频

为了防止可能出现与断开的链接有关的问题，最好先将视频复制到演示文稿所在的文件夹中，然后再链接到视频。类似音频选项的设置，应该为演示文稿中的视频设置“播放”选项。

5.4 幻灯片的外观设计

5.4.1 主题的设置

1. Office 主题概述

在 PowerPoint、Excel 和 Word 中使用的主题相同。

使用主题可以简化专业设计师水准的演示文稿的创建过程。不仅可以在 PowerPoint 中使用主题颜色、字体和效果，而且可以在 Excel、Word 和 Outlook 中使用它们，这样，演示文稿、文档、工作表和电子邮件就可以具有统一的风格。

2. 应用主题将颜色和样式添加到演示文稿

PowerPoint 提供了多种设计主题，包含协调配色方案、背景、字体样式和占位符位置。使用预先设计的主题，可以轻松快捷地更改演示文稿的整体外观。

若要将不同的主题应用于演示文稿，可执行以下操作：

（1）在“设计”选项卡上的“主题”组中单击要应用的文档主题。

（2）将指针停留在该主题的缩略图上，可以预览应用了特定主题的当前幻灯片的外观。

（3）若要查看更多主题，在“设计”选项卡上的“主题”组中，单击“更多”。

默认情况下，PowerPoint 会将普通 Office 主题应用于新的空演示文稿。但是，通过应用不同的主题可以轻松地更改演示文稿的外观。

5.4.2 背景的设置

1. 什么是 PowerPoint 背景样式？

背景样式是 PowerPoint 独有的样式，使用新的主题颜色模式，定义了将用于文本和背景的两种深色和两种浅色。在内置主题中，背景样式库的首行总是使用纯色填充。要访问背景样式库，可以执行以下操作：

在“设计”选项卡上的“背景”组中单击“背景样式”，选取所需背景样式，即可应用到幻灯片。

可以采用纯色、渐变色作为幻灯片背景，或者采用图案填充，也可以使用图片作为幻灯片背景。

使用图片作为幻灯片背景的设置方法如下：

（1）单击要为其添加背景图片的幻灯片。

提示 要选择多个幻灯片，请单击某个幻灯片，然后按住 Ctrl 键并单击其他幻灯片。

（2）在“设计”选项卡上的“背景”组中单击“背景样式”，然后单击“设置背景格式”。

（3）单击“填充”，然后单击“图片或纹理填充”，如图 5-22 所示。

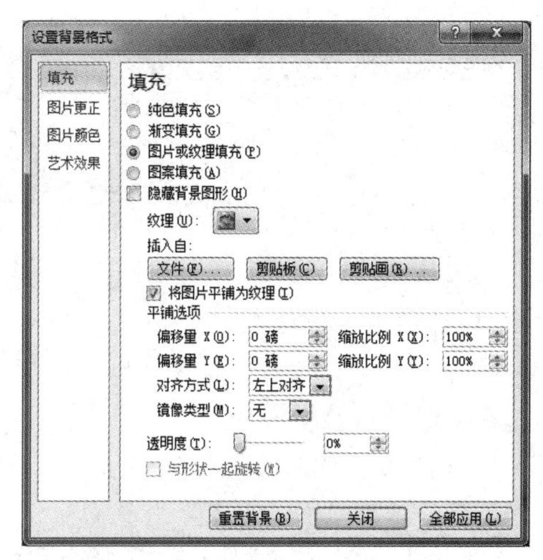

图 5-22　使用图片作为幻灯片背景

（4）然后执行下列操作之一：

- 若要插入来自文件的图片，请单击“文件”，然后找到并双击要插入的图片。
- 若要粘贴复制的图片，请单击“剪贴板”。
- 若要使用剪贴画作为背景图片，请单击“剪贴画”，然后在“搜索文字”框中键入描述所需剪辑的字词或短语，或者键入剪辑的全部或部分文件名。

提示　若要调整图片的相对亮度或透明度或者其最暗区域与最亮区域之间的差异（对比度），请在“设置背景格式”对话框中“填充”窗格的底部，将“透明度”滑块从左向右滑动。

5.4.3　幻灯片母版制作

1. 幻灯片母版概述

幻灯片母版是幻灯片层次结构中的顶层幻灯片，用于存储有关演示文稿的主题和幻灯片版式的信息，包括背景、颜色、字体、效果、占位符大小和位置。

每个演示文稿至少包含一个幻灯片母版。修改和使用幻灯片母版的主要优点是可以对演示文稿中的每张幻灯片（包括以后添加到演示文稿中的幻灯片）进行统一的样式更改。使用幻灯片母版时，由于无需在多张幻灯片上键入相同的信息，因此节省了时间。如果演示文稿非常长，其中包含大量幻灯片，则使用幻灯片母版特别方便。

由于幻灯片母版影响整个演示文稿的外观，因此在创建和编辑幻灯片母版或相应版式时，可以在“幻灯片母版”视图下进行操作。

提示　什么叫版式？即幻灯片上标题和副标题、文本、列表、图片、表格、图表、自选图形和视频等元素的排列方式。

2. 创建或自定义幻灯片母版

（1）打开一个空演示文稿，然后在“视图”选项卡上的“母版视图”组中，单击“幻灯片母版”。当打开“幻灯片母版”视图时，会显示一个具有默认相关版式的空幻灯片母版，如图 5-23 所示。

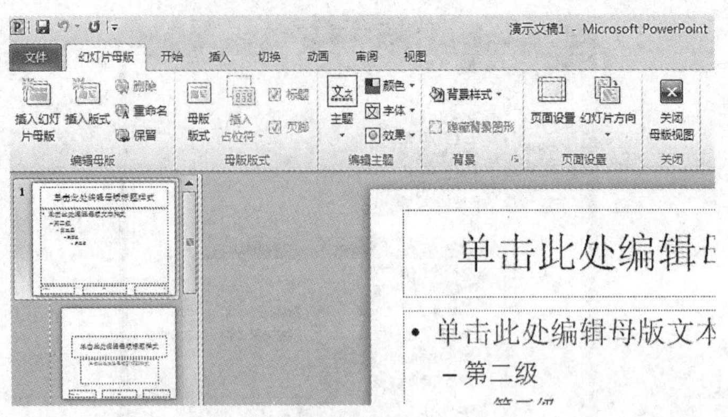

图 5-23　创建、编辑幻灯片母版

在幻灯片缩略图窗格中，幻灯片母版是那张较大的幻灯片，相关版式位于幻灯片母版下方。许多演示文稿中可能包含不止一个幻灯片母版，因此可能必须进行滚动才能找到所需的幻灯片母版。

（2）对幻灯片母版，可以进行创建版式、自定义现有版式、添加或修改版式中的占位符等操作。

（3）删除默认幻灯片母版附带的任何内置幻灯片版式，请在幻灯片缩略图窗格中，右键单击要删除的某个幻灯片版式，然后单击快捷菜单上的“删除版式”。

（4）可以对幻灯片母版进行主题设计或修改。另外，在一个演示文稿中也可以应用多个主题。

（5）设置演示文稿中所有幻灯片的页面方向：在“幻灯片母版”选项卡上的“页面设置”组中单击“幻灯片方向”，然后单击“纵向”或“横向”。

3. 将母版保存为模板、关闭幻灯片母版

（1）在“文件”选项卡上单击“另存为”。在“文件名”对话框中键入文件名。在“保存类型”列表中单击“PowerPoint 模板”，然后单击“保存”。

（2）在“幻灯片母版”选项卡上的“关闭”组中单击“关闭母版视图”。

PowerPoint 模板是另存为.potx 文件的一张幻灯片或一组幻灯片的图案或蓝图。模板可以包含版式和背景样式，甚至还可以包含内容。您可以将精心编排的元素和颜色、字体、效果、样式以及版式，保存为自定义模板，然后存储、重用以及与他人共享它们。

4. 应用模板

若要应用自己定义的模板，请执行以下操作：在“文件”选项卡上单击“新建”。在“可用的模板和主题”下单击“我的模板”，再单击所需的模板，然后单击“确定”。

5.5　幻灯片的交互效果设置

5.5.1　对象动画设置

可以将 Microsoft PowerPoint 2010 演示文稿中的文本、图片、形状、表格、SmartArt 图形

和其他对象制作成动画，赋予它们进入、退出、大小或颜色变化甚至移动等视觉效果。

PowerPoint 2010 中有以下四种不同类型的动画效果：

- “进入”效果：例如，可以使对象逐渐淡入焦点、从边缘飞入幻灯片或者跳入视图中。
- “退出”效果：包括使对象飞出幻灯片、从视图中消失或者从幻灯片旋出。
- “强调”效果：包括使对象缩小或放大、更改颜色或沿其中心旋转。
- 动作路径：指定对象或文本运行的路径，它是幻灯片动画序列的一部分。使用这些效果可以使对象上下移动、左右移动或者沿着星形或圆形图案移动。

若要向对象添加动画效果，可执行以下操作：

（1）选择要制作成动画的对象。

（2）在“动画”选项卡上的“动画”组中，单击“其他”按钮，然后选择所需的动画效果，如图 5-24 所示。

（3）若要在添加一个或多个动画效果后验证它们是否起作用，可以在“动画”选项卡上的“预览”组中单击“预览”。

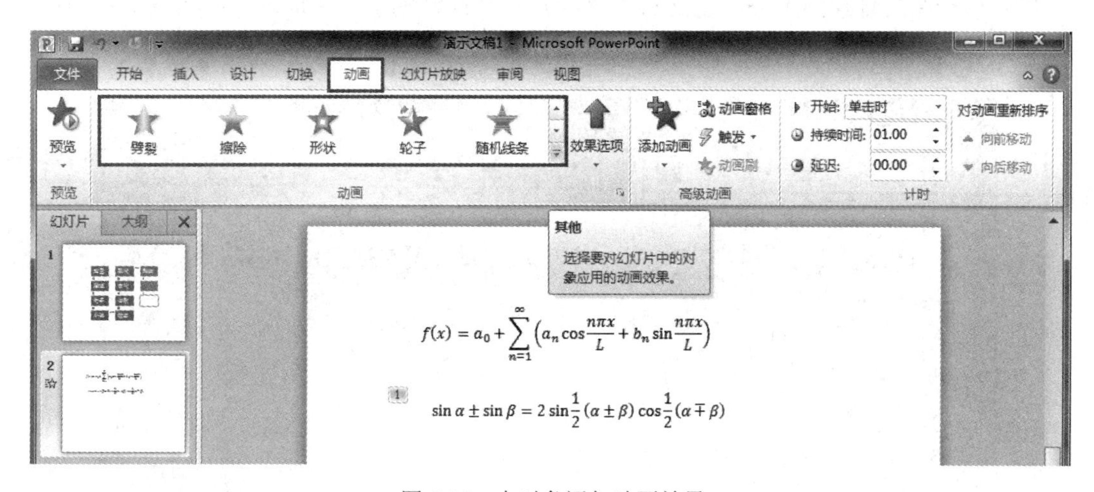

图 5-24　向对象添加动画效果

5.5.2　幻灯片切换效果

切换是向幻灯片添加视觉效果的另一种方式。

幻灯片切换效果是在演示期间从一张幻灯片移到下一张幻灯片时，在“幻灯片放映”视图中出现的动画效果。我们可以控制切换效果的速度，添加声音，甚至还可以对切换效果的属性进行自定义，以丰富其过渡效果。

（1）在“切换”选项卡的“切换到此幻灯片”组中，单击要应用于该幻灯片的幻灯片切换效果。

（2）从“切换到此幻灯片”组的图库中选择一个切换效果，如图 5-25 所示。

（3）若要查看更多切换效果，单击“其他”按钮。

（4）可以通过“预览”来查看幻灯片的切换效果。

向演示文稿中的所有幻灯片应用相同的幻灯片切换效果：执行上述操作，然后在“切换”选项卡的“计时”组中单击“全部应用”。

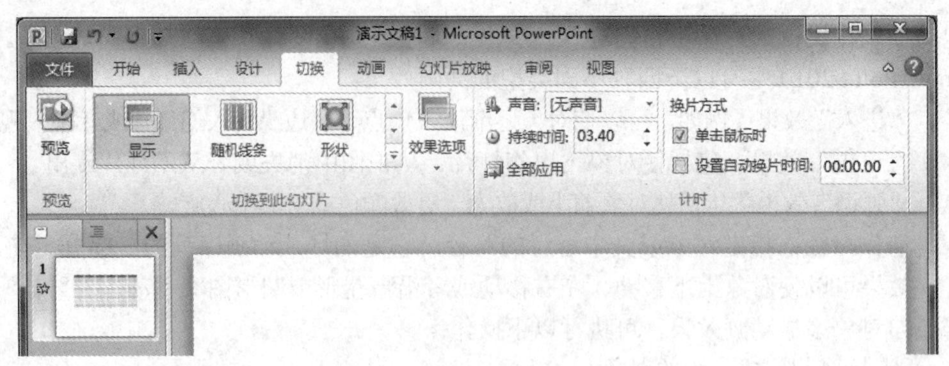

图 5-25 设置幻灯片的切换效果

5.5.3 幻灯片的链接操作

在 PowerPoint 中，超链接可以是从一张幻灯片到同一演示文稿中另一张幻灯片的链接，也可以是从一张幻灯片到不同演示文稿中另一张幻灯片、电子邮件地址、网页或文件的链接。

可以从文本或对象（如图片、图形、形状或艺术字）创建超链接，如图 5-26 所示。

图 5-26 建立文本或对象的超链接

1. 同一演示文稿中的幻灯片

在“普通”视图中，选择要用作超链接的文本或对象。在“插入”选项卡上的“链接”组中单击“超链接”。在“链接到”下，单击“本文档中的位置”。执行下列操作之一：

- 链接到当前演示文稿中的自定义放映：在“请选择文档中的位置”下，单击要用作超链接目标的自定义放映，选中“放映后返回”复选框。
- 链接到当前演示文稿中的幻灯片：在“请选择文档中的位置”下，单击要用作超链接目标的幻灯片。

2. 不同演示文稿中的幻灯片

（1）在“普通”视图中，选择要用作超链接的文本或对象。在“插入”选项卡上的“链接”组中单击“超链接”。

（2）在“链接到”下，单击“现有文件或网页”。找到包含要链接到的幻灯片的演示文稿。单击“书签”，然后单击要链接到的幻灯片的标题。

如果要在主演示文稿中添加指向演示文稿的链接，则在将主演示文稿复制到便携电脑中时，请确保也将链接的演示文稿复制到主演示文稿所在的文件夹中。如果不复制链接的演示文稿，或者如果重命名、移动或删除它，则当从主演示文稿中单击指向链接的演示文稿的超链接时，链接的演示文稿将不可用。

3. 电子邮件地址

（1）在“普通”视图中，选择要用作超链接的文本或对象。在“插入”选项卡上的“链接”组中单击“超链接”。在“链接到”下单击“电子邮件地址”。

（2）在“电子邮件地址”框中，键入要链接到的电子邮件地址，或在“最近用过的电子邮件地址”框中单击电子邮件地址。在“主题”框中，键入电子邮件的主题。

4. Web 上的页面或文件

（1）在“普通”视图中，选择要用作超链接的文本或对象。在“插入”选项卡上的“链接”组中单击“超链接”。

（2）在“链接到”下单击“现有文件或网页”，然后单击“浏览 Web”按钮，找到并选择要链接到的页面或文件，然后单击“确定”。

5. 新文件

（1）在“普通”视图中，选择要用作超链接的文本或对象。在“插入”选项卡上的“链接”组中单击“超链接”。

（2）在“链接到”下单击“新建文档”。在“新建文档名称”框中，键入要创建并链接到的文件的名称。

（3）如果要在另一位置创建文档，请在“完整路径”下单击“更改”，浏览到要创建文件的位置，然后单击“确定”。

（4）在“何时编辑”下，单击相应选项以确定是现在更改文件还是稍后更改文件。

（5）若要删除一个对象已建立的超链接，可以通过执行下列操作完成：

选择要删除其超链接的文本或对象，在“插入”选项卡上的“链接”组中，单击“超链接”，然后在“编辑超链接”对话框中单击“删除链接”。

5.6　幻灯片放映和输出

5.6.1　幻灯片放映设置

1. 设置幻灯片放映方式

PPT 演示文稿制作完成后，有的由演讲者播放，有的由观众自行播放，这需要通过设置幻灯片放映方式进行控制，如图 5-27 所示。

（1）单击“幻灯片放映”选项卡，在“设置”组单击“设置幻灯片放映”命令，打开“设置放映方式”对话框。

（2）选择一种“放映类型”（如“观众自行浏览”），确定“放映幻灯片”范围，设置好“放映选项”（如“循环放映，按 ESC 键终止”）。

（3）再根据需要设置其他选项，单击“确定”退出即可。

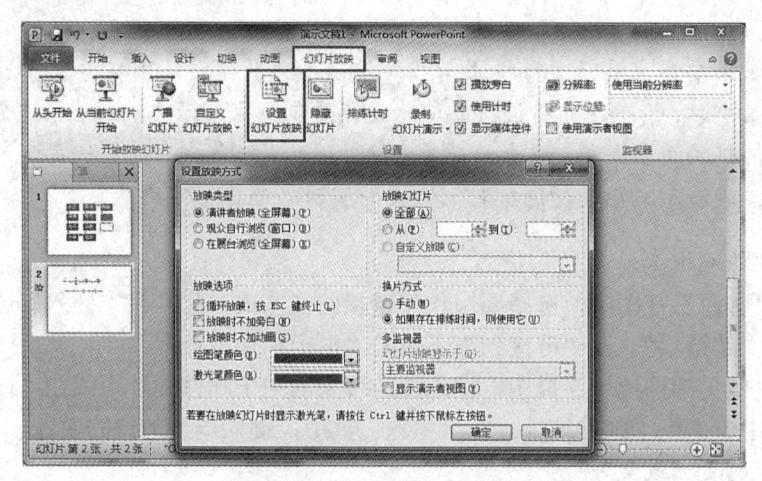

图 5-27　设置幻灯片放映方式

2. 自定义播放方式

一份 PPT 演示文稿，如果需要根据观众的不同有选择地放映，可以通过“自定义幻灯片放映”方式来实现，如图 5-28 所示。

（1）在“幻灯片放映”选项卡上的“开始放映幻灯片”组中单击“自定义幻灯片放映”，然后单击“自定义放映”。

（2）在“自定义放映”对话框中单击“新建”按钮，打开“定义自定义放映”对话框。

提示　要预览自定义放映，请在“自定义放映”对话框中单击放映的名称，然后单击“放映”按钮。

（3）在“在演示文稿中的幻灯片”下，单击要包括在自定义放映中的幻灯片，然后单击“添加”按钮。

提示　若要选择多张连续的幻灯片，先单击第一张幻灯片，然后在按住 Shift 键的同时单击最后一张幻灯片；若要选择多张不连续的幻灯片，则在按住 Ctrl 键的同时单击要选择的每张幻灯片。

（4）要更改幻灯片出现的顺序，请在“在自定义放映中的幻灯片”下，单击某张幻灯片，然后单击右侧箭头，在列表中上下移动幻灯片。

（5）在“幻灯片放映名称”文本框中键入一个名称，然后单击“确定”按钮。要在演示文稿中创建其他带有任何幻灯片的自定义放映，重复这些步骤即可。

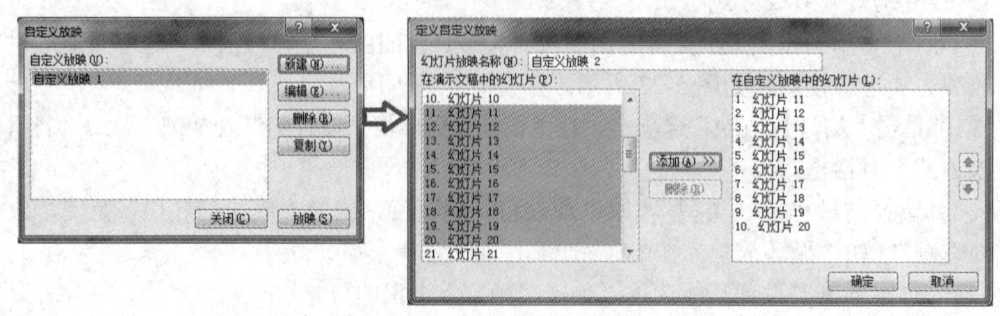

图 5-28　自定义幻灯片放映

5.6.2　演示文稿打包和输出

演示文稿制作完成后，可以传输和分发，接下来要执行什么操作取决于哪一种更符合您的需要，使得传送和分发演示文稿的效果最好：

- 向远程访问群体广播您的演示文稿。
- 将幻灯片放映刻录到 DVD，或将演示文稿打包成 CD。
- 创建自动运行的演示文稿。
- 打开其他文件格式的演示文稿或将演示文稿保存为其他文件格式。
- 直接打印幻灯片或演示文稿讲义，或将 PowerPoint 讲义发送至 Word 进行打印。
- 将演示文稿发布到网站。
- 将演示文稿转换为视频。

1. 保存生成自动放映文档

（1）在“文件”选项卡下，依次单击“保存并发送”→“更改文件类型”，然后在右侧窗格中双击“PowerPoint 放映（*.ppsx）”，如图 5-29 所示。

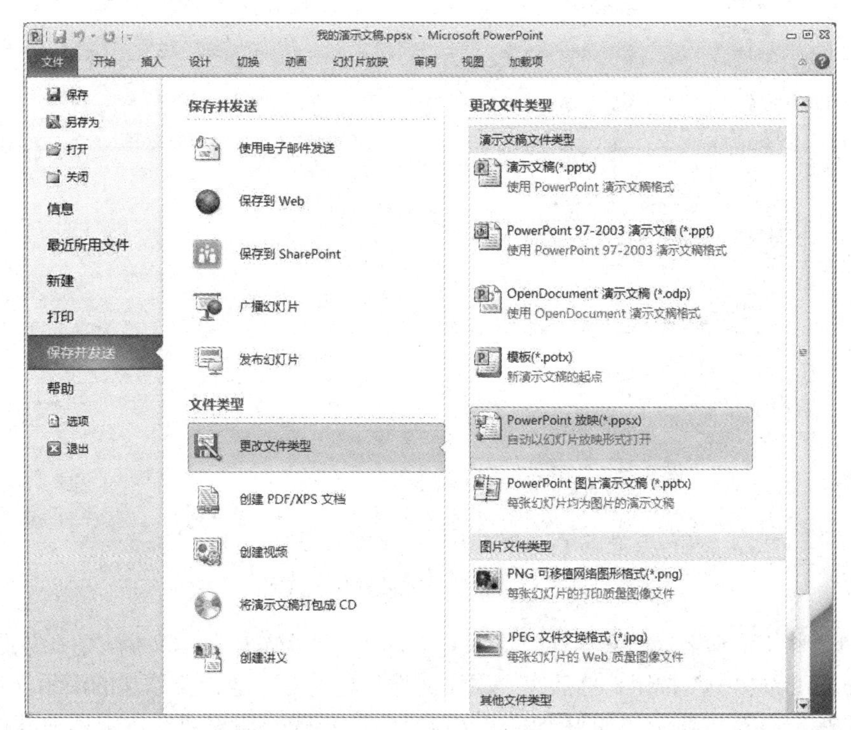

图 5-29　保存演示文稿为自动放映类型文件

（2）在“另存为”对话框中选择保存位置，输入文件名，单击“保存”按钮，完成保存。如图 5-30 所示。

2. 将演示文稿打包成 CD

（1）打开要打包的演示文稿，如果是正在处理的尚未保存的新演示文稿，先保存该演示文稿。

（2）单击“文件”选项卡，依次单击“保存并发送”→“将演示文稿打包成 CD”，然后在右侧窗格中单击“打包成 CD”按钮，如图 5-31 所示。

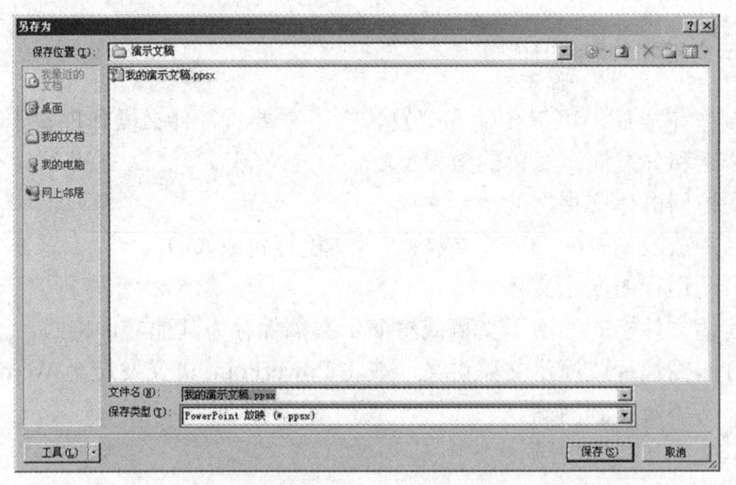

图 5-30 保存为自动放映类型文件的“另存为”对话框

图 5-31 将演示文稿打包成 CD

（3）在“将 CD 命名为”文本框中输入 CD 名称。若要添加演示文稿，请在“打包成 CD”对话框中单击“添加…”按钮，然后在“添加文件”对话框中选择要添加的演示文稿，最后单击“添加”按钮。对需要添加的每个演示文稿重复此步骤。如果要在包中添加其他相关的非 PowerPoint 文件，也可以重复此步骤，如图 5-32 所示。

请在 CD 驱动器中插入 CD。在 PowerPoint 中，如果将演示文稿复制到 CD 中，一定要在一个操作中复制所有文件，因为 CD 是一次性刻录的盘片。

当前打开的演示文稿自动显示在“要复制的文件”列表中。与该演示文稿相链接的文件虽然会被自动包括，但它们并不会出现在“要复制的文件”列表中。

若要从“要复制的文件”列表中删除演示文稿或文件，请选择该演示文稿或文件，然后单击“删除”按钮。

（4）单击“选项”按钮，然后在“包含这些文件”下执行以下一项或两项操作，如图 5-33 所示。

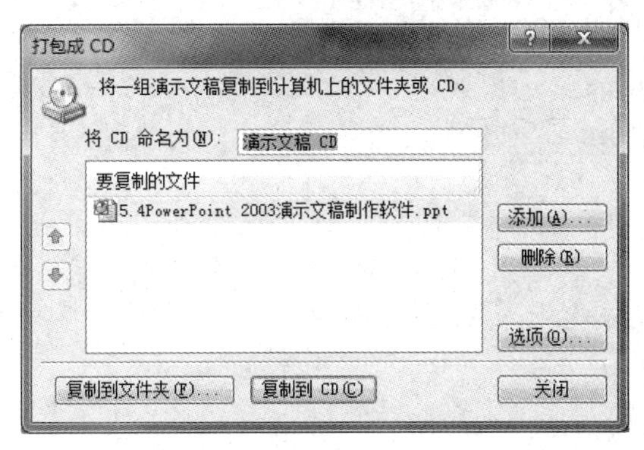

图 5-32　“打包成 CD”对话框

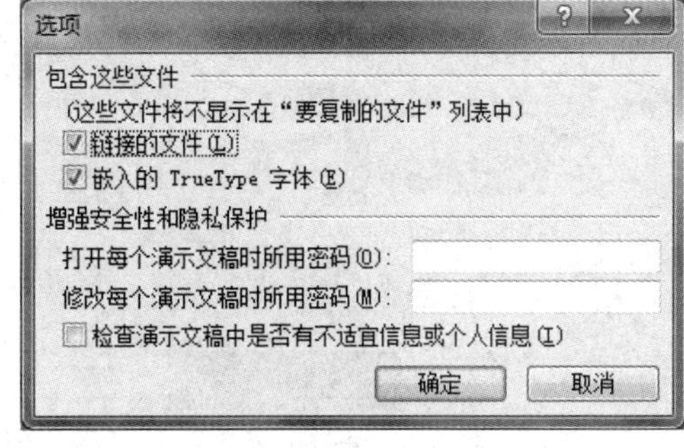

图 5-33　打包 CD 选项

- 为了确保包中包括与演示文稿相链接的文件，请选中“链接的文件”复选框。与演示文稿相链接的文件可以是图表、声音文件、电影剪辑及 Excel 工作表。
- 若要使用嵌入的 TrueType 字体，请选中“嵌入的 TrueType 字体”复选框。“嵌入的 TrueType 字体”复选框适用于复制的所有演示文稿，包括链接的演示文稿。如果演示文稿中已包含嵌入字体，PowerPoint 会自动将演示文稿设置为包含嵌入字体。
- 若想要求其他用户在打开或编辑复制的任何演示文稿之前先提供密码，请在“增强安全性和隐私保护”下键入要求用户在打开和/或编辑演示文稿时提供的密码。
- 若要检查演示文稿中是否存在隐藏数据和个人信息，请选中“检查演示文稿中是否有不适宜信息或个人信息”复选框。
- 单击“确定”按钮，关闭“选项”对话框。

（5）以上操作完成后，单击“复制到 CD”按钮，就可以将结果打包到 CD 上。如果希望将打包的结果保存到本地磁盘、移动硬盘或 U 盘上，单击“复制到文件夹”按钮，在打开的对话框中输入“打包名称”，选择保存位置，然后单击“确定”按钮，就会把演示文稿和演示文稿所链接的文件一起复制到所选的保存位置。

5.6.3　演示文稿打印

为了让自己或观众在进行演示时，可以参考相应的演示文稿，或者留作以后参考，可以将演示文稿讲义打印出来。同时，为了避免浪费，可以设置在每页纸上打印一张、二张、三张、四张、六张或九张幻灯片。

1．设置幻灯片大小、页面方向和起始幻灯片编号

（1）在“设计”选项卡的“页面设置”组中单击“页面设置”。

（2）在“幻灯片大小”列表中，单击要打印的纸张的大小。

（3）要为幻灯片设置页面方向，请在“方向”下的“幻灯片”下单击“横向”或“纵向”。

（4）在“幻灯片编号起始值”框中，输入要在第一张幻灯片或讲义上打印的编号，随后的幻灯片编号会在此编号基础上递增。

2. 设置打印选项，然后打印幻灯片或讲义（如图 5-34 所示）

图 5-34 设置打印选项

若要先设置打印选项（包括副本数、打印机、要打印的幻灯片、每页幻灯片数、颜色选项等等）再打印幻灯片，请执行以下操作：

（1）单击“文件”选项卡中的“打印”。

（2）在“打印”下的“份数”框中，输入要打印的副本数。在“打印机”下，选择要使用的打印机。

（3）在“设置”下，根据需要选择“打印全部幻灯片”“打印所选幻灯片”“打印当前幻灯片”“自定义范围”。

（4）在“其他设置”下，可以进行“单面打印”“双页打印”选项的设置。

（5）在“整页幻灯片”下，可以选择以讲义格式在一页上打印一张或多张幻灯片，以及“幻灯片加框”“根据纸张调整大小”“高质量”等选项的设置。

（6）还可以根据需要，进行“颜色”“调整”“编辑页眉和页脚”等操作。

（7）所有选项设置完毕，单击“打印”，即可打印演示文稿。

习　题

1. 在 PowerPoint 2010 中编辑某张幻灯片，欲插入图像的方法是（　　）。

   A. 执行“插入/图像”组中的“图片”或“剪贴画”按钮

   B. 执行“插入/文本框”按钮

   C. 执行“插入/表格”按钮

   D. 执行“插入/图表”按钮

2．在新增幻灯片操作中，可能的默认幻灯片版式是（　　）。

A．标题幻灯片　　B．标题和竖排文字

C．标题和内容　　D．空白版式

3．在 PowerPoint 中，若一个演示文稿中有三张幻灯片，播放时要跳过第二张放映，可以的操作是（　　）。

A．取消第二张幻灯片的切换效果　　B．隐藏第二张幻灯片

C．取消第一张幻灯片的动画效果　　D．只能删除第二张幻灯片

4．制作好的幻灯片，为了以后打开时能自动播放，应该在制作完成后另存为（　　）格式。

A．PPTX　　B．PPSX　　C．DOCX　　D．XLSX

5．在幻灯片中插入声音元素，幻灯片播放时（　　）。

A．用鼠标单击声音图标，才能开始播放

B．只能在有声音图标的幻灯片中播放，不能跨幻灯片连续播放

C．只能连续播放声音，中途不能停止

D．可以按需要灵活设置声音元素的播放

6．在 PowerPoint 2010 中选定了文字、图片等对象后，可以插入超链接，超链接中所链接的目标可以是（　　）。

A．计算机硬盘中的可执行文件　　B．其他幻灯片文件（即其他演示文稿）

C．同一演示文稿的某一张幻灯片　　D．以上都可以

7．要为所有幻灯片添加编号，下列方法中正确的是（　　）。

A．执行“插入”选项卡的“幻灯片编号”按钮即可

B．在母版视图中，执行“插入”菜单的“幻灯片编号”命令

C．执行“视图”选项卡的“页眉和页脚”命令

D．以上说法全错

8．在 PowerPoint 2010 中，插入组织结构图的方法是（　　）。

A．插入自选图形

B．插入来自文件的图形

C．在“插入”选项卡中的“SmartArt 图形”选项中选择“层次结构”图形

D．以上说法都不对

9．在 PowerPoint 2010 编辑中，想要在每张幻灯片相同的位置插入某个学校的校标，最好的设置方法是在幻灯片的（　　）中进行。

A．普通视图　　B．浏览视图

C．母版视图　　D．备注视图

10．在 PowerPoint 2010 中，下列有关幻灯片背景设置的说法，正确的是（　　）。

A．不可以为幻灯片设置颜色、图案或者纹理不同的背景

B．不可以使用图片作为幻灯片背景

C．不可以为单张幻灯片进行背景设置

D．可以同时对当前演示文稿中的所有幻灯片设置背景

11．在对 PowerPoint 2010 的幻灯片进行自定义动画操作时，可以改变（　　）。

A．幻灯片间切换的速度　　B．幻灯片的背景

C．幻灯片中某一对象的动画效果　　D．幻灯片设计模板

12．在 PowerPoint 2010 中，不可以设置幻灯片切换的是（　　）。

A．换片方式　　B．颜色　　C．持续时间　　D．声音

13．在 PowerPoint 2010 中，下列关于幻灯片主题的说法中，错误的是（　　）。

A．选定的主题可以应用于所有的幻灯片

B．选定的主题只能应用于所有的幻灯片

C．选定的主题可以应用于选定的幻灯片

D．选定的主题可以应用于当前幻灯片

14．播放演示文稿时，以下说法正确的是（　　）。

A．只能按顺序播放　　B．只能按幻灯片编号的顺序播放

C．可以按任意顺序播放　　D．不能倒回去播放

15．如果将演示文稿放到另外一台没有安装 PowerPoint 软件的电脑上播放，需要进行（　　）。

A．复制/粘贴操作　　B．重新安装软件和文件

C．打包操作　　D．新建幻灯片文件

第 6 章　数据库管理系统 Access 2010

1. 熟练掌握 Access 2010 的启动和退出操作。
2. 熟练掌握 Access 数据库对象的基本操作。
3. 掌握数据库系统的基本概念和 SELECT 语句。
4. 了解数据库管理技术的发展历程和 SQL 语言。

6.1　数据库系统概述

6.1.1　数据管理技术的发展

数据管理的水平是和计算机硬件、软件的发展相适应的。数据管理技术的发展共经历了三个阶段：人工管理阶段、文件系统阶段和数据库系统阶段。

1. 人工管理阶段

20 世纪 50 年代中期以前，数据没有专门的软件进行管理，需要应用程序自己管理。应用程序中要规定数据的逻辑结构和物理结构。程序和数据是一个不可分割的整体，要同时提供给计算机运算使用，数据只为本程序所使用，不单独保存，数据缺乏独立性。不同应用程序的数据之间是彼此无关的，即使两个不同应用涉及到相同的数据，也必须各自定义，不能共享。

2. 文件系统阶段

20 世纪 50 年代后期到 60 年代中期，数据管理发展到文件系统阶段。此时操作系统中已有了专门的数据管理软件，称为文件系统。文件系统把计算机中的数据组织成相互独立的文件，保存在计算机外存上。程序可以按照文件的名称对其进行访问，对文件中的数据记录进行存取，并实现对数据的查询、修改、插入和删除等操作。文件系统实现了记录内的结构化，即给出了记录内各种数据间的关系。但是，文件之间是孤立的，没有反映现实事物间的内在联系，其数据面向特定的应用程序，因此数据共享性差，且冗余度大，管理和维护的代价也很大。

3. 数据库系统阶段

从 20 世纪 60 年代后期开始，数据管理进入数据库系统阶段。现实世界的各类数据之间存在错综复杂的联系。为反映这种复杂的数据结构，让数据资源能为多种应用需要服务，并为多个用户所共享，同时让用户能更方便地使用数据资源，在计算机科学中，逐渐形成了数据库技术这一独立分支。计算机中的数据管理统一由数据库管理系统（DataBase Management System，DBMS）来完成。数据库系统克服了文件系统的缺陷，提供了对数据更高级、更有效的管理。这个阶段的程序和数据的联系通过数据库管理系统来实现，如图 6-1 所示。

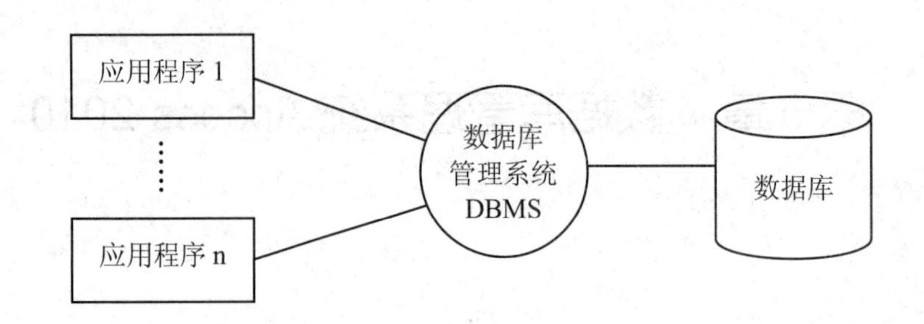

图 6-1　程序和数据的联系

DBMS 提供如下功能：

（1）数据定义功能可定义数据库中的数据对象。

（2）数据操纵功能可对数据库表进行基本操作，如插入、删除、修改、查询。

（3）数据的完整性检查功能保证用户输入的数据应满足相应的约束条件。

（4）数据库的安全保护功能保证只有赋予权限的用户才能访问数据库中的数据。

（5）数据库的并发控制功能使多个应用程序可在同一时刻并发访问数据库中的数据。

（6）数据库系统的故障恢复功能使数据库运行出现故障时能进行数据库恢复，以保证数据库可靠运行。

（7）在网络环境下访问数据库的功能。

（8）方便、有效地存取数据库信息的接口和工具。编程人员通过程序开发工具与数据库的接口编写数据库应用程序。数据库管理员（DataBase Administrator，DBA）通过提供的工具对数据库进行管理。

6.1.2　数据库系统的基本概念

数据、数据库、数据库管理系统与操作数据库的应用程序，加上支撑它们的硬件平台、软件平台和与数据库有关的人员一起构成了一个完整的数据库系统。

1. 数据

数据是描述事物的符号。数据的加工是一个逐步转化的过程，经历了现实世界、信息世界和计算机世界这三个不同的世界，包括两级抽象和转换，如图 6-2 所示。

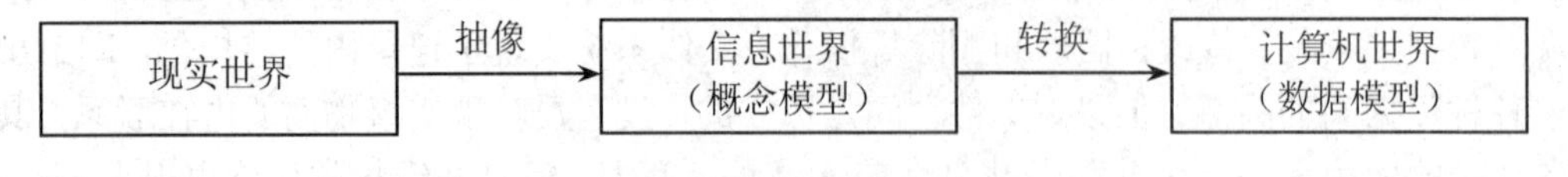

图 6-2　数据转换过程

2. 数据模型

数据模型所描述的内容有三个部分，分别是数据结构、数据操作和数据约束。

目前，应用在数据库系统中的成熟数据模型有：层次模型、网状模型和关系模型。层次模型以“树结构”表示数据之间的联系，如图 6-3 所示。网状模型是以“图结构”来表示数据之间的联系，如图 6-4 所示。关系模型是用“二维表”（或称为关系）来表示数据之间的联系，如图 6-5 所示。关系模型是目前最流行的数据库模型。

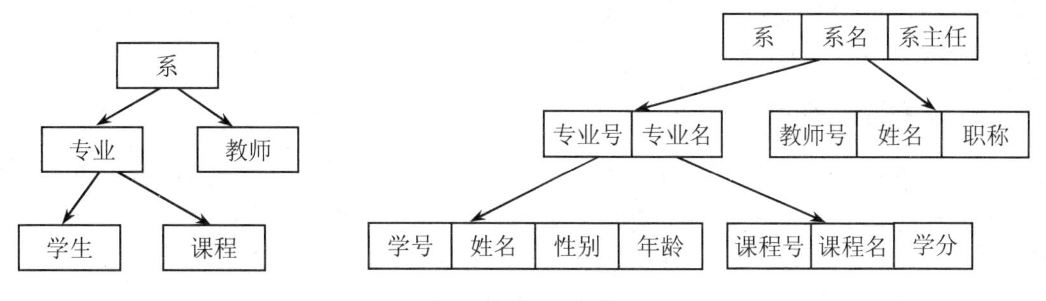

图 6-3　层次数据模型

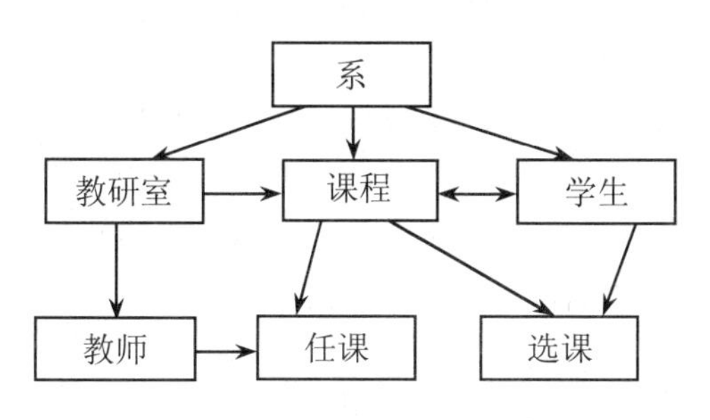

图 6-4　网状数据模型

教师关系

教师编号	姓名	性别	所在院系
1992650	张国梁	男	法学院
2002001	王兴瑞	男	外语学院
1984039	刘浩	男	物流学院

课程关系

课程号	课程名	教师编号	上课教室
A1-3	民法	1992650	D1202
B1-1	英语	2002001	C505
B1-2	物流工程	1984039	A303

图 6-5　关系数据模型

3. 数据库

数据库是长期存储在计算机内、有组织的、可共享的数据集合。数据库通常按数据模型分为层次式数据库、网络式数据库和关系式数据库三种。而在互联网中，最常见的数据库类型主要是两种，即关系型数据库和非关系型数据库。

关系数据库可按其数据存储方式以及用户访问方式分为本地数据库和远程数据库两种类型。

（1）本地数据库：本地数据库驻留在本机驱动器或局域网中，如果多个用户并发访问数据库，则采取基于文件的锁定（防止冲突）策略，因此，本地数据库又称为基于文件的数据库。

（2）远程数据库：远程数据库通常驻留于其他机器中，用户通过结构化查询语言（SQL）来访问远程数据库中的数据，因此，远程数据库又称为 SQL 服务器。

4. 数据库管理系统

数据库管理系统（DataBase Management System，DBMS）是一种操纵和管理数据库的大型软件，用于建立、使用和维护数据库。它对数据库进行统一的管理和控制，以保证数据库的安全性和完整性。用户通过DBMS访问数据库中的数据，数据库管理员也通过DBMS进行数据库的维护工作。支持关系数据模型的数据库管理系统称为关系数据库管理系统（RDBMS，

Relational DataBase Management System）。常见的关系数据库管理系统产品有 Oracle、SQL Server、Sybase、DB2、Access 等。

6.1.3 关系数据库的基本概念

对应于一个关系模型的所有关系的集合称为关系数据库。在关系型数据库中，数据元素是最基本的数据单元。可以将若干个数据元素组成数据元组，若干个具有相同数据元素的数据元组组成一个数据表，即关系。而所有相互关联的数据表可以组成一个关系数据库。

在具体实现的各类关系数据库管理系统中，对于数据元素、数据元组、数据表以及数据库等术语的名称及含义略微存在一些差别。下面介绍 Access 关于这些关系数据库术语的定义。

1. 数据元素

在 Access 中，数据元素存放于字段（Field）中，一个数据表包含多个字段，每个字段具有一个唯一的名字，称为字段名，一个字段也就是数据表中的一列。根据面向对象的观点，字段是数据表容器对象的子对象，每个字段都具有一些相关的属性，每个属性具有不同的取值，来实现应用中的不同需要。字段的基本属性有字段名称、数据类型、字段大小等。

2. 数据元组

在 Access 中，数据元组被称为记录（Record）。数据表中的每个记录具有一定的编号，称为记录号。一个记录即构成数据表中的一行。

3. 数据表

在 Access 中，具有相同字段的所有记录的集合称为数据表。一个数据库中的每个数据表均具有一个唯一的名字，称为数据表名。数据表是数据库的子对象，也具有一系列的属性。同样可以为数据表属性设置不同的属性值，来满足实际应用中的不同需要。

4. 数据库

数据库的传统定义是以一定的组织方式存储的一组相关数据项的集合，主要表现为数据表的集合。但是，随着数据库技术的发展，现代数据库已经不再仅仅是数据的集合，还应包括针对数据进行各种基本操作的对象的集合。

Access 以自己的格式将数据存储在基于 Access Jet 的数据引擎里，可以直接导入或者链接。与传统的数据库概念有所不同，Access 采用的数据库方式是，在一个*.accdb 文件中包含应用系统中的所有数据对象（包括数据表对象和查询对象），以及所有的数据操作对象（包括窗体对象、报表对象、宏对象和 VBA 模块对象）。因此，采用 Access 开发的数据库应用系统会被完整地包含在一个*.accdb 磁盘文件中。

正是 Access 的这种“包罗万象”的*.accdb 文件结构，使得数据库应用系统的创建和发布变得非常简洁，因而成为一种深受数据库应用系统开发者喜爱的关系数据库管理系统。图 6-6 所示为 Access 的数据库结构示意图。

6.1.4 认识 Access 2010

Access 2010 是 Office 2010 系列办公软件中的产品之一，是微软公司出品的优秀的桌面数据库管理和开发工具。Access 2010 提供了表生成器、查询生成器、宏生成器、报表设计器等许多可视化的操作工具，以及数据库向导、表向导、查询向导、窗体向导、报表向导等多种向导，使用户可以很方便地构建一个功能完善的数据库系统。Access 2010 还为开发者提供了 Visual Basic for Application（VBA）编程功能，使高级用户可以开发功能更加完善的数据库系统。

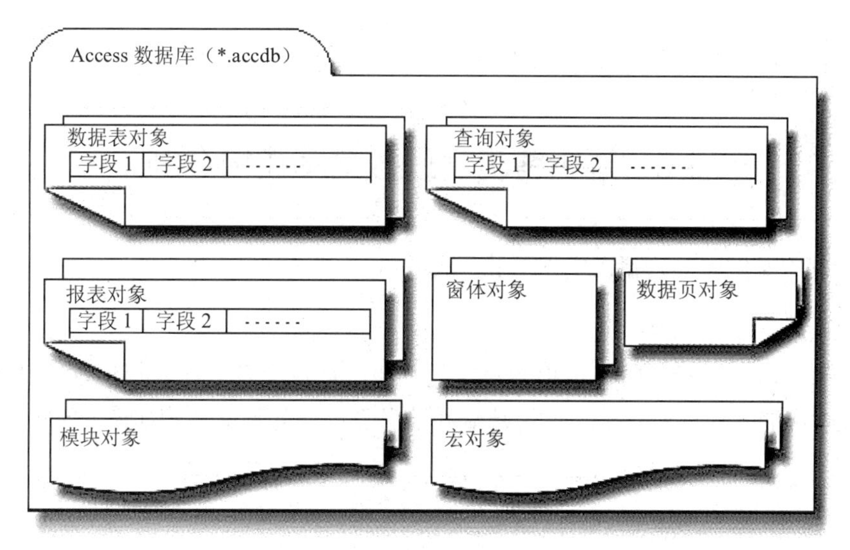

图 6-6　Access 的数据库结构示意图

Access 2010 还可以通过 ODBC 与 Oracle、Sybase、FoxPro 等其他数据库相连，实现数据交换和共享；并且还可以与 Word、Outlook、Excel 等其他软件进行数据交换和共享。

1. Access 2010 的启动

启动 Access 2010 的方法是，顺序单击“开始”/“所有程序”/“Microsoft Office”/“Microsoft Access 2010”。启动 Access 2010 后，即进入 Access Backstage 视图——Access 的后台视图，如图 6-7 所示。

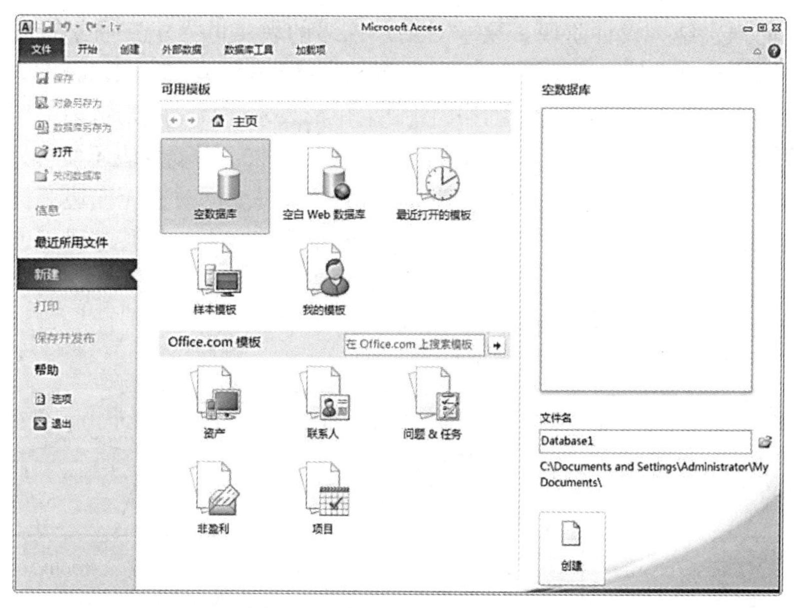

图 6-7　Access Backstage 视图

2. Access 2010 的退出

Access 2010 的退出方法有以下四种：

- 按快捷键 Alt+F4；
- 单击 Access 窗口左上角的 Access 图标，在下拉菜单中选择“关闭”命令；

- 单击 Access 2010 窗口右上角的“关闭”按钮；
- 选择“文件”/“退出”命令。

6.2 酒店客房管理数据库建构实例

6.2.1 酒店客房管理数据库实例分析与设计

1. 需求分析

在数据库的需求分析阶段，可根据宾馆的一般工作流程及需要，得出这个数据库的功能主要是实现客户的入住信息登记、退房结账和信息查询。其功能结构如图 6-8 所示。

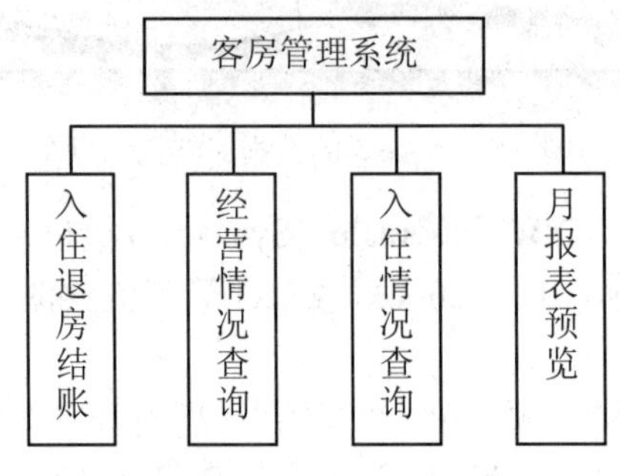

图 6-8 功能结构图

2. 概念设计

在数据库的概念结构设计阶段，要求对用户描述的现实世界建立抽象的概念模型。表示概念模型最常用的是“实体－关系”图（Entity Relationship Diagram，E-R 图）。E-R 图主要是由实体、属性和关系三个要素构成的。E-R 图中用矩形表示实体，矩形框内写明实体名；用椭圆表示实体的属性，并用无向边将其与相应的实体连接起来；用菱形表示实体之间的关系，在菱形框内写明关系名，并用无向边分别与有关实体连接起来，同时在无向边旁标上关系的类型（1:1、1:n 或 m:n）。本实例主要有客人和客房两个实体。客人入住某客房，使得客人和客房之间存在入住关系。由于可能是 1 个或多个客人入住同一间客房，因此是 1 对多的关系，即 1:n。酒店客房管理数据库 E-R 图如图 6-9 所示。

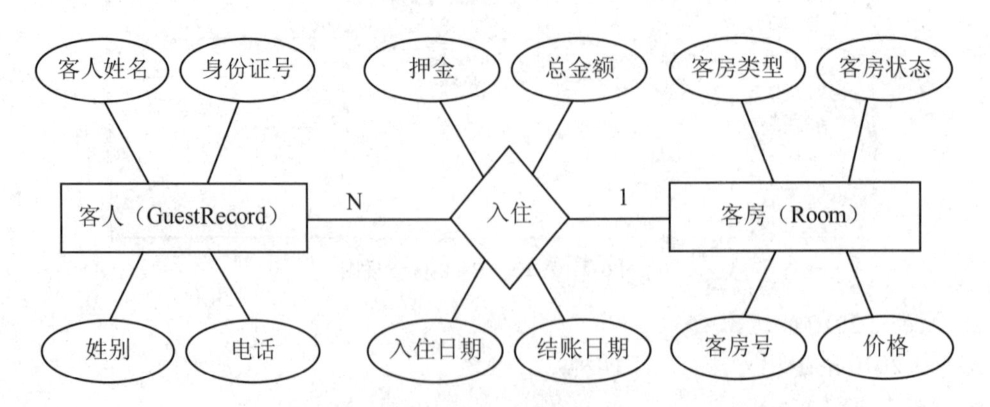

图 6-9 酒店客房管理数据库 E-R 图

3. 逻辑结构设计

在数据库的逻辑结构设计阶段，把概念结构设计阶段设计好的 E-R 图转换为关系模式。根据酒店客房管理数据库的 E-R 图得出如下三个关系模式：

客人（身份证号，客人姓名，性别，电话）

客房（客房号，客房类型，价格，客房状态）

入住（身份证号，客房号，入住日期，结账日期，押金，总金额）

带有下划线的属性为关键字段，关键字段的值能唯一地标识一个实体或关系。

4. 物理结构设计

在数据库的物理结构设计阶段，要确定逻辑模型在计算机中的具体实现方案。数据库在物理设备上的存储结构与存取方式称为数据库的物理结构设计。一般来说，当数据库的 DBMS 已经选择好了之后，数据库的存储结构框架基本上就确定了。本实例采用 Access 2010 作为 DBMS，就需要根据关系模式得出关系表。客人关系表结构如表 6-1 所示，客房关系表结构如表 6-2 所示，入住关系表结构如表 6-3 所示。

表 6-1　客人表结构

序号	字段名	数据类型	字段大小	必需	允许空字符串	是否为主键
1	身份证号	文本	18	是	否	是
2	客人姓名	文本	10	是	否	
3	性别	文本	2	是	否	
4	电话	文本	11	否	是	

表 6-2　客房表结构

序号	字段名	数据类型	字段大小	必需	允许空字符串	是否为主键
1	客房号	文本	4	是	否	是
2	客房类型	文本	10	是	否	
3	价格	数字	整型	是	否	
4	客房状态	是/否				

表 6-3　入住表结构

序号	字段名	数据类型	字段大小	必需	允许空字符串	是否为主键
1	身份证号	文本	18	是	否	是
2	客房号	文本	4	是	否	是
3	入住日期	日期/时间	常规日期	是	否	是
4	结账日期	日期/时间	常规日期		是	
5	押金	数字	整型		是	
6	总金额	数字	单精度		是	

6.2.2 Access 数据库创建

开发一个 Access 数据库应用系统的第一步工作是创建一个 Access 数据库对象，操作的结果就是在磁盘上生成一个扩展名为.accdb 的文件。第二步工作是在 Access 数据库中创建相应的数据表，并建立各数据表之间的连接关系。然后，再逐步创建其他必须的 Access 对象，最终即可形成完备的数据库应用系统。

一般来说，可以通过两种不同的方法创建 Access 数据库对象。

1. 创建空数据库

（1）在 Access Backstage 视图中选定“空数据库”图标。

（2）在 Access Backstage 视图中单击“浏览”按钮，即可打开“文件新建数据库”对话框，如图 6-10 所示。在“保存位置”列表框中指定数据库文件的存储位置，接着在“文件名”组合框中输入一个合适的数据库文件名，然后在“保存类型”组合框中选择“Microsoft Access 2010 数据库（*.accdb）”，最后单击“确定”按钮。即返回 Access Backstage 视图。

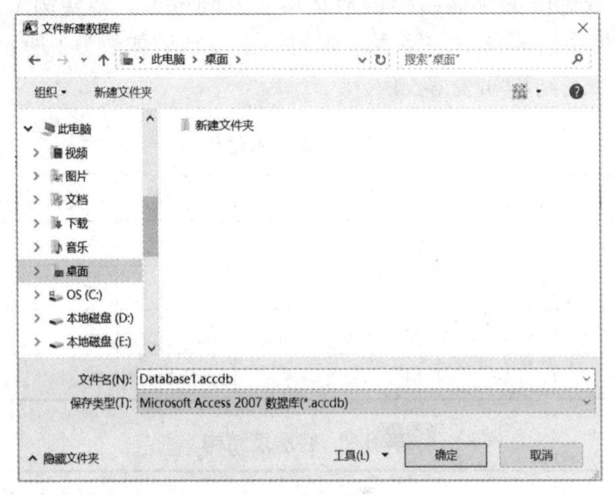

图 6-10　“文件新建数据库”对话框

（3）在 Access Backstage 视图中单击右下角的“创建”按钮，即可进入 Access 数据库的设计视图窗口。这个窗口显示的是上面指定名称的数据库容器对象，如图 6-11 所示。

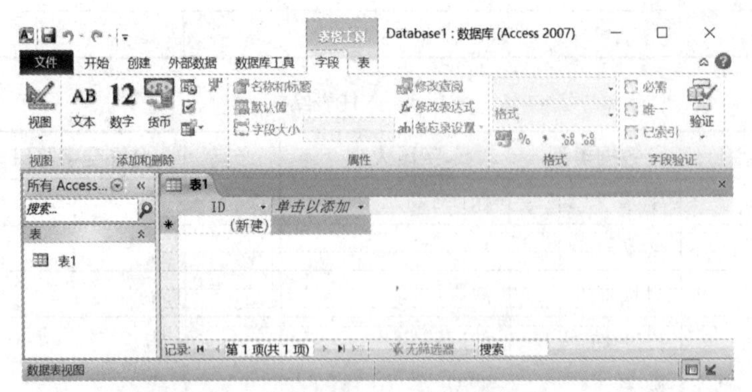

图 6-11　Access 空数据库的设计视图窗口

2. 利用 Access 模板创建 Access 数据库

启动 Access 后，在 Access Backstage 视图中，还可以选定一个可用模板来快速创建 Access 数据库。单击“样本模板”图标，Access 将显示 12 种已经安装到本机的 Access 数据库模板。可以从中选择一个合适的模板，然后单击“创建”按钮，进入 Access 数据库设计视图。

6.2.3　Access 表对象的相关操作

1. Access 表对象的创建

创建完空数据库后，接下来就要在该数据库容器中创建表对象。表对象是数据库中所有数据的载体。Access 表对象由两个部分构成：表对象的结构和表对象的数据。表对象的结构是指表的框架，也称为表对象的属性。这些属性主要包括：

（1）字段名称：字段构成表的一列，每个字段均有一个唯一的名字，被称为字段名。

（2）数据类型：表中同一列数据必须具有相同的数据特征，称为字段的数据类型。Access 数据类型有 12 种，分别是“文本”“备注”“数字”“日期/时间”“货币”“自动编号”“是/否”“OLE 对象”“超链接”“附件”“计算”“查询向导”。

（3）字段大小：表中一列所能容纳的字符或数字的个数称为列宽，在 Access 中称为字段大小。不同数据类型的字段大小表示方式不同，例如，文本数据类型的字段大小用字节数表示，数字类型的字段大小用数据精度表示，而日期/时间数据类型的字段大小则用数据格式表示等。

上述三个属性是字段的最基本属性，都是需要明确设置的。此外，数据表中的字段还有其他一些属性，包括“索引”“格式”等，仅对那些需要设置的字段进行设置。

一般情况下，应用 Access 表设计视图完成表对象的创建和设计是最佳选择。为了应用 Access 表设计视图创建 Access 表对象，首先，应该打开已经创建完成的 Access 数据库；接着，在这个数据库设计视图的功能区中单击“创建”选项卡。然后单击“创建”/“表格”/“表设计”命令按钮（见图 6-12），进入 Access 表设计视图（见图 6-13）。

图 6-12　“创建”/“表格”/“表设计”命令按钮

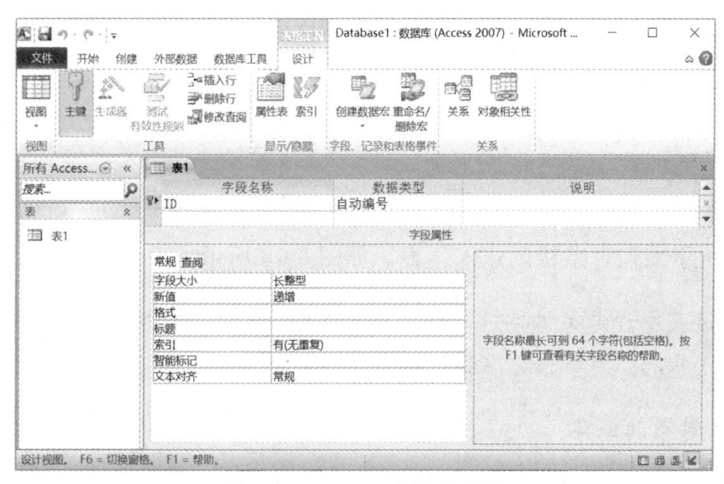

图 6-13　Access 表设计视图

例如，为了创建客人表，在“字段名称”输入“身份证号”，在“数据类型”下拉列表选择“文本”，在“常规”选项卡“字段大小”输入“18”，“必需”下拉列表选择“是”，“允许空字符串”下拉列表选择“否”，再单击“主键”按钮。根据表 6-1 所示客人表结构依次定义其他字段如图 6-14 所示。

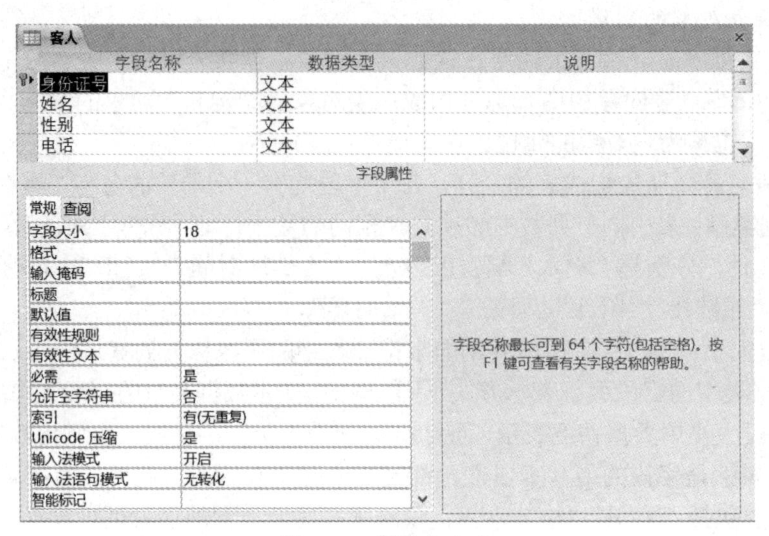

图 6-14 创建客人表

根据表 6-2 所示客房表结构创建客房表，如图 6-15 所示。

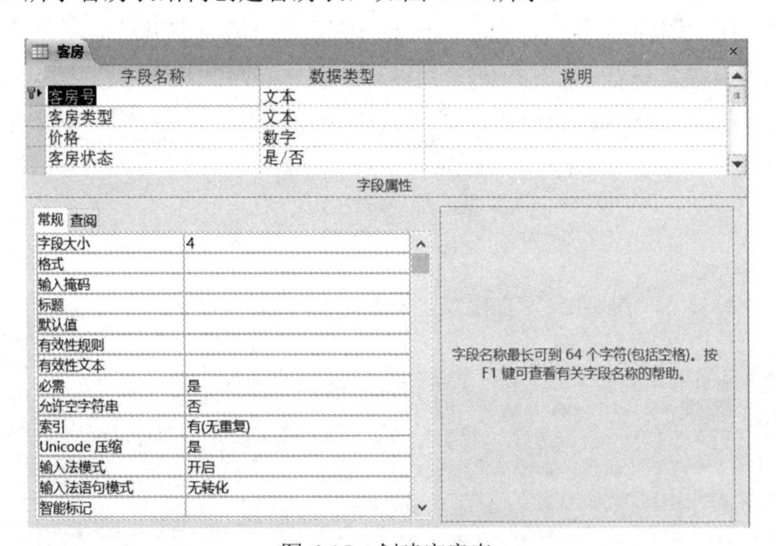

图 6-15 创建客房表

根据表 6-3 所示入住表结构创建入住表，如图 6-16 所示。

提示 在该表中设定关键字时，应当按住 Shift 键依次单击三个字段左端标志块，使其都为选中状态，再单击“主键”按钮。

2. Access 表对象的保存

在 Access 表设计视图中，当逐一设定了表对象所包含的各个字段，并确定了各个字段的相应属性后，就完成了 Access 表结构的设计操作。接下来，单击设计视图右上角的“关闭”按钮×，即弹出询问是否保存的对话框，如图 6-17 所示。

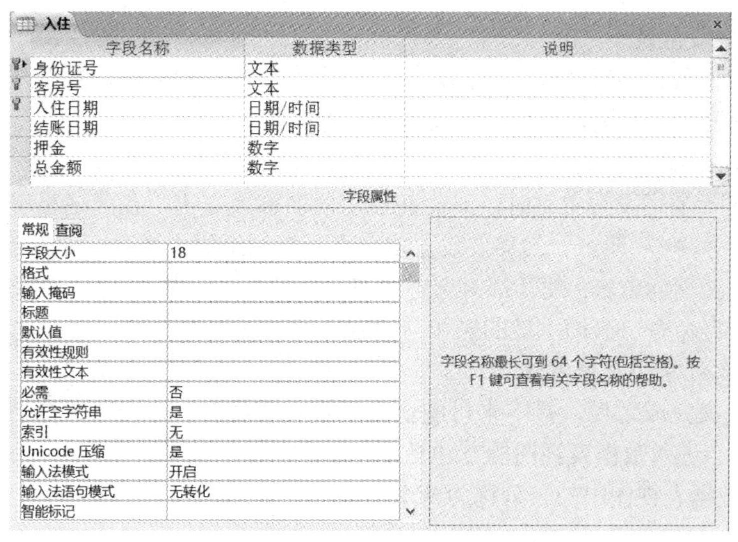

图 6-16　创建入住表

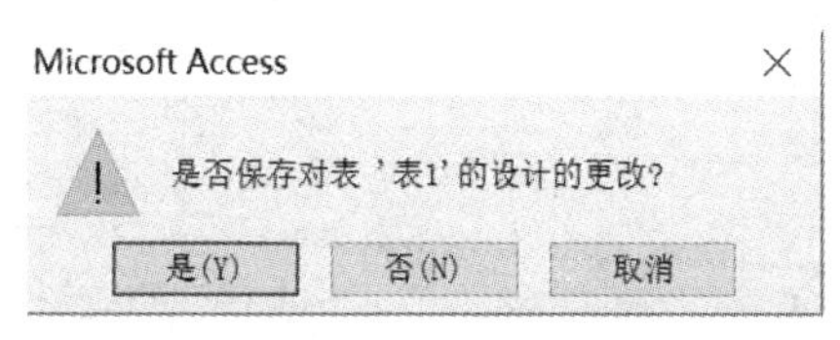

图 6-17　是否保存表结构的对话框

在询问是否保存的对话框中单击“是”按钮，即弹出“另存为”对话框，如图 6-18 所示。此时，需输入表的名称“客人”，再单击“确定”按钮。

图 6-18　“另存为”对话框

另外两个表分别以“客房”和“入住”作为表名称保存。

3. Access 表对象结构的修改

为了修改 Access 表对象结构，首先需要在 Access 数据库设计视图的导航窗格中右击需修改结构的表对象，在弹出的快捷菜单中单击“设计视图”菜单命令，即可进入该表对象的设计视图。在表对象的设计视图中可增加、删除字段和修改字段属性。

（1）增加字段

将鼠标指向需增加字段所在的行上并右击，在随之出现的快捷菜单上单击“插入行”命令 插入行(I)，即可在指定行处插入一个空行。然后，可在这个空行中输入字段名称并设置相关属性。

（2）删除字段

将鼠标指向需删除字段所在的行上并右击，在随之出现的快捷菜单上单击“删除行”命令 删除行(D)，即可完成删除指定字段的操作。

（3）移动字段位置

在需要移动位置的字段所在的行的左端标志块上单击，然后按住鼠标左键并拖动鼠标至目的位置处，松开鼠标左键，该字段即被移至新的位置上了。

（4）设置/取消主键属性

当需要设置一个字段为主键时，只需在该字段名称上右击，在随之出现的快捷菜单上单击“主键”命令 主键(K) 即可。当需要设置多个字段共同组成主键时，应当按住 Shift 键依次单击这几个字段左端标志块，使其都为选中状态，再右击被选中的字段，在随之出现的快捷菜单上单击“主键”命令。取消主键的操作与设置主键的操作相同。

4. Access 表对象的数据编辑

当表结构定义完成之后，接下来可能就需要输入表数据。对表中数据的所有操作都在数据表视图中进行。进入数据表视图的方法是：在数据库设计视图的导航窗格中双击表对象。如图 6-19 所示。数据表视图中的一列称为一个字段，一行称为一个记录。

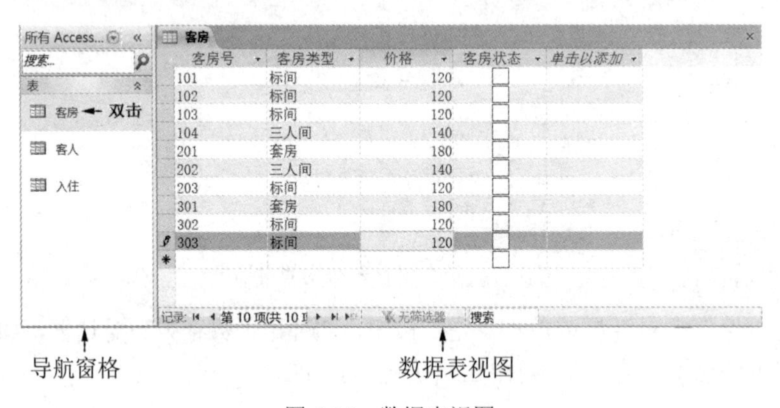

图 6-19 数据表视图

（1）增加数据记录

在行首标志为*的行输入所需添加的数据，即完成了增加一个新记录的操作。

（2）删除数据记录

首先必须选中需要删除的记录（这些记录必须是连续的，否则只能分几次删除）。可以单击欲删除的首记录左端标志块，然后再按住 Shift 键并单击尾记录左端标志块，被选中的记录呈一片灰蓝色，接着按 Delete 键，即完成对选中记录的删除操作。

（3）修改数据记录

数据表视图本身就是一个全屏编辑器，只需将光标移至所需修改的数据处并选中该数据，输入新的数据，就可以修改光标所在处的数据。完成数据编辑后单击数据表视图右上角的“关闭”按钮✕即可。

本实例中，需要在客房表中输入数据。客人表和入住表的数据将随着酒店客房管理数据库的使用被写入记录。当然，随着酒店客房管理数据库的使用客房表中的客房状态（满/空）也将发生变化。

6.2.4 Access 表对象的关联

数据库中包含多个表对象，用以存放不同类别的数据集合。而这些表对象之间存在着相互联接的关系。在关系数据库中，主要存在两种关系：一对一的关系和一对多的关系。

一对一的关系是指两个表对象（A 表和 B 表）中的各条记录之间存在这样一种对应关系，A 表中每一条记录仅能在 B 表中有一个匹配的记录，且 B 表中的每一条记录仅能在 A 表中有一个匹配的记录。因此，为两个表对象建立一对一的关系后，即可将这两个表中联接关键字段值相等的记录联接成为一条记录构建关联数据表。

一对多的关系意味着联接关键字段值相等的记录可能不止一条。如此一来，一对多关联就存在两种不同的形式。第一种形式为，取主表中的所有记录，并逐一从从表中选取那些与主表中联接关键字段值相等的记录，联接形成关联数据表中的记录。第二种形式为，取从表中的所有记录，并逐一从主表中选取那些与从表中关键字段值相等的记录，联接形成关联数据表中的一条记录。

本实例中，讨论的是第一种一对多的形式。操作过程如下。

在数据库设计视图功能区的“数据库工具”选项卡上，单击“关系”命令组的“关系”按钮，即进入关系设计视图，单击“显示表”按钮就会弹出“显示表”对话框，如图 6-20 所示。

图 6-20　“显示表”对话框

在该对话框中选择“客房”表后单击“添加”按钮，再如此操作添加另外两个表，然后单击“关闭”按钮。此时“关系”窗口如图 6-21 所示。

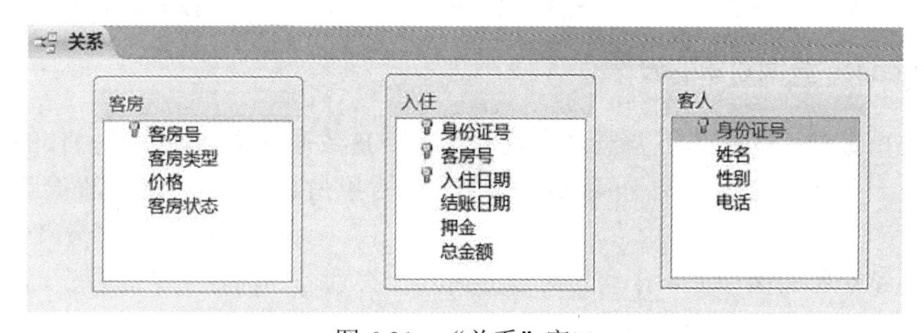

图 6-21　“关系”窗口

显示了三个表对象，接下来设定表对象之间的关联。用鼠标指向“客房”表的“客房号”字段，按下鼠标左键，拖动至“入住”表的“客房号”字段放开鼠标，此时会弹出“编辑关系”对话框（见图 6-22），勾选“实施参照完整性”复选框，单击“创建”按钮，即可看到在“客房”表的“客房号”字段与“入住”表的“客房号”字段之间出现了一条连线，它表明两表间关联建立完成。在这一关系中“客房”表是主表，“入住”表是从表，它们是一对多的关系。

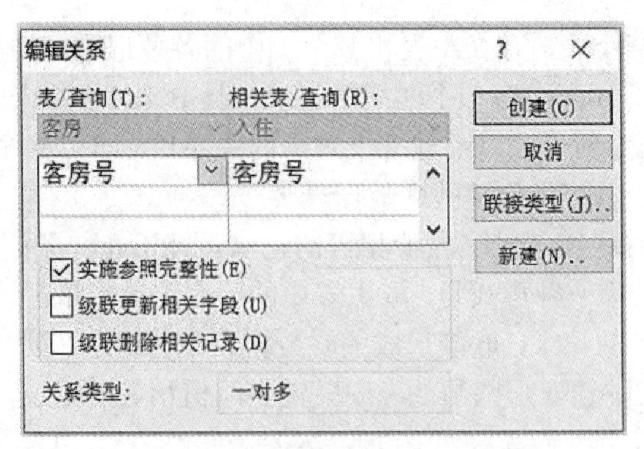

图 6-22 “编辑关系”对话框

同样，在“关系”窗口中用鼠标指向“客人”表的“身份证号”字段，按下鼠标左键，拖动至“入住”表的“身份证号”字段放开鼠标，在弹出的“编辑关系”对话框中勾选“实施参照完整性”复选框，单击“创建”按钮，即在“客人”表与“入住”表之间创建了一对多的关系。此时的“关系”窗口如图 6-23 所示。在这一关系中“客人”表是主表，“入住”表是从表。

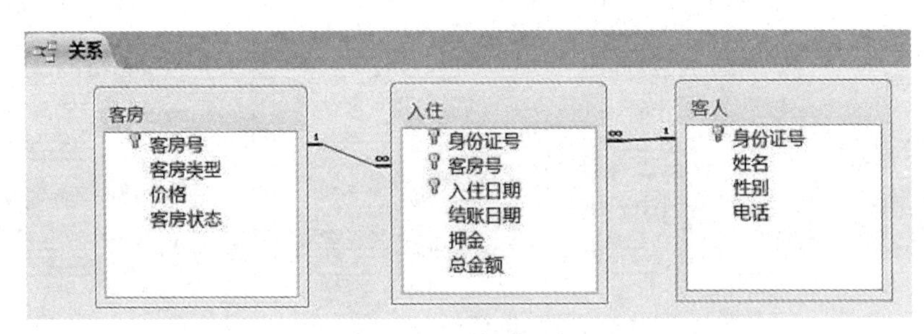

图 6-23 “关系”窗口

对表间关系实施参照完整性将不允许在相关表的外键字段中输入不存在于主表主键中的值，不允许从主表中删除在相关表中存在匹配记录的记录，不允许从主表中更改在相关表中存在匹配记录的主键值。

完成表间关系的设定后，单击“关系”窗口右上角的“关闭”按钮×即可。

6.2.5 Access 查询对象的设计

查询是关系数据库的一个重要概念，查询对象不是数据的集合，而是操作的集合，查询运行的结果是一个动态数据集合。可以这样理解，表对象是数据源之所在，而查询是针对数据源的操作命令。

Access 查询对象的类型非常丰富，可以分为六个类别，分别称为“选择查询”“生成表查询”“追加查询”“更新查询”“交叉表查询”和“删除查询”。其中，“选择查询”的应用最为广泛。

本实例中，需要创建三个选择查询，第一个是空客房查询，第二个是入住情况查询，第三个是客房经营情况查询。

1. 空客房查询的创建

在数据库设计视图功能区的“创建”选项卡上，单击“查询”命令组内的“查询设计”按钮即进入查询设计视图，如图 6-24 所示。

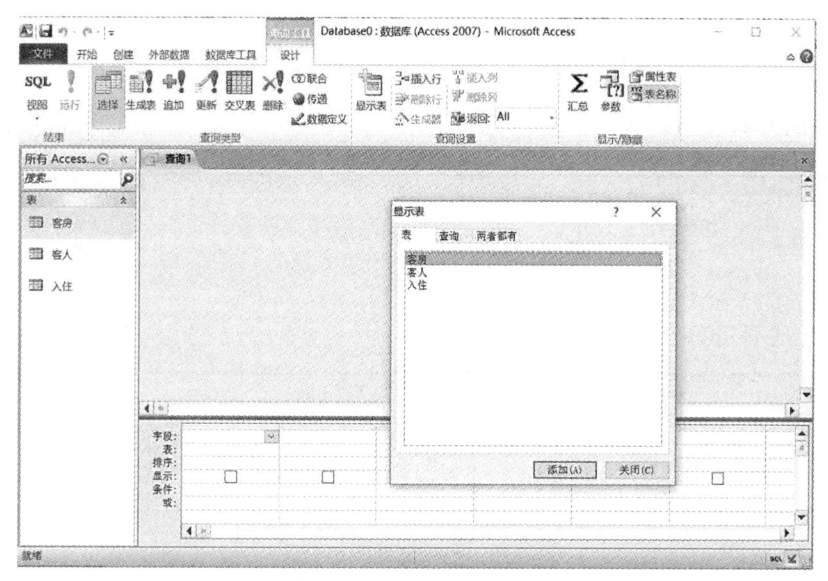

图 6-24　查询设计视图

第一步：添加查询数据源。在查询设计视图的“显示表”对话框中选中“客房”表，单击“添加”按钮，再单击“关闭”按钮。

第二步：定义查询字段。在数据源表上双击需要显示在查询结果中的字段，本实例是客房表的所有字段都需要显示在查询结果中，所以要每一个字段。但是，由于查询结果只需要显示“客房状态”字段值为 False 即客房为空的记录，因此在该字段的“条件”框中输入“False”，如图 6-25 所示。

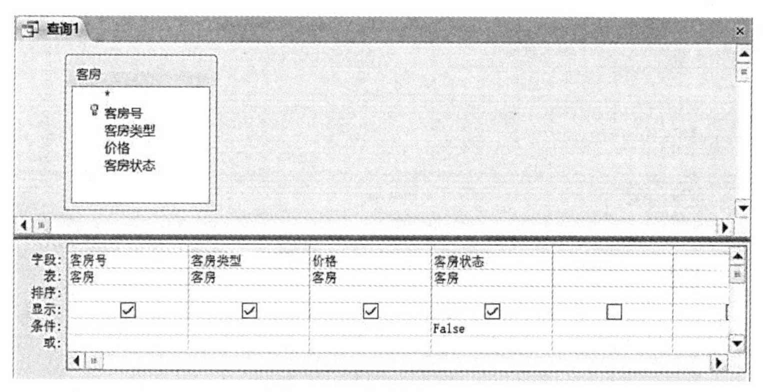

图 6-25　空房查询设计

最后单击查询窗口右上角的“关闭”按钮，弹出是否保存更改的对话框，如图 6-26 所示，单击“是”按钮，弹出“另存为”对话框，如图 6-27 所示，输入查询名称“空客房”，单击“确定”按钮。即完成了空客房查询的创建。

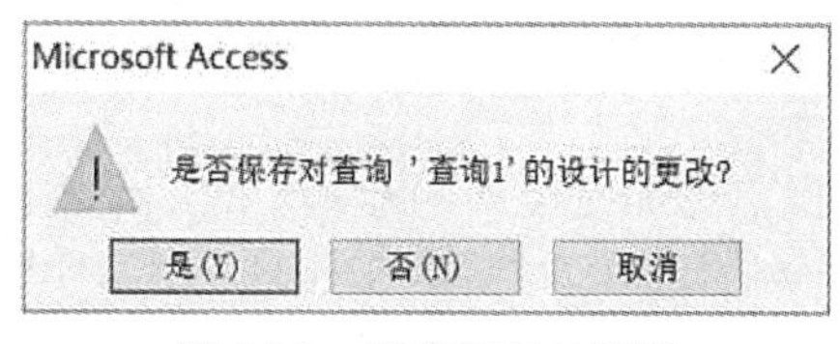

图 6-26　是否保存对话框

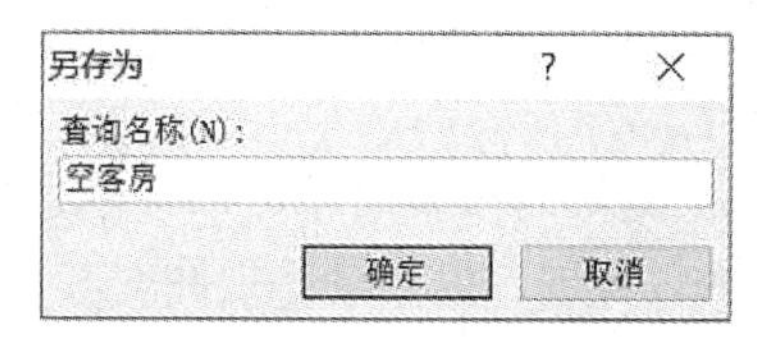

图 6-27　“另存为”对话框

2. 入住情况查询

入住情况查询的数据源为两个表对象，一是“客人”表，另一个是“入住”表。入住情况查询设计如图 6-28 所示。

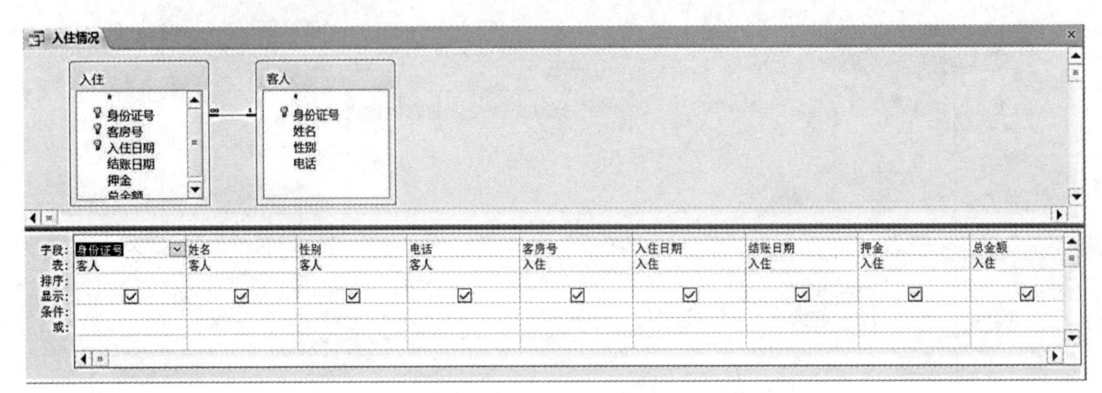

图 6-28 入住情况查询设计

3. 客房经营情况查询

客房经营情况查询的数据源为一个表对象，就是“入住”表，但只显示用户在窗口上输入的指定起始日期和终止日期之间的入住记录。为此，需要在“入住日期”字段的“条件”框中输入“>=[Forms]![客房经营情况]![Text11]”，需要在“结账日期”字段的“条件”框中输入“<=[Forms]![客房经营情况]![Text13]”。客房经营情况查询设计如图 6-29 所示。

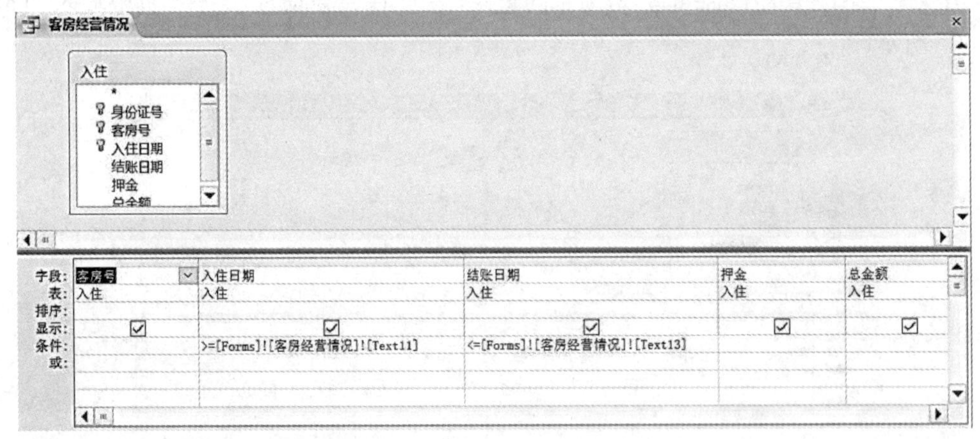

图 6-29 客房经营情况查询设计

6.2.6 Access 报表对象的设计

报表打印功能几乎是每一个信息系统都必须具备的功能。Access 报表对象主要实现数据库数据的打印功能。报表中的大部分数据都是从表对象或查询对象中获得，它们是报表的数据源。报表中的其他数据，如各类计算得到的数据将存储在控件中，这类控件通常都是非绑定的文本框控件。

Access 提供的报表向导可以使创建报表对象的操作更加便捷。因此，一般先使用向导创建报表，然后再进入报表设计视图对其进行细致的设计，这样可以提高工作效率。本实例需要设计一个入住情况报表。操作过程如下。

第一步：在数据库设计视图功能区的“创建”选项卡上，单击“报表”命令组内的“报表向导”按钮，即弹出“报表向导”对话框（见图 6-30）。

在“报表向导”对话框的“表/查询”下拉列表选择报表的数据源，本实例需要选择“查询：入住情况”作为数据源，在“可用字段”列表框先选择“客房号”，单击 > 按钮，再依次选择其他字段单击 > 按钮添加到“选定字段”列表框中，然后单击“下一步”按钮，出现报表向导第二步，如图 6-31 所示。

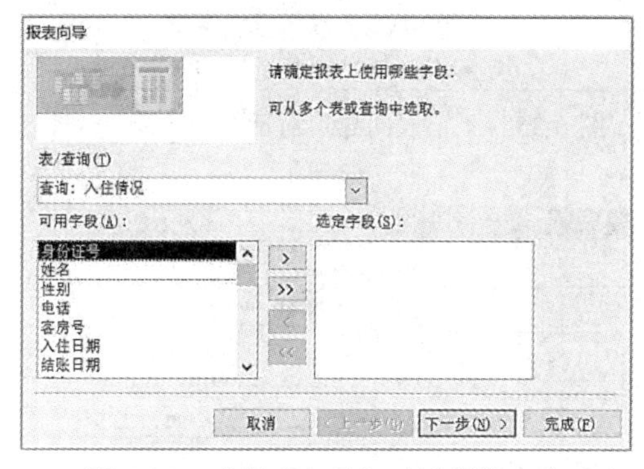

图 6-30　“报表向导”对话框第一步

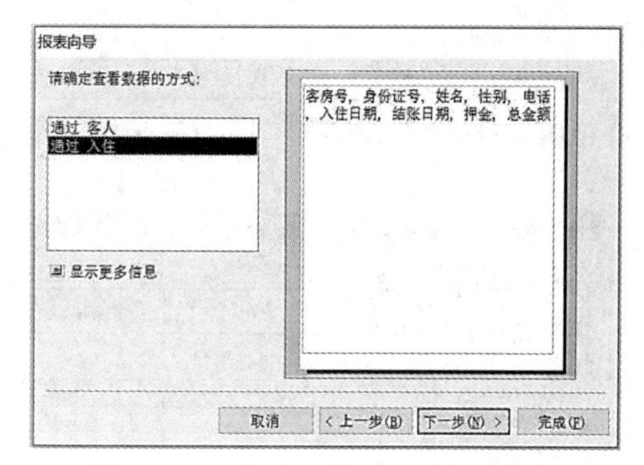

图 6-31　“报表向导”对话框第二步

第二步：选定查看数据的方式。本实例需要选择“通过 入住”，单击“下一步”按钮，出现报表向导第三步，如图 6-32 所示。

第三步：确定是否添加分组级别。本实例需选择“入住日期”，单击 > 按钮，使报表以入住日期按月分组显示入住记录。单击“下一步”按钮，出现报表向导第四步，如图 6-33 所示。

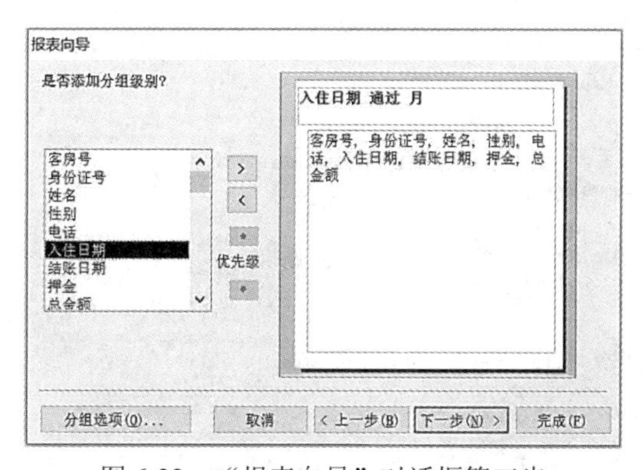

图 6-32　“报表向导”对话框第三步

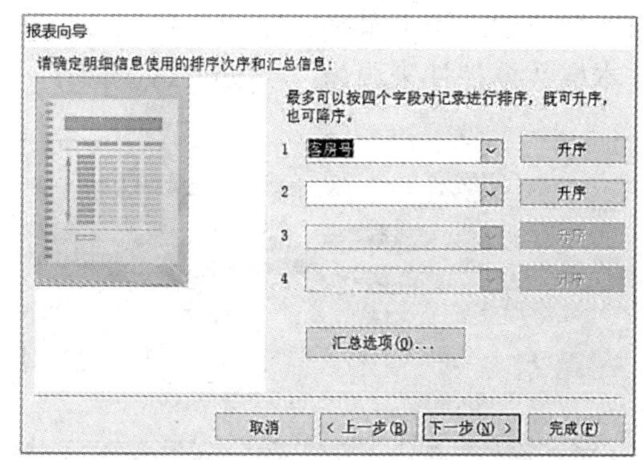

图 6-33　“报表向导”对话框第四步

第四步：确定明细信息使用的排序次序和汇总信息。本实例需要选择“客房号”升序，单击“下一步”按钮，出现报表向导第五步，如图 6-34 所示。

第五步：指定报表布局方式。本实例选择布局为“递阶”，方向为“横向”，单击“下一步”按钮，出现报表向导第六步，如图 6-35 所示。

第六步：为报表指定标题。本实例设定标题为“入住情况”，选择“修改报表设计”单选按钮，单击“完成”按钮。

在报表的设计视图中的入住日期页眉中单击选中“入住日期”，右键单击它，在快捷菜单中选择“属性”，在“属性表”窗格中将格式的背景色选择为“突出显示”，如图 6-36 所示。

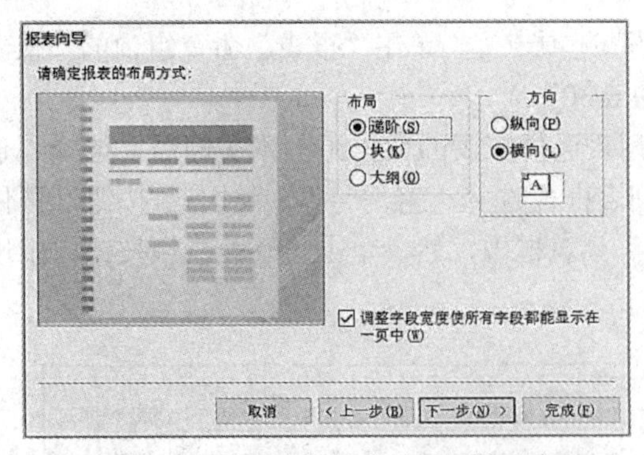

图 6-34 “报表向导”对话框第五步

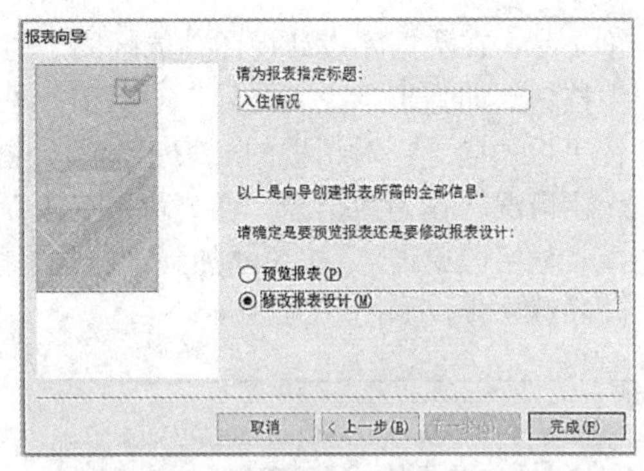

图 6-35 “报表向导”对话框第六步

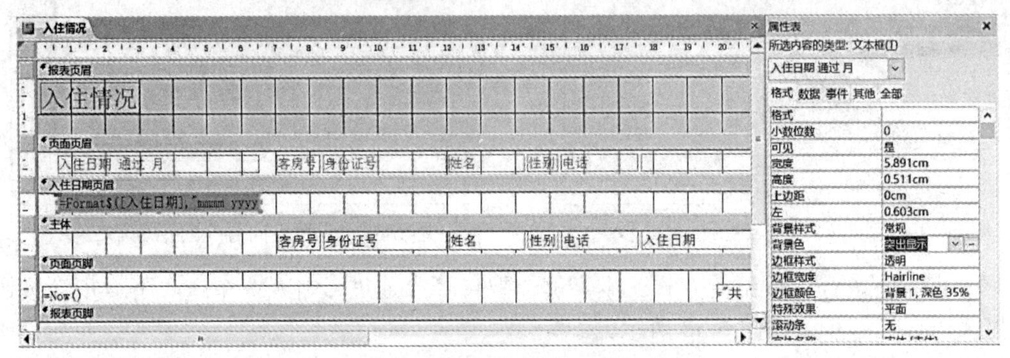

图 6-36 报表的设计视图

接下来，需要添加一个文本框控件来显示月营业额，这是总金额字段的求和计算结果。在“报表设计工具”选项卡（见图 6-37）中单击“文本框”工具 ab| 后，移动鼠标到入住日期页眉区域右边，按下鼠标左键拖动绘制一个文本框。把文本框的标签改为“月销售额”，并设置文本框数据控件来源为“=Sum([总金额])”，如图 6-38 所示。

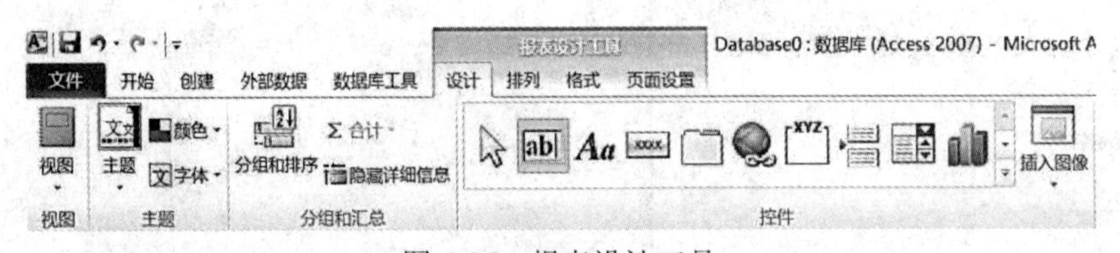

图 6-37 报表设计工具

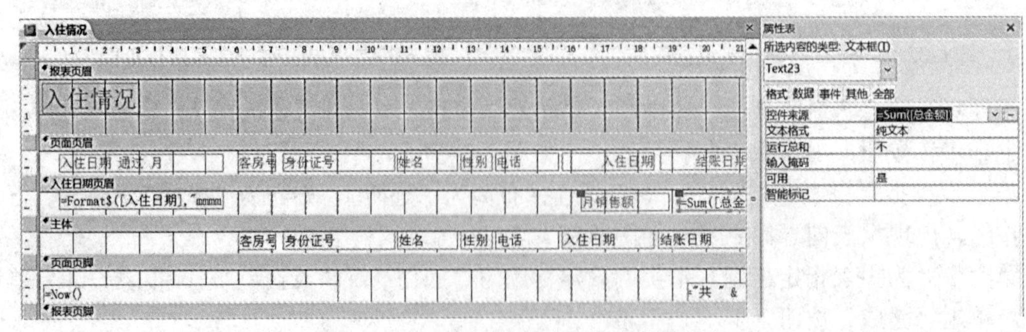

图 6-38 文本框“控件来源”属性的设置

最后单击报表设计窗口右上角的“关闭”按钮 ✕ 即可。

6.2.7　Access 窗体对象的设计

Access 窗体对象是提供给用户操作 Access 数据库的最主要的人机界面。无论是进行数据查看，还是对数据库中的数据进行追加、修改、删除等编辑操作，允许数据库系统的使用者直接在数据表视图中进行操作绝对是极不明智的选择。应该为这些操作需求设计相应的窗体，使得数据库应用系统的使用者针对数据库中的数据进行的操作均只能在窗体中进行。只有这样，数据库应用系统的安全性、功能完善性以及操作便捷性等一系列指标才能得以真正的实现。

Access 窗体对象是一个二级容器对象，其中可以包含 Access 的一些其他对象，包括表对象、子窗体对象、查询对象等。除此之外，窗体中还可以包含一些被称为控件的对象，比如文本框控件、命令按钮控件、标签控件、组合框控件、列表框控件等。创建一个窗体对象，在其中合理地安置所需要的其他对象，并为各对象编写相关的事件处理方法（程序），以完成操作界面上所需要的功能，就是设计 Access 窗体对象所需要完成的工作。

本实例需要设计 4 个窗体对象，它们是入住/退房结账窗口、经营情况查询窗口、入住情况查询窗口和主窗口。

1. 入住/退房结账窗口的设计

入住/退房结账窗口的功能是供用户输入客人的信息，以及登记入住的信息。客人信息将作为记录写入客人表，入住信息将作为记录写入入住表，入住的客房状态将写入客房表。入住/退房结账窗口的界面设计如图 6-39 所示。

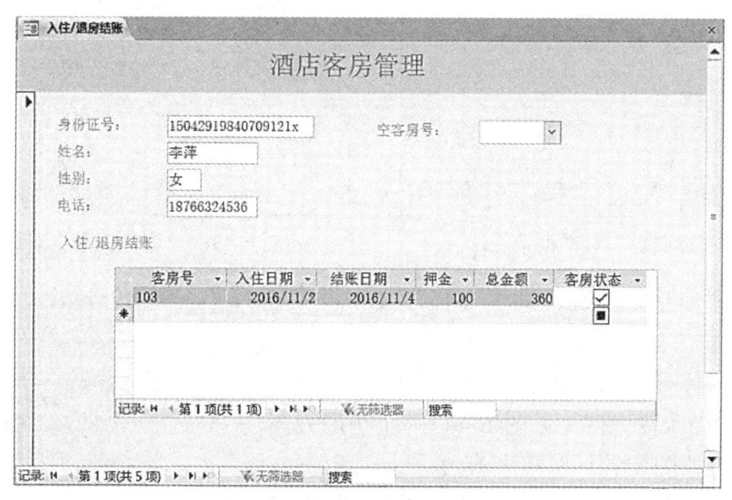

图 6-39　入住/退房结账窗口的界面

其设计过程如下：

第一步：在数据库设计视图功能区的“创建”选项卡上，单击“窗体”命令组内的“窗体向导”按钮，即弹出“窗体向导”对话框，如图 6-40 所示。先在“表/查询”下拉列表框中选择“表：客人”，然后单击 >> 按钮，把 4 个可用字段都添加到右边的“选定字段”列表框中；再在“表/查询”下拉列表框中选择“表：入住”，然后用 > 按钮把除了“身份证号”之外的可用字段都添加到“选定字段”列表框中；再在“表/查询”下拉列表框中选择“表：客房”，然后用 > 按钮把“客房状态”这个可用字段添加到“选定字段”列表框中。之后，单击“下一步”按钮，出现窗体向导的第二步，如图 6-41 所示。

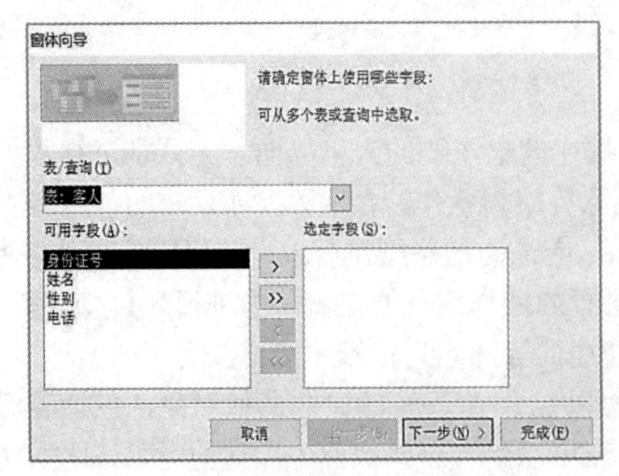

图 6-40 “窗体向导”对话框第一步

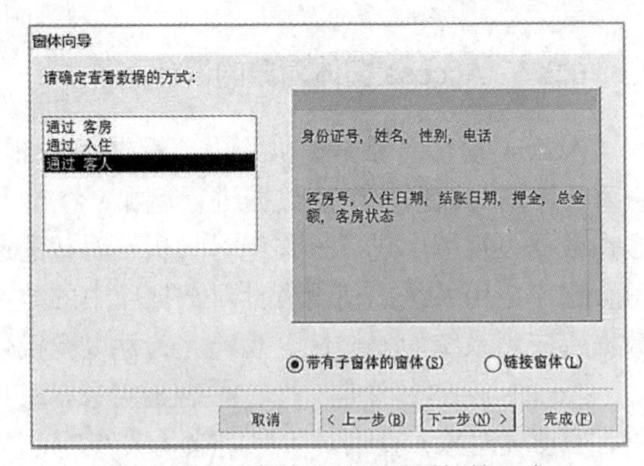

图 6-41 “窗体向导”对话框第二步

第二步：确定查看数据的方式。选中“通过 客人”，并选择“带有子窗体的窗体”单选按钮，单击“下一步”按钮，出现窗体向导的第三步，如图 6-42 所示。

第三步：确定子窗体使用的布局。选择“数据表”单选按钮，单击“下一步”按钮，出现窗体向导的第四步，如图 6-43 所示。

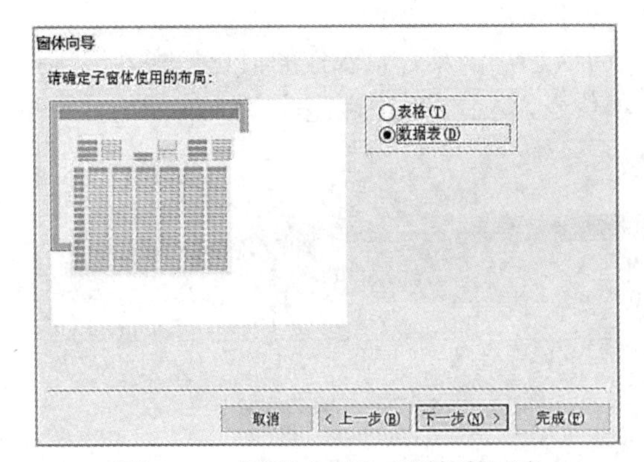

图 6-42 “窗体向导”对话框第三步

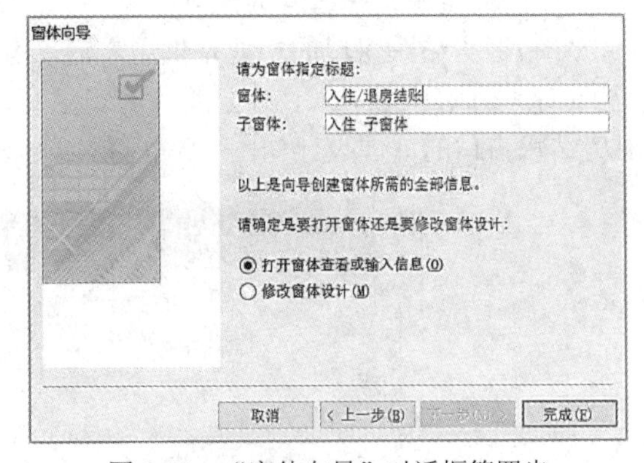

图 6-43 “窗体向导”对话框第四步

第四步：为窗体指定标题。在“窗体”文本框中输入“入住/退房结账”，单击“完成”按钮。

接下来可在窗体标签名上单击右键，在随之出现的快捷菜单中单击“布局视图”（见图 6-44）。在布局视图中调整窗体各个对象的位置、宽度和高度。

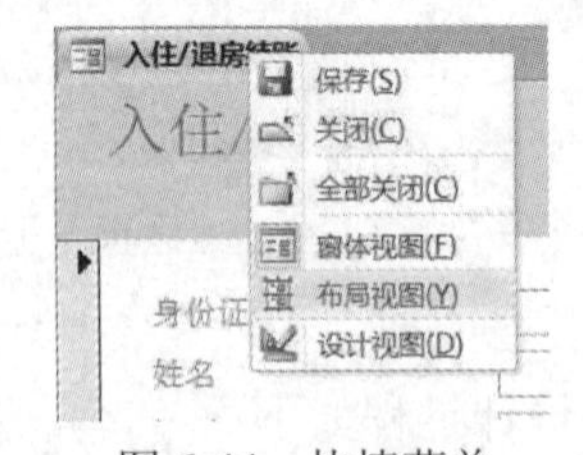

图 6-44 快捷菜单

为了方便客人登记入住时选择客房，在本窗体中设计一个可以查看空客房的控件。设计过程如下：

第一步：在窗体标签名上单击右键，在随之出现的快捷菜单中单击“设计视图”。

第二步：单击“窗体设计工具”选项卡中的“组合框”控件（见图 6-45），移动鼠标到窗体主体区域，按下鼠标左键向右下方拖动绘制一个组合框控件，放开鼠标时，会弹出“组合框向导”对话框（见图 6-46）。选择“使用组合框获取其他表或查询中的值”单选按钮，单击“下一步”按钮，出现向导第二步（见图 6-47）。

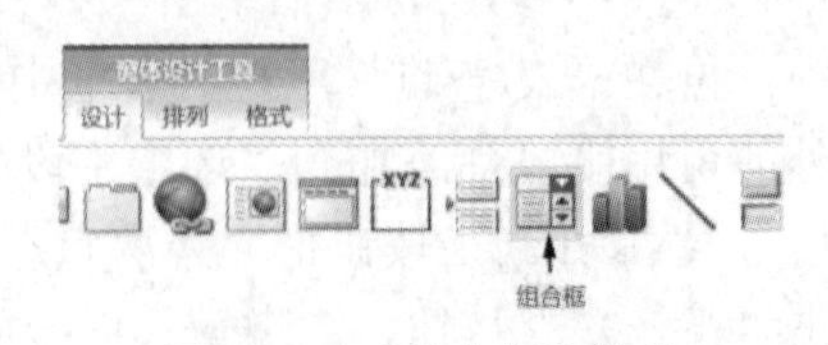

图 6-45 “组合框”控件

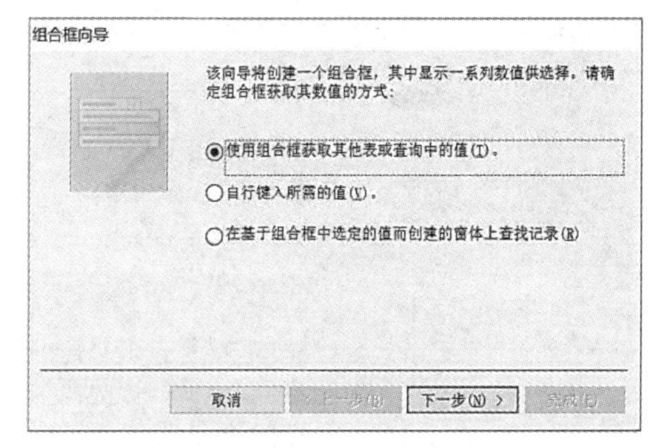

图 6-46　“组合框向导”对话框第一步

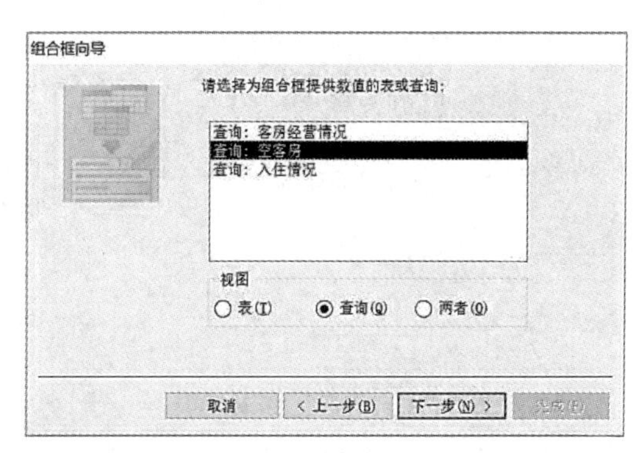

图 6-47　“组合框向导”对话框第二步

第三步：选择“查询”单选按钮后，选择“查询：空客房”，单击“下一步”按钮，出现向导第三步（见图 6-48）。

第四步：依次把可用字段“客房号”“客房类型”和“价格”添加到“选定字段”列表框中。然后单击“下一步”按钮，出现向导第四步（见图 6-49）。

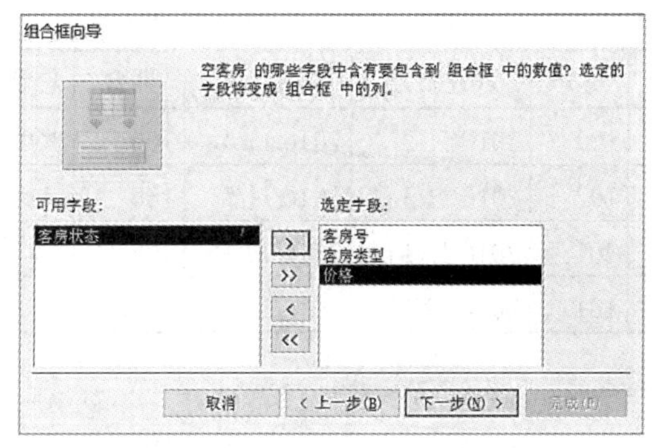

图 6-48　“组合框向导”对话框第三步

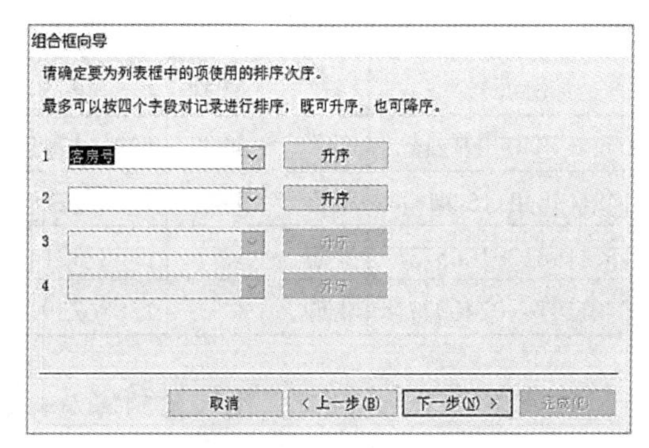

图 6-49　“组合框向导”对话框第四步

第五步：选择“客房号”“升序”，单击“下一步”按钮，出现向导第五步（见图 6-50）。

第六步：指定组合框中列的宽度。可将鼠标靠近列标题的右边线按下鼠标左键拖动调整列宽。调好之后单击“下一步”按钮，出现向导第六步（见图 6-51）。

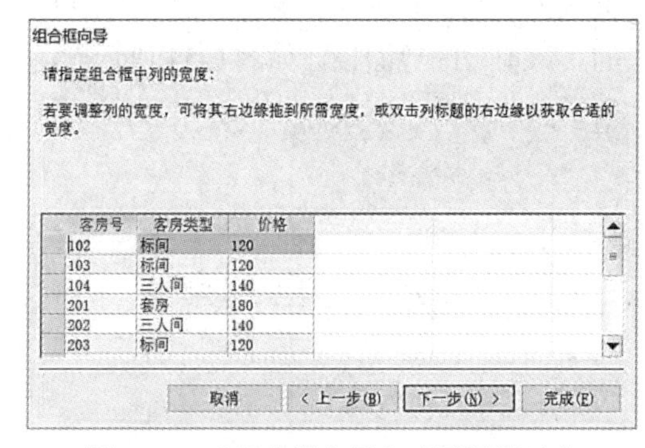

图 6-50　“组合框向导”对话框第五步

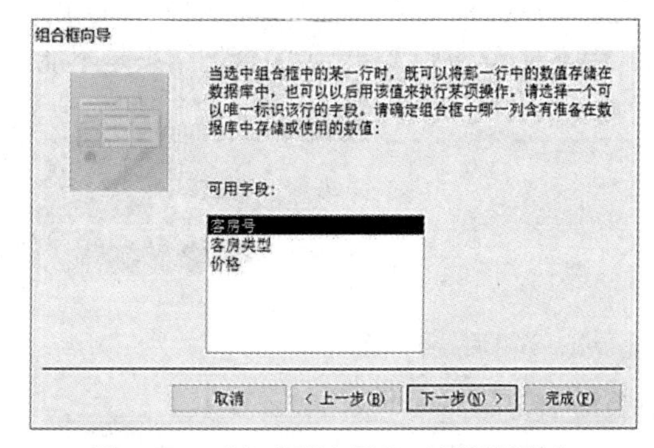

图 6-51　“组合框向导”对话框第六步

第七步：选择可用字段为“客房号”，单击“下一步”按钮，出现向导第七步（见图 6-52）。

第八步：选择“记忆该数值供以后使用”单选按钮，单击“下一步”按钮，出现向导第八步（见图 6-53）。

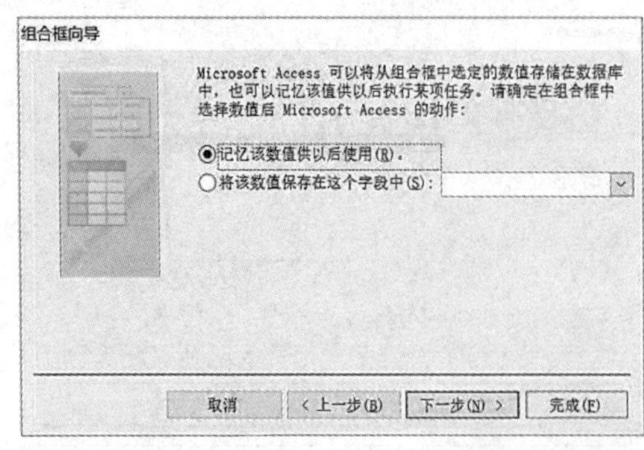

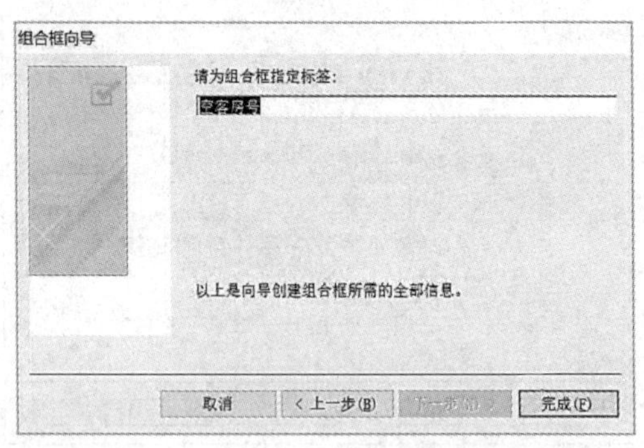

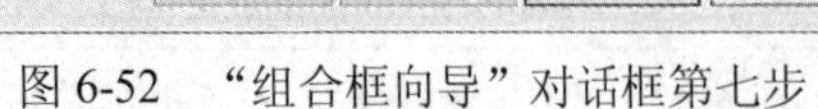

图 6-52 “组合框向导”对话框第七步　　图 6-53 “组合框向导”对话框第八步

第九步：输入“空客房号”作为该组合框控件的标签，单击“完成”按钮。

最后单击窗口对象设计窗口右上角的“关闭”按钮✕，会弹出询问是否保存对话框，单击“是”按钮即可。

利用这个窗口输入表 6-4 中的测试数据。

表 6-4 测试数据

身份证号	姓名	性别	电话	房号	入住日期	结账日期	押金	总金额
15042919840709121x	李萍	女	18766324536	103	2016/11/2	2016/11/4	100	360
211481198401154411	赵哲	男	18887122879	102	2016/11/3	2016/11/5	100	360
431381198109106573	罗想	女	15687321457	201	2016/12/14	2016/12/15	100	360
532401197410240077	张静	女	13886239185	101	2016/12/16	2016/12/17	100	240

入住时需给入住的客房号状态打勾，结账时需取消。每输完一个客人的入住信息后要单击窗口下方的“新空白记录”按钮▸*，输入的信息才会被写入数据库。修改过记录后需单击窗口下方的“下一条记录”按钮▸，修改的数据才会写入数据库。

2. 经营情况查询窗口的设计

经营情况查询窗口的功能是供用户查询一段时间内的客房入住情况，并显示这段时间的营业额。用户对这个窗口上显示的查询结果是不能修改的。该窗口的界面设计如图 6-54 所示。

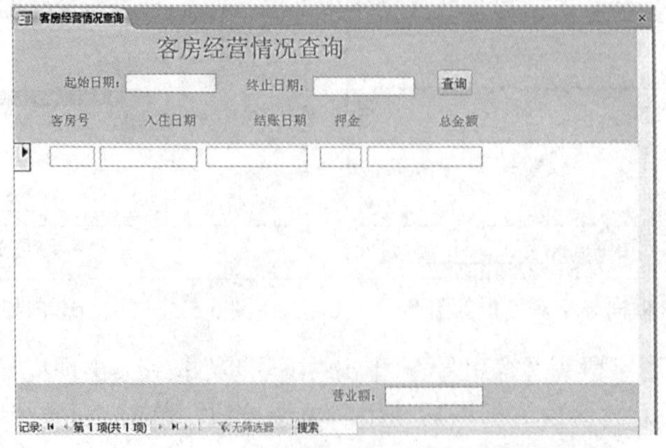

图 6-54 经营情况查询窗口的界面

其设计过程如下：

第一步：在数据库设计视图功能区的“创建”选项卡上，单击“窗体”命令组内的“窗体向导”按钮，即弹出“窗体向导”对话框，如图 6-55 所示。在“表/查询”下拉列表框中选择“查询：客房经营情况”，然后单击 >> 按钮，把 5 个可用字段都添加到右边的“选定字段”列表框中，单击“下一步”按钮，出现向导第二步，如图 6-56 所示。

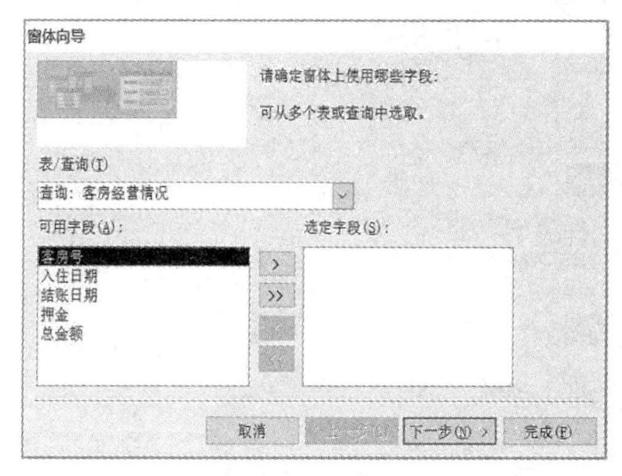

图 6-55 “窗体向导”对话框第一步

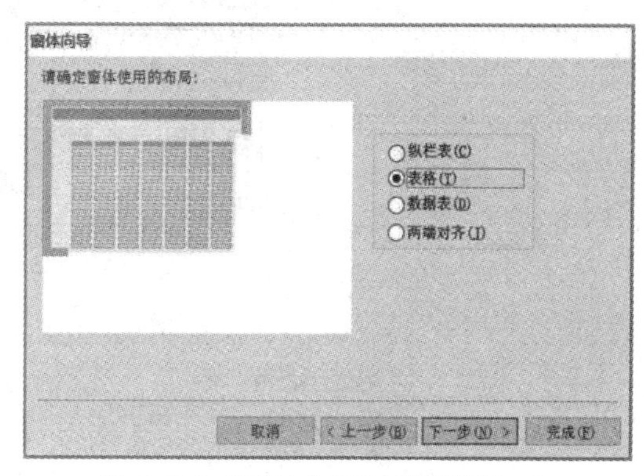

图 6-56 “窗体向导”对话框第二步

第二步：选择“表格”单选按钮，单击“下一步”按钮，出现向导第三步，如图 6-57 所示。

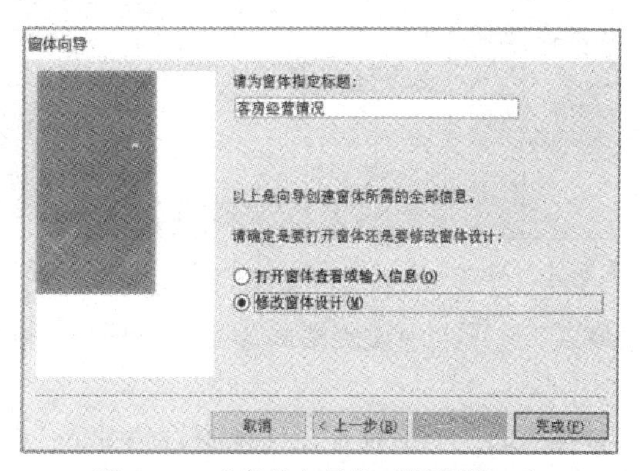

图 6-57 “窗体向导”对话框第三步

第三步：选择“修改窗体设计”单选按钮，单击“完成”按钮。

第四步：在窗体页眉部分绘制两个文本框控件，控件名分别为 Text11 和 Text13，并绘制一个按钮控件 Command11；在窗体页脚部分绘制一个文本框控件 Text15，如图 6-58 所示。

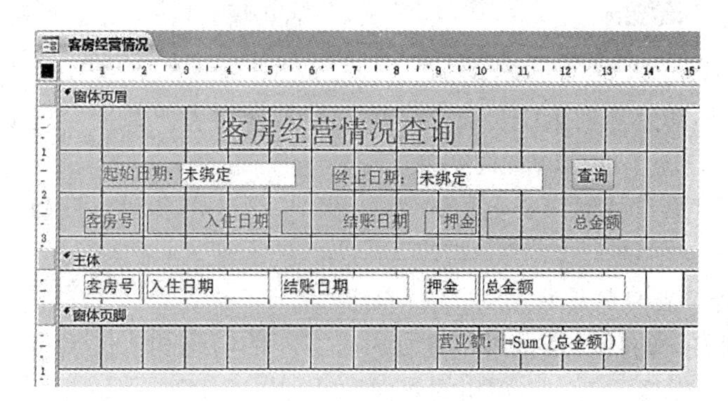

图 6-58 窗体设计视图

绘制命令按钮时，会弹出命令按钮向导，此时单击“取消”按钮即可。然后，右键单击查询按钮，在弹出的快捷菜单中单击“属性”，在打开的“属性表”窗格的“事件”选项卡中选择单击时发生“事件过程”，如图 6-59 所示，并单击事件过程旁边的…按钮，在随即打开的窗口中输入“Me.Form.Requery”语句，如图 6-60 所示。

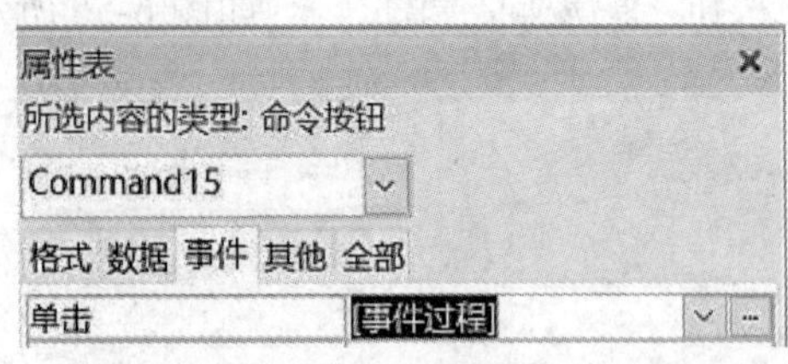

图 6-59 属性表

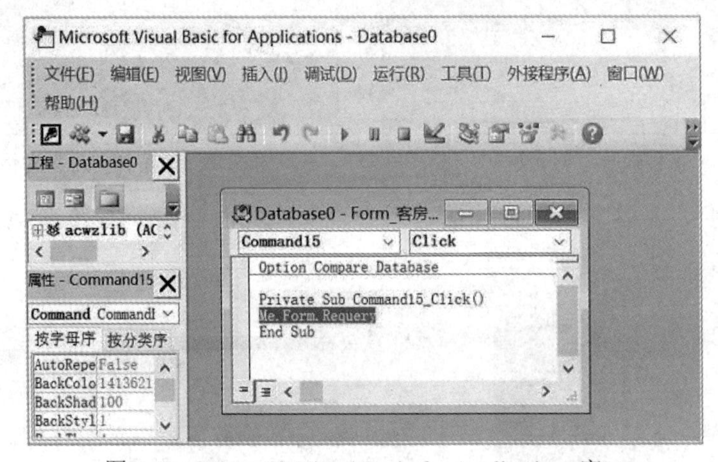

图 6-60 Microsoft Visual Basic for Applications 窗口

在 Text11 的属性表“格式”选项卡中设置格式为常规日期，如图 6-61 所示。同样对 Text13 也做相同设置。

在 Text15 的属性表“数据”选项卡中设置控件来源为“=Sum([总金额])”，如图 6-62 所示。

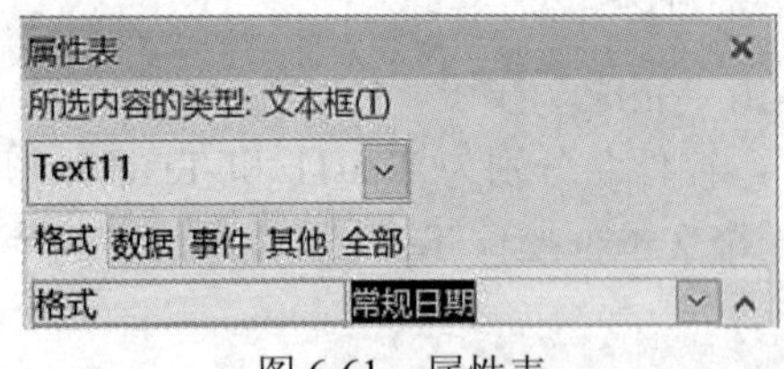

图 6-61 属性表

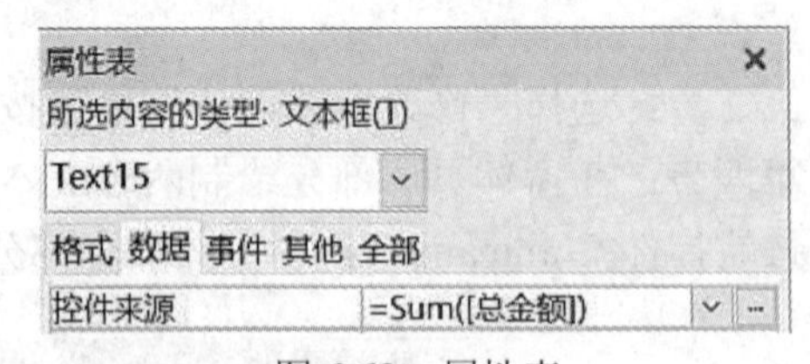

图 6-62 属性表

第五步：在主体部分分别选中每一个字段，把其属性表“数据”选项卡中的是否锁定设置为“是”，这样用户就不能修改查询结果了。

最后单击窗口对象设计窗口右上角的“关闭”按钮×，会弹出询问是否保存对话框，单击“是”按钮即可。

3. 入住情况查询窗口的设计

入住情况查询窗口的功能是供用户查看所有客户的信息和入住信息。用户对这个窗口上显示的查询结果是不能修改的。该窗口的界面设计如图 6-63 所示。

入住情况查询

身份证号	姓名	性别	电话	客房号	入住日期	结账日期	押金	总金额
211481198401154411	赵哲	男	18887122879	102	2016/11/2	2016/11/4	100	360
15042919840709121x	李萍	女	18766324536	103	2016/11/2	2016/11/4	100	360
532401197410240046	张静	女	18887136185	101	2016/12/14	2016/12/15	100	240
431381198109106573	罗想	女	15687321457	201	2016/12/14	2016/12/15	100	360
532401197410240046	张静	女	18887136185	202	2016/12/15	2016/12/16	100	280

记录：第 1 项(共 5 项)　无筛选器　搜索

图 6-63　入住情况查询窗口的界面

其设计过程如下：

第一步：在数据库设计视图功能区的“创建”选项卡上，单击“窗体”命令组内的“窗体向导”按钮，即弹出“窗体向导”对话框，如图 6-64 所示。先在“表/查询”下拉列表框中选择“查询：入住情况”，然后单击 >> 按钮，把所有可用字段都添加到右边的“选定字段”列表框中，单击“下一步”按钮，出现向导第二步，如图 6-65 所示。

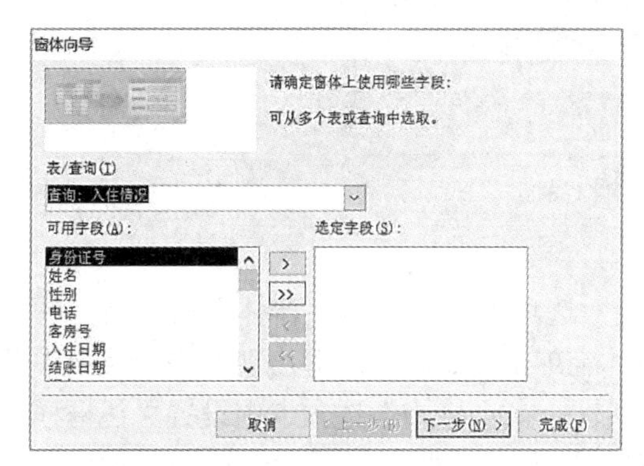

图 6-64　“窗体向导”对话框第一步

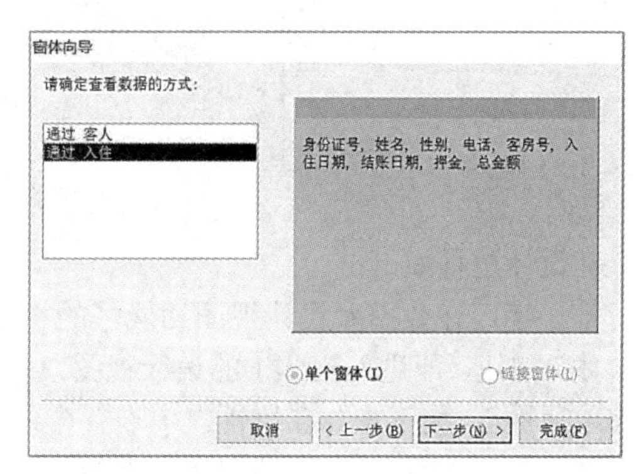

图 6-65　“窗体向导”对话框第二步

第二步：选中“通过 入住”，并选择“单个窗体”单选按钮，单击“下一步”按钮，出现向导第三步，如图 6-66 所示。

第三步：选择“表格”，单击“下一步”按钮，出现向导第四步，如图 6-67 所示。

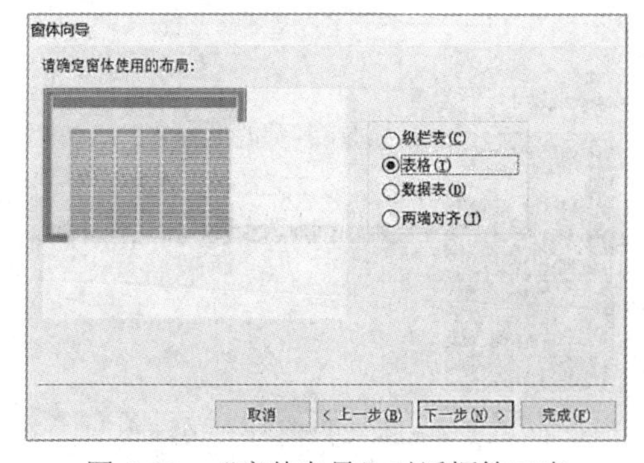

图 6-66　“窗体向导”对话框第三步

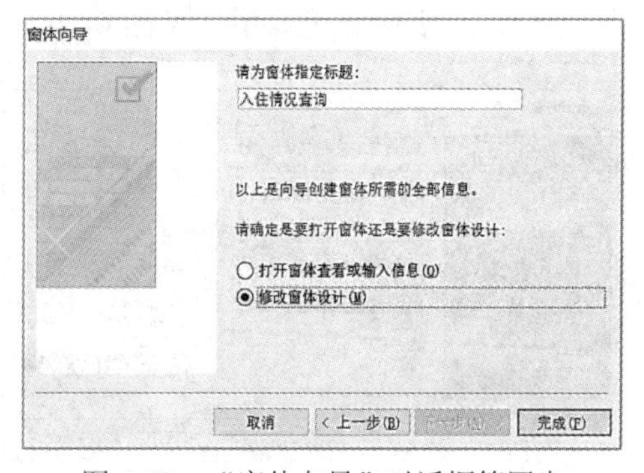

图 6-67　“窗体向导”对话框第四步

第四步：选择“修改窗体设计”单选按钮，单击“完成”按钮。

第五步：在主体部分分别选中每一个字段，把其属性表“数据”选项卡中的是否锁定设置为“是”。

最后单击窗口对象设计窗口右上角的“关闭”按钮✕，会弹出询问是否保存对话框，单击“是”按钮即可。

提示 在设计窗口可以结合“开始”选项卡上的排序、筛选和查找按钮对查询结果做进一步的处理。

4. 主窗口的设计

主窗口用于提供给用户打开其他 3 个窗口及报表的操作界面。该窗口的界面设计如图 6-68 所示。

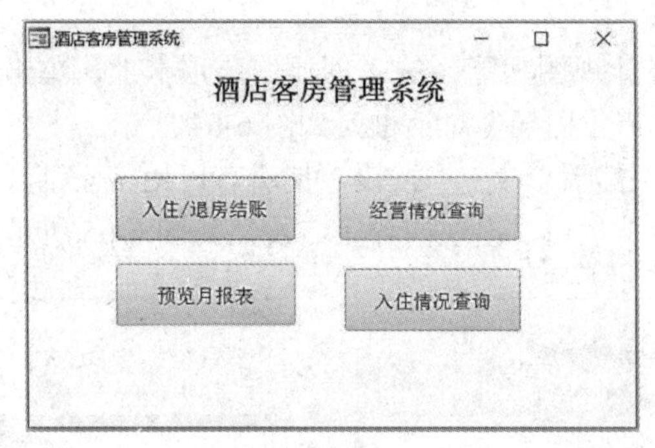

图 6-68 主窗口界面

其设计过程如下：

第一步：在数据库设计视图功能区的“创建”选项卡上，单击“窗体”命令组内的“空白窗体”按钮，即进入窗体 1 的设计视图，在主体上单击右键，在随即出现的快捷菜单中单击“表单属性”。接下来，在属性表中设置窗口的属性。在“格式”选项卡中设置“边框样式”为“细边框”，设置“导航按钮”为“否”，设置“记录选择器”为“否”。在“其他”选项卡中设置“弹出方式”为“是”。

第二步：在窗口上绘制按钮控件。先绘制“入住/退房结账”按钮。单击“窗体设计工具”中的按钮控件后，移动鼠标到窗体主体区域，按下鼠标左键向右下方拖动绘制一个按钮控件，放开鼠标时，会弹出命令按钮向导（见图 6-69）。选中“窗体操作”和“打开窗体”，单击“下一步”按钮，出现向导第二步（见图 6-70）。

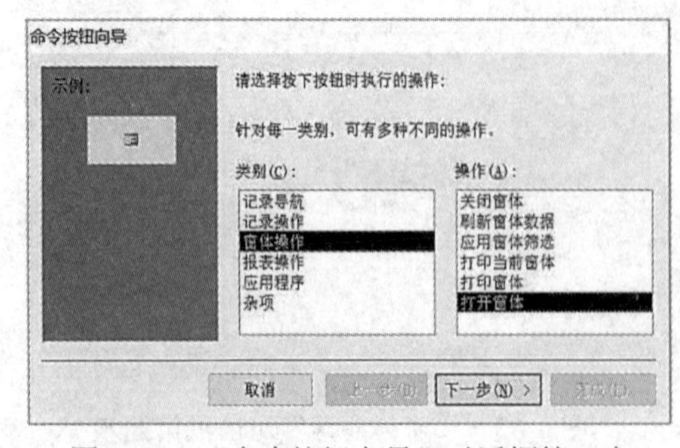

图 6-69 “命令按钮向导”对话框第一步

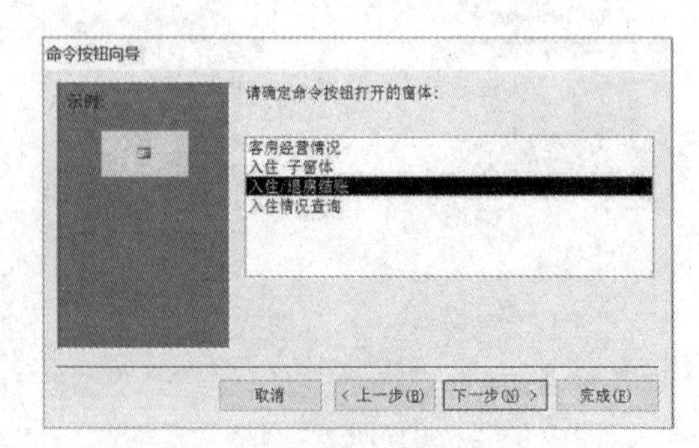

图 6-70 “命令按钮向导”对话框第二步

第三步：确定要打开的窗体是“入住/退房结账”，单击“下一步”按钮，出现向导第三步（见图 6-71）。

第四步：选择“打开窗体并显示所有记录”单选按钮，单击“下一步”按钮，出现向导第四步（见图 6-72）。

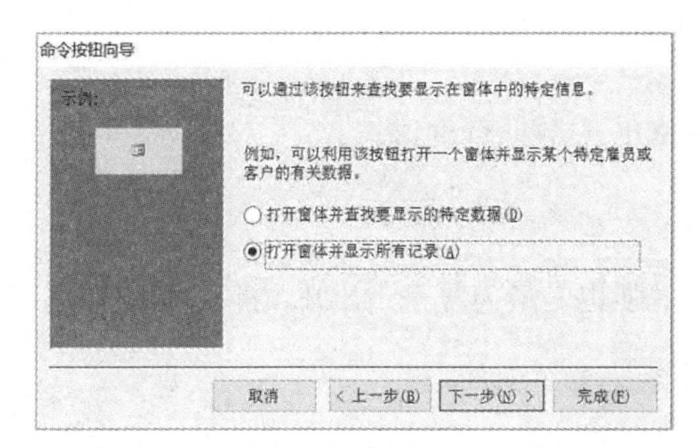

图 6-71　“命令按钮向导”对话框第三步

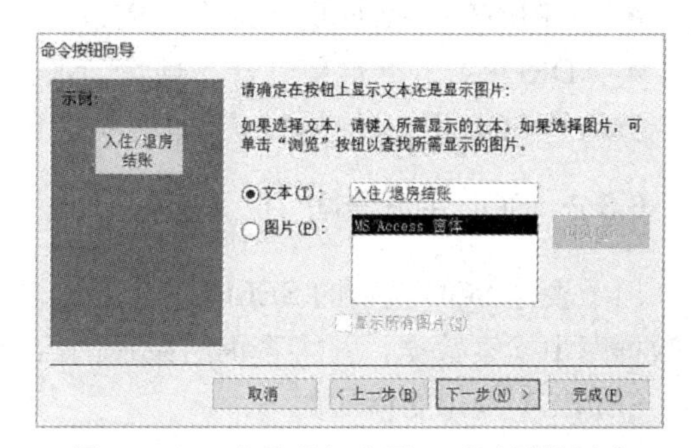

图 6-72　“命令按钮向导”对话框第四步

第五步：选择“文本”单选按钮，并输入“入住/退房结账”，单击“下一步”按钮，出现向导第五步（见图 6-73）。

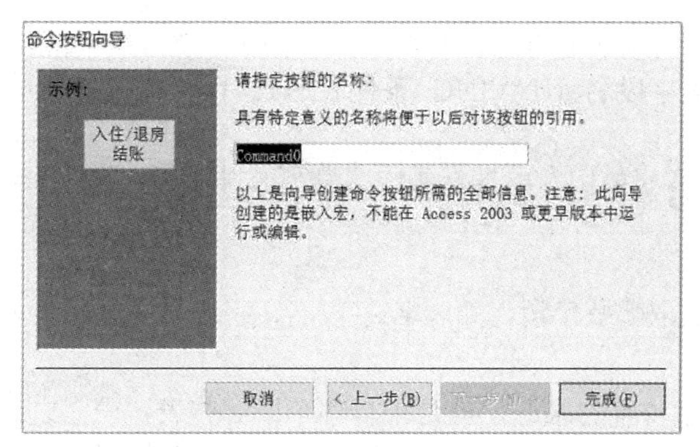

图 6-73　“命令按钮向导”对话框第五步

第六步：使用默认的按钮名称，单击“完成”按钮。

另外 3 个命令按钮的创建过程基本同上。

最后单击窗口对象设计窗口右上角的“关闭”按钮 ×，会弹出询问是否保存对话框，单击“是”按钮，保存为“主窗口”。

6.3　SQL 语言简介

6.3.1　SQL 概述

SQL（Structured Query Language）是结构化查询语言，这是一种非过程化的计算机语言，用于存储、操纵和检索存储在关系数据库中的数据。SQL 语言的功能包括数据查询 DQL、数据操纵 DML、数据定义 DDL 和数据控制 DCL 四个部分。SQL 语言简洁、方便实用，目前已成为应用最广的关系数据库语言。其重要功能命令有六个：SELECT、INSERT、UPDATE、DELETE、CREATE、DROP。

- SELECT：数据查询语言，从一个表或多个表中检索列和行。
- INSERT：数据操纵语言，向一个表中增加行。
- UPDATE：数据操纵语言，更新表中已存在的行的某几列。
- DELETE：数据操纵语言，从一个表中删除行。
- CREATE：数据定义语言，创建一个新表。
- DROP：数据定义语言，删除一张表。

查询是 SQL 语言的核心，下面将着重介绍 SQL 的数据查询语句。

6.3.2 SQL 查询语句

用于表达 SQL 查询的 SELECT 命令是功能最强也是最为复杂的SQL 语句，它的作用就是从数据库中检索数据，并将查询结果返回给用户。

SELECT 语句的格式如下：

SELECT[ALL|DISTINCT] <字段名 1>[,<字段名 2>…]
FROM<表名或查询名>
[INNERJOIN<表名或查询名>ON<条件表达式>]
[WHERE<条件表达式>]
[ORDER BY<排序选项>] [ASC] [DESC]
[GROUP BY<分组字段名>[HAVING<条件表达式>]]

注意 格式中的[ ]表示根据实际需要可写可不写。SQL 语言不区分大小写。

格式说明：

- SELECT 是选取哪些字段，如表名.字段名，字段名之间用逗号分隔，*表示选取所有字段。
- FROM 是检索内容的来源，就是来自哪个或哪些表，表名之间用逗号分隔。
- WHERE 的作用是指定查询条件，即只把满足逻辑表达式的行作为查询结果，它是可选项。
- ORDER BY 的作用是以升序或降序排列的方式对指定字段查询的返回记录进行排序，默认为升序即 ASC，而降序是 DESC，它是可选项。
- GROUP BY 用于结合聚集函数，根据一个或多个列对结果集进行分组，它是可选项。
- HAVING 对组记录进行筛选。

Access 遵循 SQL 规范。Access 查询对象在 SQL 视图下可以看到其对应的 SELECT 语句。

例如，本实例中空客房查询的 SELECT 语句为：

```
SELECT 客房.客房号, 客房.客房类型, 客房.价格, 客房.客房状态
FROM 客房
WHERE (((客房.客房状态)=False));
```

这个查询属于选择查询。

例如，本实例中客房经营情况查询的 SELECT 语句为：

```
SELECT 入住.客房号, 入住.入住日期, 入住.结账日期, 入住.押金, 入住.总金额
FROM 入住
```

WHERE (((入住.入住日期)>=[Forms]![客房经营情况]![Text11]) AND ((入住.结账日期)<=[Forms]![客房经营情况]![Text13]));

这个查询属于参数查询。

例如，本实例中入住情况查询的 SELECT 语句为：

SELECT 客人.身份证号, 客人.姓名, 客人.性别, 客人.电话, 入住.客房号, 入住.入住日期, 入住.结账日期, 入住.押金, 入住.总金额

FROM 客人 INNER JOIN 入住 ON 客人.身份证号 = 入住.身份证号;

这个查询属于联合查询。

习　　题

一、选择题

1. 数据管理技术的发展过程中，经历了人工管理阶段、文件系统阶段和数据库系统阶段。在这几个阶段中，数据独立性最高的是（　）阶段。

A. 数据库系统　　B. 文件系统

C. 人工管理　　D. 数据项管理

2. 数据库系统与文件系统的主要区别是（　）。

A. 数据库系统复杂，而文件系统简单

B. 文件系统不能解决数据冗余和数据独立性问题，而数据库系统可以解决

C. 文件系统只能管理程序文件，而数据库系统能够管理各种类型的文件

D. 文件系统管理的数据量较少，而数据库系统可以管理庞大的数据量

3. SQL 语言是（　）语言。

A. 过程化　　B. 非过程化

C. 格式化　　D. 导航式

4. SQL 语言中，实现数据检索的语句是（　）。

A. SELECT　　B. INSERT

C. UPDATE　　D. DELETE

5. 用 Access 2010 创建的数据库文件，其扩展名是（　）。

A. .adp　　B. .dbf

C. .mdb　　D. .accdb

6. 在 Access 2010 中，数据库的基础和核心是（　）。

A. 表　　B. 查询

C. 窗体　　D. 宏

7. 子句 where 性别="女" and 工资额>2000 的作用是处理（　）。

A. 性别为"女"并且工资额大于 2000 的记录

B. 性别为"女"或者工资额大于 2000 的记录

C. 性别为"女"并非工资额大于 2000 的记录

D. 性别为"女"或者工资额大于 2000 的记录，且二者择一的记录

8．在 Access 中，表和数据库的关系是（　　）。

A．一个数据库可以包含多个表

B．一个表只能包含 2 个数据库

C．一个表可以包含多个数据库

D．一个数据库只能包含一个表

二、根据要求写 SELECT 语句

学生（学号，姓名，性别，所属学院，所属班级）

1．查询网络 1125 班的所有学生的学号、姓名和性别，并按学号降序显示。

2．查询商学院的所有男生。

第7章　计算机网络与应用

1. 理解计算机网络的基本概念。
2. 了解计算机网络的分类、功能和特点。
3. 了解计算机网络的构成和基本结构。
4. 掌握IP地址与域名的概念和特点。
5. 掌握Internet的使用。
6. 掌握电子邮件的使用及管理。
7. 了解云计算与物联网。

7.1　计算机网络概述

7.1.1　计算机网络的发展及定义

1946年，世界上第一台电子计算机问世。之后的十多年里，由于价格昂贵，计算机的使用数量极少，但人类对计算机的需求却与日俱增。为了缓解这一矛盾，计算机网络应运而生。计算机网络的最初形式是将一台计算机通过通信线路与若干台终端直接连接，从另一个角度讲，我们也可以把这种形式看作是最简单的局域网雏形。

最早诞生的计算机网络是1969年诞生于美国的Arpanet。从某种意义上说，Internet可以说是美苏冷战的产物。这个庞大的系统，它的由来可以追溯到20世纪60年代初。当时，美国国防部为了保证美国本土防卫力量和海外防御武装在受到前苏联第一次核打击以后仍然具有一定的生存和反击能力，认为有必要设计出一种分散的指挥系统。它由一个个分散的指挥点组成，当部分指挥点被摧毁后，其他点仍能正常工作，并且在这些点之间能够绕过那些已被摧毁的指挥点而继续保持联系。为了对这一构思进行验证，1969年，美国国防部高级研究计划署（DOD/DARPA）资助建立了一个名为Arpanet（阿帕网）的网络，这个阿帕网就是Internet最早的雏形。

当今世界，计算机网络已经成为了人们生活中不可或缺的一部分，并且随着网络技术的不断发展，它在人们生活中所扮演的角色也越来越重要。什么是计算机网络呢？是否我们用一根网线，将两台或多台计算机串连起来，就构成了一个计算机网络呢？

真正意义上的计算机网络，是指人们利用网络通信设备（如：网络适配器、调制解调器、中继器、网桥、路由器、网关等）和通信线路，将地理位置分散且相互独立的计算机连接起来，在相应网络软件的支持下，实现相互通信和资源共享的系统，如图7-1所示。

从组成上看，计算机网络包含了网络硬件和网络软件两部分；从用户使用的角度看，计算机网络是一个透明的资源传输系统，用户不必考虑具体的传输细节，也不必考虑资源所处的实际地理位置。

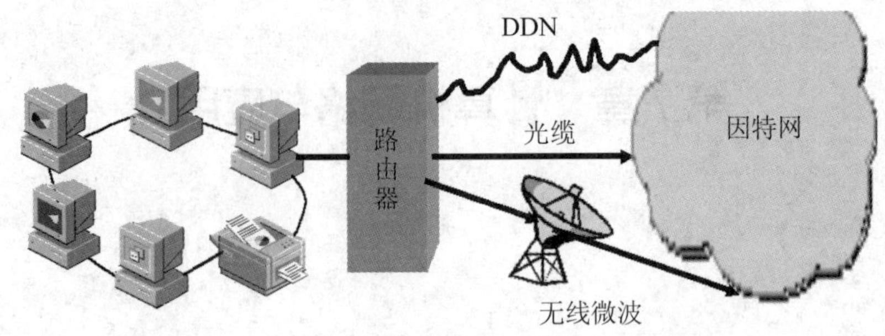

图 7-1 计算机网络

7.1.2 计算机网络的分类

计算机网络根据不同的标准有不同的划分，下面介绍几种常见的网络分类：

1. 按网络的覆盖范围划分

按网络覆盖范围一般可将网络划分为：局域网、城域网、广域网。

局域网（Local Area Network，LAN）是指通过高速通信线路连接，覆盖范围从几百米到几公里，通常用于覆盖一个房间、一层楼或一座建筑物。局域网传输速率高，可靠性好，适用各种传输介质，建设成本低，如图 7-2 所示。

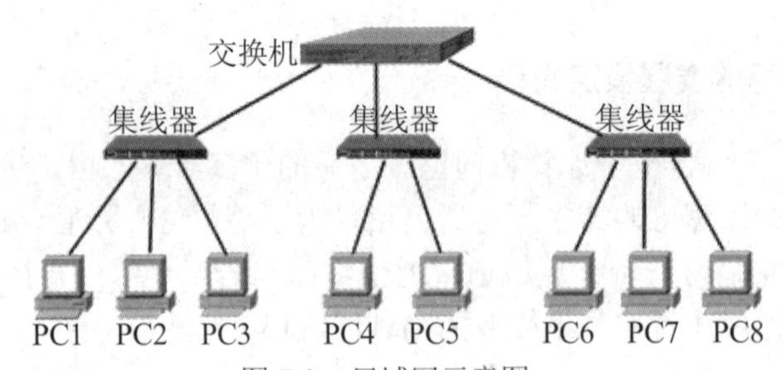

图 7-2 局域网示意图

城域网（Metropolitan Area Network，MAN）是指在一座城市范围内建立的计算机通信网，通常使用与局域网相似的技术，但对媒介访问控制在实现方法上有所不同，它一般可将同一城市内不同地点的主机、数据库以及 LAN 等互相连接起来，如图 7-3 所示。

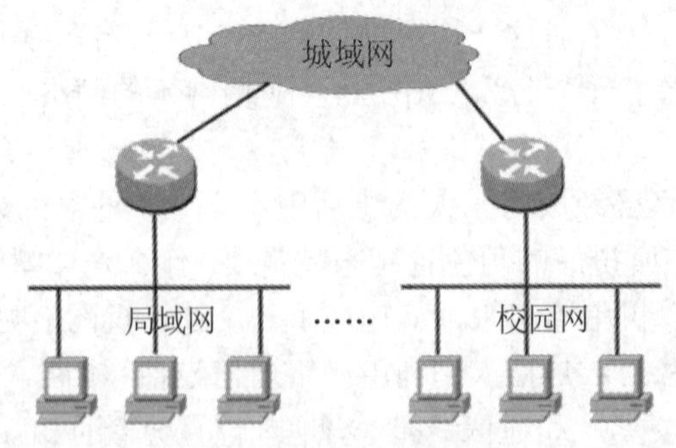

图 7-3 城域网示意图

广域网（Wide Area Network，WAN）用于连接不同城市之间的 LAN 或 MAN，广域网的通信子网主要采用分组交换技术，常常借用传统的公共传输网（如电话网），这就使广域网的数据传输相对较慢，传输误码率也较高。随着光纤通信网络的建设，广域网的速度将大大提高。

广域网可以覆盖一个地区或国家，如图 7-4 所示。

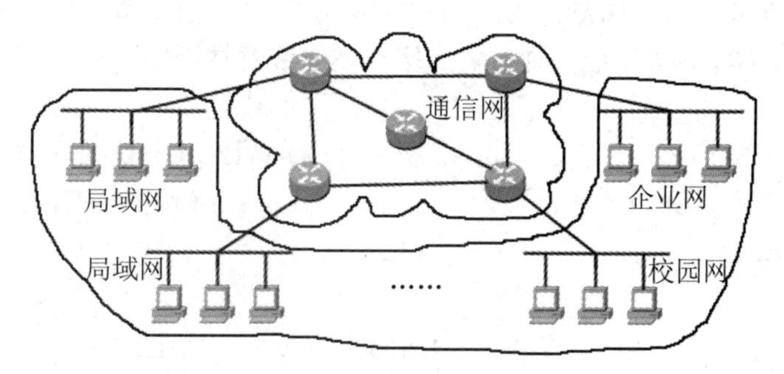

图 7-4　广域网示意图

国际互联网，又叫因特网（Internet），是覆盖全球的最大的计算机网络，因特网将世界各地的广域网、局域网等互联起来，形成一个整体，实现全球范围内的数据通信和资源共享，如图 7-5 所示。

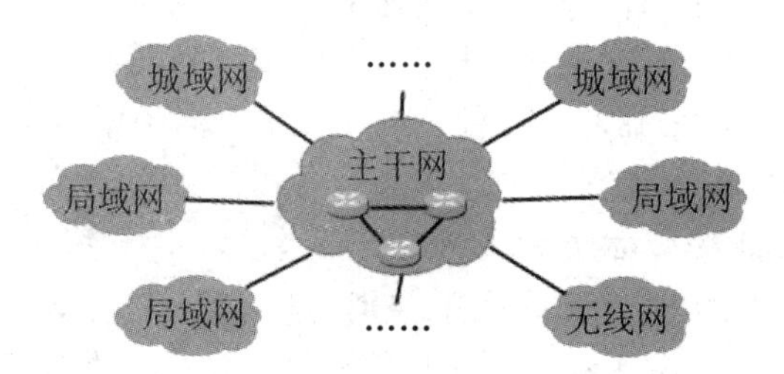

图 7-5　互联网示意图

2. 按网络的拓扑结构划分

把网络中的计算机等设备抽象为点，把网络中的通信媒体抽象为线，这样就形成了由点和线组成的几何图形，即采用拓扑学方法抽象出的网络结构，我们称之为网络的拓扑结构。计算机网络按拓扑结构可分为总线型网络、星型网络、环型网络、树型网络和混合型网络等，如图 7-6 所示。

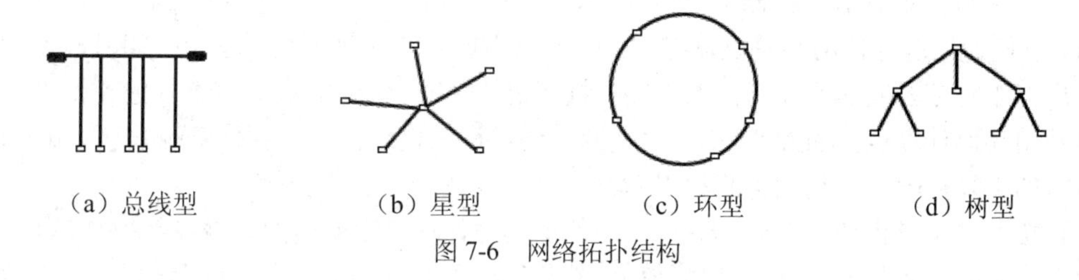

（a）总线型　（b）星型　（c）环型　（d）树型

图 7-6　网络拓扑结构

3. 按传输介质划分

按传输介质可将网络划分为有线网和无线网。

有线网一般采用双绞线、同轴电缆、光纤或电话线等作为传输介质。采用双绞线和同轴电缆连成的网络经济且安装简便，但传输距离相对较短。以光纤为介质的网络传输距离远，传输率高，抗干扰能力强，安全好用，但成本稍高。

无线网主要以无线电波或红外线作为传输介质。联网方式灵活方便，但联网费用稍高，可靠性和安全性还有待改进。另外，还有卫星数据通信网，它是通过卫星进行数据通信的。

4. 按网络的使用性质划分

按网络的使用性质可将网络划分为公用网和专用网。

公用网（Public Network）是一种付费网络，属于经营性网络，由商家建造并维护，消费者付费使用。

专用网（Private Network）是某个部门根据本系统的特殊业务需要而建造的网络，这种网络一般不对外提供服务。例如军队、银行、电力等系统的网络就属于专用网。

7.1.3 计算机网络的功能

计算机网络已经广泛应用于人们生产生活的方方面面。人们通过计算机网络了解全球资讯，通过计算机网络实现远程视频会议，通过计算机网络实现实时管理和监控，通过计算机网络实现远程购物等。总的来说，计算机网络的基本功能可简单概括如下：

1. 数据通信

当今社会是知识大爆炸的社会，也是一个信息资讯的社会。人们需要的信息量不断增加，信息更新的速度不断加快，利用计算机网络传递信息已经成为一种全新的通信方式。人们利用网络进行信息发布和传输的常见方式有：电子邮件、实时聊天、远程文件传输、网络综合信息服务及电子商务等。其中，电子邮件是一种人们在日常生活中用得比较多的通信方式。电子邮件比现有的通信工具拥有更多的优点，在速度上比传统邮件快得多。另外，电子邮件还可以携带声音、图像和视频，实现多媒体通信。

我们日常用得比较多的实时聊天工具有：QQ、移动飞信、TM 等。此外，远程文件传输、网络综合信息服务以及电子商务等都是利用计算机网络进行数据通信的例子。我们利用计算机网络的数据通信功能，还可以对分散的对象进行实时而集中的跟踪管理与监控，如企业办公自动化中的管理信息系统，工厂自动化中的计算机集成制造系统等。

2. 资源共享

资源共享是计算机网络最基本的功能之一，也是早期构建计算机网络的主要目的之一。数据可以在计算机之间自由流动这一特点，为资源的共享提供了可能。在计算机网络中，资源包括硬件资源、软件资源以及要传输和处理的数据资源。

硬件资源是指服务器、存储器、打印机、绘图仪等设备。例如，用户可以把文件上传到服务器，以便使用服务器的共享磁盘空间；或者用户自己的计算机没有安装打印机，可以通过网络使用打印服务器或其他计算机上连接的打印机；更进一步的，在某些软件的支持下，用户还可以使用其他计算机上的 CPU 和内存资源。通过计算机网络进行硬件资源共享，可以减少硬件设备的重复购置，提高设备的利用率。

软件资源共享是指计算机可以通过网络使用其他计算机上安装的软件，或者那些软件所提供的服务。例如，采用客户端/服务器结构的软件系统，可以在某一台主机上安装服务端软件，然后让其他主机上的客户端软件共同使用。

数据资源共享是指计算机可以通过网络得到以各种形式存放的数据。例如，用户通过 FTP 下载服务器上的文件，以及通过某种方法访问数据库中的数据，或者通过视频播放软件播放网络上的视频等，都是数据资源共享的具体例子。

3. 提高系统可靠性

在一个单机系统中，如果主机的某个部件或主机上运行的某个软件发生故障时，系统可能会停止工作，这在某些应用场合可能会给用户造成很大的损失。有了计算机网络后，由于计算机及各种设备之间相互连接，当一台机器出现故障时，可以通过网络寻找其他机器来代替，而且这个过程是自动的，对用户来说是透明的。

具体来说，计算机网络中的服务器可以采用双机热备、负载均衡、集群等技术措施实现资源冗余，或者在结构上实现动态重组。当其中的某个节点发生故障时，其功能可以由网络中的其他节点来代替，从而大大提高了计算机系统的可靠性。

4. 实现分布式处理

在计算机网络中，可以将某些大型的处理任务分解为多个小型任务，然后分配给网络中的多台计算机分别处理，最后再把处理结果合成。例如，某些计算量非常巨大的科学计算，如果仅靠一台计算机进行操作，所需的时间将是不可接受的。此时，可以对这个计算进行分解，然后让 Internet 上不计其数的计算机共同执行该任务，则可以很快得到运算结果。因此，通过分布式处理,实际上是把许多处理能力有限的小型机或微机连接成具有大型机处理能力的高性能计算机系统，使其具有解决复杂问题的能力。

从网络应用的角度来看，计算机网络功能还有很多。随着计算机网络技术的不断发展，其功能也将不断丰富，各种网络应用也将会不断出现。计算机网络已经逐渐深入到社会的各个领域及人们的日常生活中，并慢慢改变着人们的工作、学习、生活乃至思维方式。在以上功能中，计算机网络的最主要功能是资源共享和数据通信。

7.1.4　计算机网络的体系结构

通常所说的计算机网络体系结构，即在世界范围内统一协议，制定软件标准和硬件标准，并将计算机网络及其部件所应完成的功能精确定义,从而使不同的计算机能够在相同功能中进行信息对接。

为使不同计算机厂家生产的计算机能相互通信，以便在更大范围内建立计算机网络，国际标准化组织（ISO）于 1978 年提出“开放系统互连参考模型”，即著名的 OSI/RM（Open System Interconnection/Reference Model）。

所谓“开放”，是强调对 OSI 标准的遵从。一个系统是开放的，是指它可以与世界上任何地方遵守相同标准的其他任何系统进行通信。

OSI/RM 网络结构模型将计算机网络体系结构的通信协议规定为物理层、数据链路层、网络层、传输层、会话层、表示层、应用层等共七层。对于每一层，OSI 至少制定两个标准：服务定义和协议规范。

开放系统互连参考模型如图 7-7 所示。

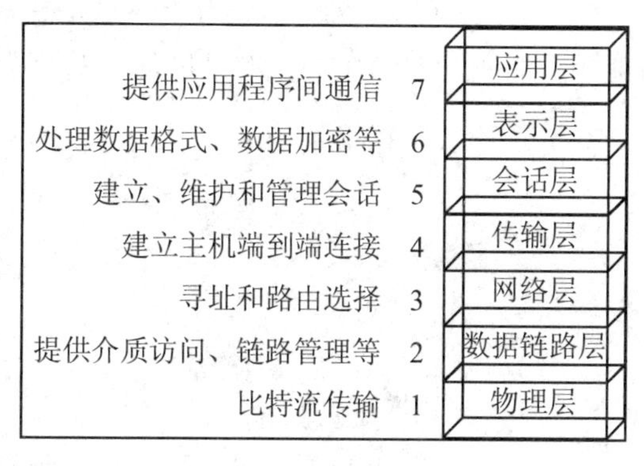

图 7-7　OSI/RM 层次图

7.1.5 计算机网络的拓扑结构

拓扑（英文名称：network topology）这个名词是从几何学中借用来的。网络拓扑结构是指用传输媒体互连各种设备的物理布局，就是用什么方式把网络中的计算机等设备连接起来。网络拓扑图给出网络服务器、工作站的网络配置和相互间的连接。网络的拓扑结构主要有星型结构、环型结构、总线型结构、分布式结构、树型结构、网状型结构、蜂窝状结构等。其中最常见的基本拓扑结构是星型结构、环型结构和总线型结构三种。

（1）星型拓扑结构。在星型结构中，网络中的各节点通过点到点的方式连接到一个中央节点（又称中央转接站，一般是集线器或交换机）上，由该中央节点向目的节点传送信息，如图 7-8 所示。中央节点执行集中式通信控制策略，因此中央节点相当复杂，负担比各节点重得多。在星型网中任何两个节点要进行通信都必须经过中央节点控制。因此，中央节点的功能主要有三项：当要求通信的站点发出通信请求后，控制器要检查中央转接站是否有空闲的通路，被叫设备是否空闲，从而决定是否能建立双方的物理连接；在两台设备的通信过程中要维持这一通路；当通信完成或者不成功要求拆线时，中央转接站应能拆除上述通路。

（2）环型拓扑结构。环型结构在 LAN 中使用得比较多。该结构中的传输媒体从一个端用户连接到另一个端用户，直到将所有的端用户连成环型，如图 7-9 所示。数据在环路中沿着一个方向在各节点间传输，信息从一个节点传到另一个节点。这种结构显而易见消除了端用户通信时对中心系统的依赖性。环型结构的特点是：每个端用户都与两个相邻的端用户相连，因而存在着点到点的链接，但总是以单向方式操作，于是便有上游端用户和下游端用户之分；信息流在网中是沿着固定方向流动的，两个节点仅有一条通路，故简化了路径选择的控制；环路上各节点都是自举控制，故控制软件简单；由于信息源在环路中是串行地穿过各个节点，当环中节点过多时，势必影响信息传输速率，使网络的响应时间延长；环路是封闭的，不便于扩充；可靠性低，一个节点故障，将会造成全网瘫痪；维护难，对分支节点故障定位较难。

（3）总线型拓扑结构。总线型结构是使用同一媒体或电缆连接所有端用户的一种方式。也就是说，连接端用户的物理媒体由所有设备共享，各工作站地位平等，无中央节点控制，公用总线上的信息多以基带形式串行传递，其传递方向总是从发送信息的节点开始向两端扩散，如同广播电台发射的信息一样，因此又称广播式计算机网络，如图 7-10 所示。各节点在接收信息时都进行地址检查，看是否与自己的工作站地址相符，相符则接收传送过来的信息。这种结构具有费用低、数据端用户入网灵活、站点或某个端用户失效不影响其他站点或端用户通信的优点。缺点是一次仅能一个端用户发送数据，其他端用户必须等待到获得发送权；媒体访问获取机制较复杂；维护难，分支节点故障查找难。尽管有上述这些缺点，但由于布线要求简单，扩充容易，端用户失效、增删不影响全网工作等，所以仍是 LAN 技术中使用最普遍的一种。

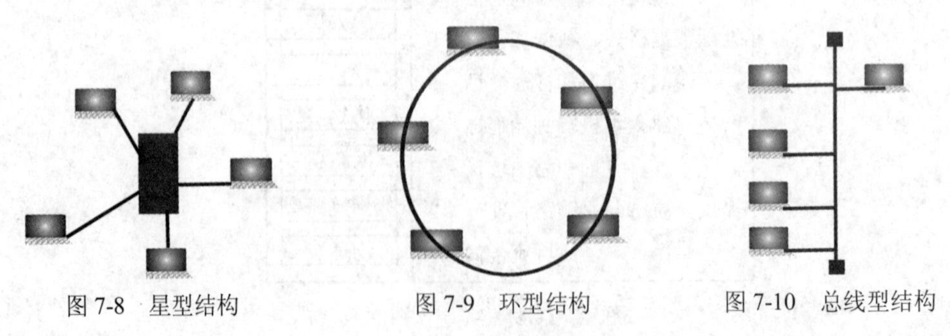

图 7-8 星型结构　　图 7-9 环型结构　　图 7-10 总线型结构

（4）混合型拓扑结构。混合型结构是将两种或几种网络拓扑结构混合起来构成的一种网络拓扑结构。这种拓扑结构是由星型结构和总线型结构的网络结合在一起的网络结构，更能满足较大网络的拓展，既解决了星型网络在传输距离上的局限，同时又解决了总线型网络在连接用户数量上的限制。这种拓扑结构同时兼顾了星型与总线型网络的优点，同时又在一定程度上弥补了上述两种拓扑结构的缺点。

7.1.6　计算机网络的组成

1. 物理组成

通过对计算机网络定义的理解，从系统的角度可以把计算机网络系统分成计算机系统、数据通信系统和网络软件三大部分。

计算机系统是连接在网络边缘的独立计算机，根据它在网络中的作用可以分为服务器和工作站。

数据通信系统由通信控制处理机、网络互联设备和传输介质构成。

网络软件是计算机网络的灵魂，主要包括网络操作系统、网络管理软件、网络应用软件和网络协议。

2. 逻辑组成

从功能上看，计算机网络可分为通信子网和资源子网两部分，如图 7-11 所示。通信子网完成数据的传输功能，包括传输和交换设备，为主机提供连通性和交换。资源子网完成数据的处理和存储等功能，由所有连接在因特网上的主机组成，这部分是用户直接使用的。从计算机网络的逻辑功能组成可以看出，计算机网络是通信技术与计算机技术的结合。

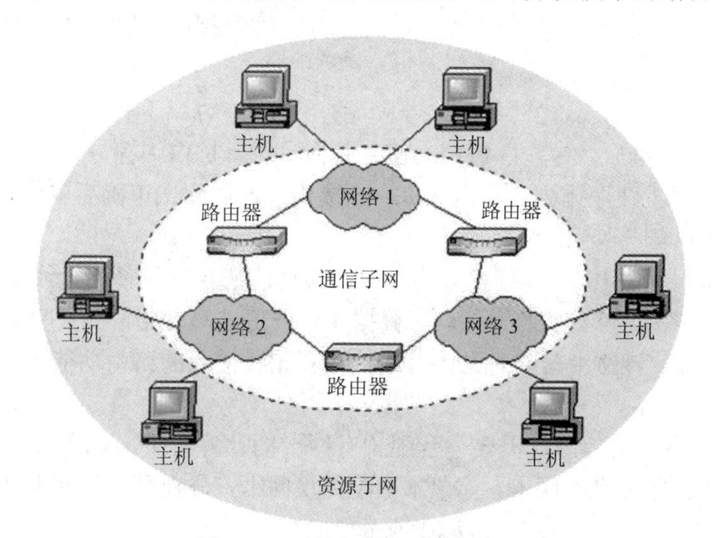

图 7-11　计算机网络的逻辑组成

7.2　简单局域网的组建案例

7.2.1　问题的提出及解决方案

局域网（Local Area Network）是在一个有限的地理范围内（如一个房间、一栋大楼和一个机关学校或者大到方圆几千米的区域内），将各种计算机、外部设备和数据库等互相联接起来组成的计算机通信网络系统。它可以实现计算机之间的数据传输、资源共享等功能。局域网是封闭型的，可以由宿舍的两台计算机组成，也可以由一个学校内的上千台计算机组成。

局域网由网络硬件和网络软件两部分组成，网络硬件主要包括服务器、工作站、传输介质、接入设备、互联设备等，如集线器、交换机、路由器、光纤设备、无线 AP 等；网络软件主要包括网络操作系统、网络应用软件和通信协议等。

7.2.2 组建局域网

随着网络技术的发展以及网络自动化的需要，在学校宿舍或办公室中需要使用的计算机数量越来越多，如果每台计算机都单独装设宽带上网，价格非常高也很浪费，而且为了提高一些办公设备如打印机、传真机和扫描仪等的利用率，节省开支，最好的解决办法就是组建一个局域网，共享这些资源，相互传输数据。以下主要阐述小型局域网的组建与维护。

1. 基本网络硬件

（1）网线的制作（双绞线）

双绞线是网络中常见的传输介质，价格低廉、性能优良，一般组建局域网都是用双绞线作为连接线的。一根双绞线的制作需要 RJ-45 接头两个，适中长度双绞线一根。在组建局域网时用到的双绞线是直通连接线，即 RJ-45 接头两端都遵循 T568A 或 T568B 标准，双绞线的每组线在两端是一一对应的。T568A 和 T568B 标准的线序为：

T568A 线序：

1	2	3	4	5	6	7	8
绿白	绿	橙白	蓝	蓝白	橙	棕白	棕

T568B 线序：

1	2	3	4	5	6	7	8
橙白	橙	绿白	蓝	蓝白	绿	棕白	棕

将双绞线按照以上线序排列后，压入 RJ-45 接头，连通测试正确后就能使用了。

（2）路由器

在组建小型局域网（10 台计算机以内）时，最佳的选择就是使用无线路由器。目前市场上无线路由器的品牌有很多，价格不等，可根据实际情况选择使用。下文所配置的无线路由器是 TP-Link WR745N，该路由器同时具备有线接入和无线接入的路由功能。

（3）网卡

有了双绞线和路由器后，就需要一台配置有网卡的计算机了。现在市面上的计算机都配置好了网卡，台式机常配有线网卡，笔记本则配两块网卡，分别是有线网卡和无线网卡，可在计算机中的设备管理器中查看，如图 7-12 所示。

2. 设备的架设和配置

准备好以上设备，根据网络结构图就可以进行设备连接和综合布线了，物理连接好后再对设备进行配置完成就可以上网了。

（1）设备连接

按照网络结构图，用网线或者无线信号将计算机连接起来，步骤如下：

①选取一根长度适中的网线 1，将一端插入路由器的外部端口，该端口用来与外部网络连接，标有“WAN”字样；另一端插入连接网络的设备中。

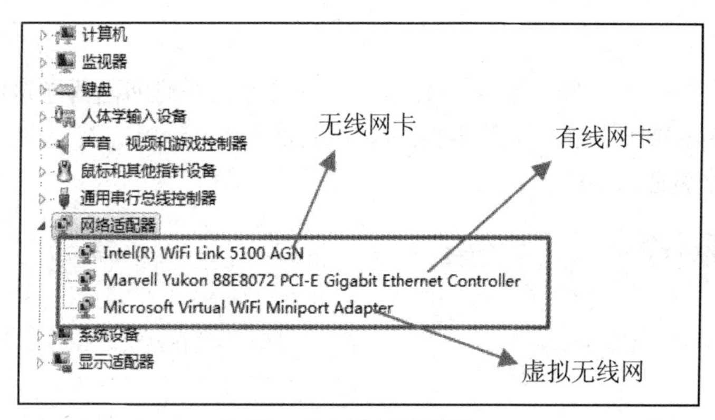

图 7-12　网卡示意图

②选取一根网线 2，将一端插入路由器的普通接口上，该端口用来连接局域网内部的计算机，标有“LAN”字样；另一端插入计算机的网卡接口处，根据需要可以同时连接好几台计算机。

③接通电源，打开路由器的无线天线，如计算机具有无线功能，则开启计算机的无线功能。

（2）设备配置

①配置路由器

第一步，对新购买的路由器，可根据路由器说明书按步骤配置，如果没有说明书，一般情况下没有特殊设置过的路由器 IP 地址为 192.168.1.1，配置过 IP 的可以重置路由器，长按 RESET 清零。

第二步，打开连接到路由器的一台计算机，在浏览器上输入http://192.168.1.1/，进入路由器的配置界面，如图 7-13（a）所示。提示输入用户名和密码，一般默认的用户名和密码都是 admin，也有的是 guest，会在路由器背面或者说明书上写着。进入路由器后可选择“设置向导”，如图 7-13（b）、（c）、（d）所示，根据向导完成设置。

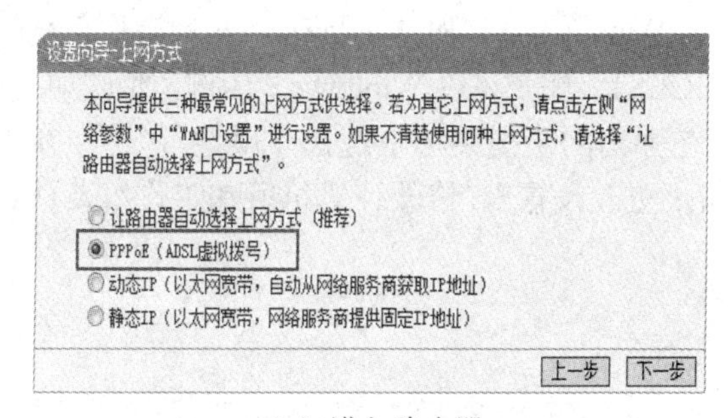

（a）进入路由器

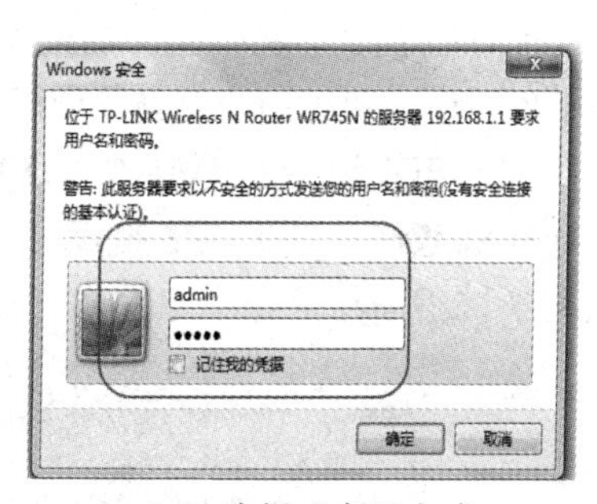

（c）选择“上网方式

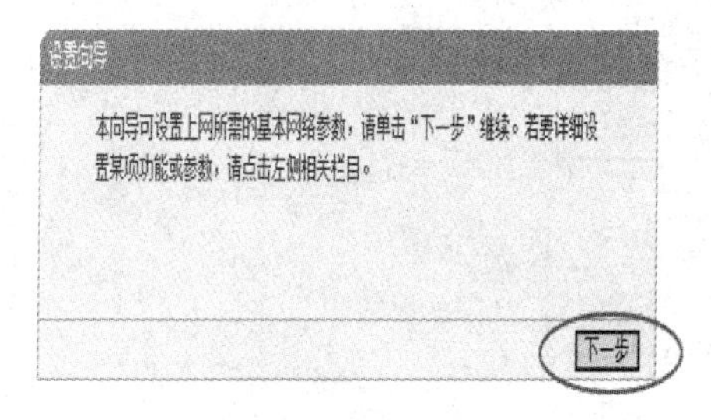

（b）进入“设置向导”

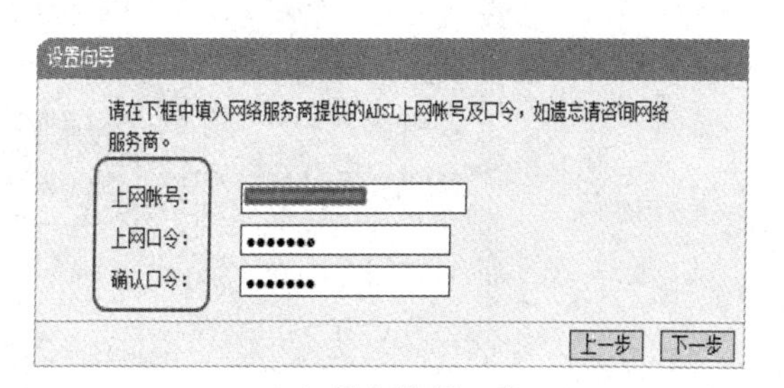

（d）输入账号口令

图 7-13　配置路由器

②配置计算机

由于路由器的 DHCP 功能一般是开着的，所以与配置好的路由器连接的计算机，只需将 IP 设置为“自动获得 IP 地址”，如图 7-14 所示，就能在局域网中正常上网了，并且局域网中的计算机的 IP 地址都是相邻的。

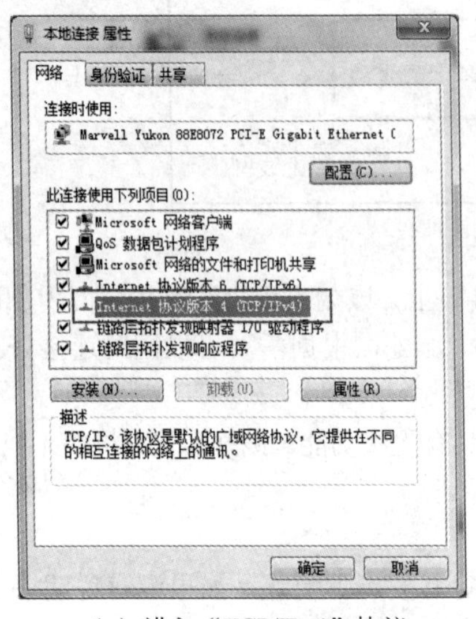

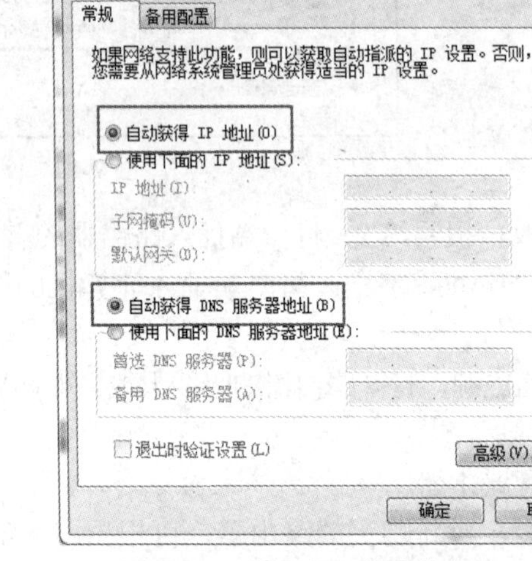

（a）进入“TCP/IPv4”协议　　　　（b）设置为“自动获取”

图 7-14　配置局域网中的计算机

（3）局域网共享设置

局域网搭建完成后，最重要的功能就是资源共享，包括文件共享、磁盘共享、打印机共享等，正确的设置才能成功地共享局域网中的资源。在设置共享以前，首先要保证局域网中的计算机在同一个工作组，同一个工作组的计算机可以方便地访问本工作组中其他计算机的共享资源，并且计算机名也不能相同。如果局域网中有 Windows XP 和 Windows 7 两种操作系统的计算机，那么要让这两种用户互访，就要开启“GUEST”账户，以 Windows 7 为例，步骤如下：

①设置同一工作组：右键单击“计算机”，在弹出的快捷菜单中选择“属性”，再在弹出窗口的“计算机名称、域、工作组设置”下单击“更改设置”，修改计算机所在工作组及计算机名，如图 7-15 所示。

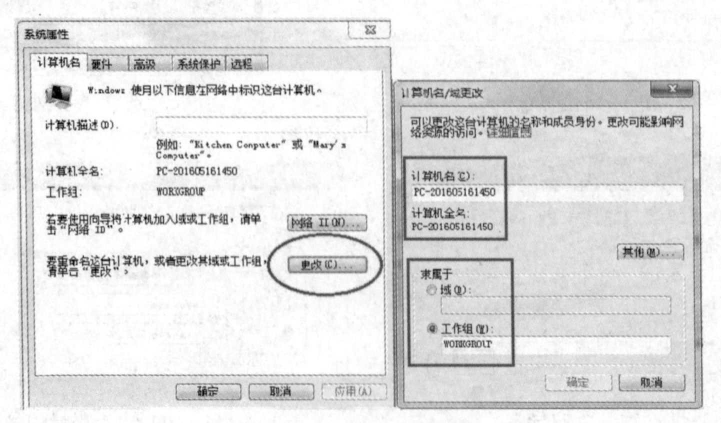

图 7-15　更改计算机名和所在工作组

②开启“Guest”账户：右键单击“计算机”，在弹出的快捷菜单中选择“管理”，再在弹出窗口的“计算机管理”下单击“本地用户和组”，右键单击 Guest，然后在弹出菜单里选择“属性”，将“账户已禁用”的勾选去掉，就开启了来宾账户，如图 7-16 所示。

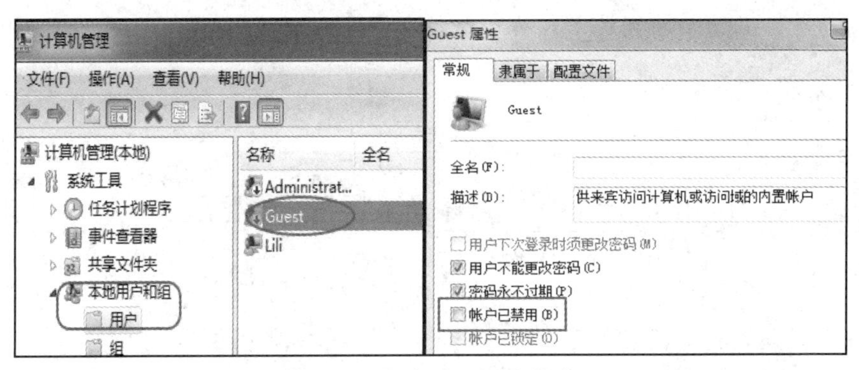

图 7-16　开启“Guest”账户

③设置共享权限：在电脑右下角找到“网络和共享中心”单击进入，继续单击“更改高级共享设置”，在“文件和打印机共享”处选择“启用”，如图 7-17 所示，在“密码保护的共享”处选择“关闭”，其他按钮可以根据实际需要启用或者关闭。

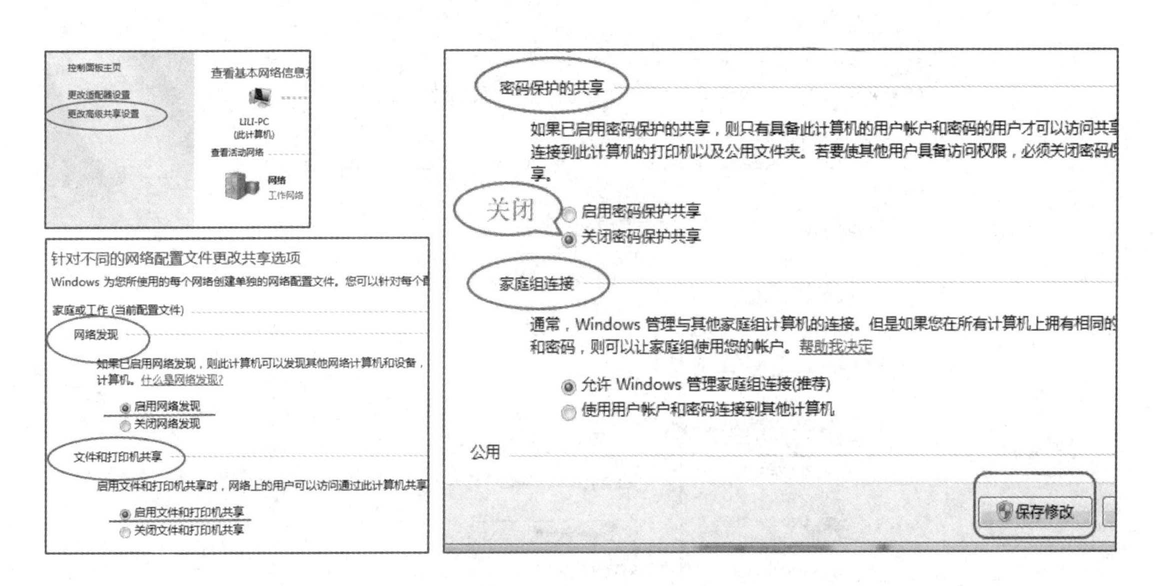

图 7-17　启用文件打印共享权限、关闭密码保护共享

④文件共享：局域网中文件共享是最基本的功能，文件共享可以让局域网中的成员共享文件资料。文件共享可分为文件和文件夹共享，如图 7-18 以共享“例子”这个文件夹为例：选择你要共享的文件或文件夹，单击右键选择“共享”，单击“特定用户”进入“选择要与其共享的用户”，可以添加或者创建新用户，之后就单击“共享”就完成共享了。

⑤磁盘共享：磁盘共享包括硬盘、软驱、光驱等的共享，比如在局域网中，有的计算机没有配光驱，通过磁盘共享设置后，就能实现一些资源的共享。图 7-19 以共享磁盘 G 为例：选中“本地磁盘 G”单击右键，进去“共享”选项卡，单击“高级共享”，之后设置“高级共享”，可添加共享用户、设置用户的共享权限。

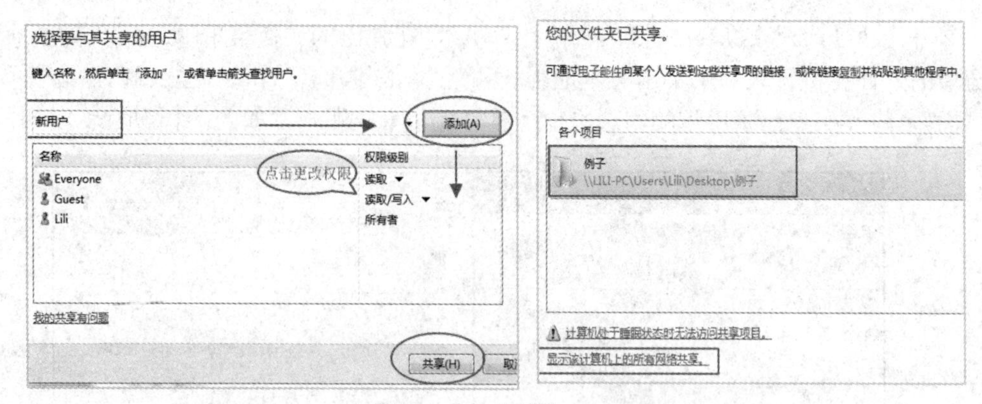

图 7-18　文件共享

图 7-19　成功共享“G 盘”

（4）连网、检测和故障诊断

局域网连接好以后，可以对网络的连接状况进行测试，除了可以用专门的测试设备或软件外，还可以用一些常用的网络维护命令快速地检测网络故障。Windows 操作系统提供了一组实用程序可以很方便地进行一些最基本、最常用的测试，下面介绍几个基本的 TCP/IP 实用程序：ping、ipconfig、tracert、netstat 命令。这些实用程序通常以 DOS 命令的形式出现，它们通过键盘命令来显示和改变网络配置，不但操作简单，而且立刻显示结果，使维护人员可以即时地掌握网络情况，发现局域网中的故障，从而快速解决问题。如何进入它们的运行环境呢？步骤如图 7-20 所示。

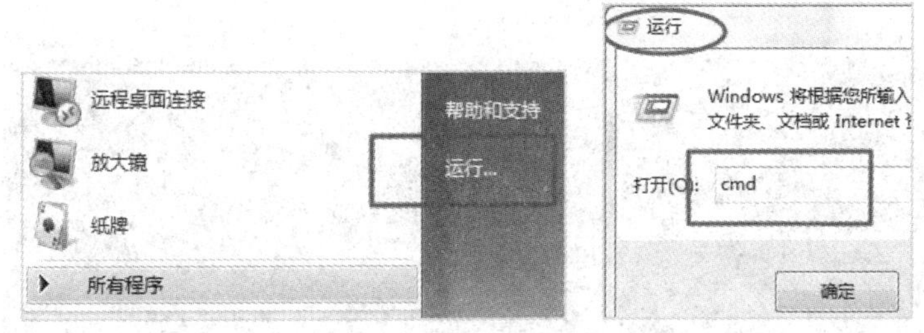

图 7-20　进入 DOS 运行环境

①ping 命令。使用 ping 命令可检查网络连接是否畅通。它通过向计算机发送 IP 检测包，并且监听应答信息，以校验与远程计算机或本地计算机的连接。ping /? 可获得 ping 的使用帮助，它的使用格式是在命令提示符下键入：

ping　IP 地址或主机名　[参数]

执行结果显示响应时间。重复执行这个命令，可以发现 ping 报告的响应时间是不同的，这主要取决于网络的实时的繁忙程度，如图 7-21 所示。

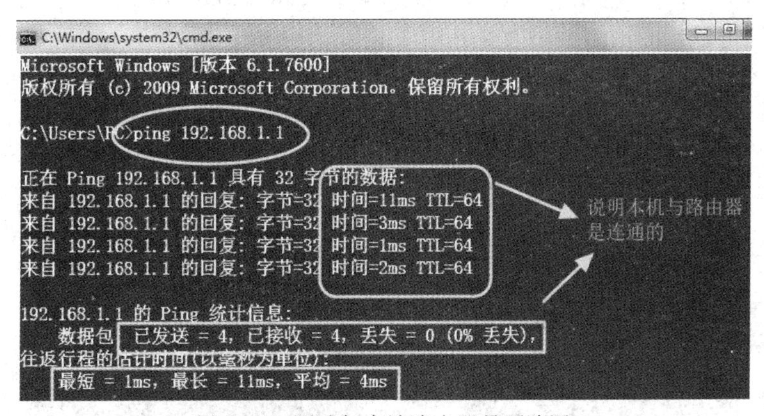

图 7-21　测试与本地路由器是否连通

ping 命令的主要参数及功能描述如下：

-t：一直 ping 指定计算机，直到按 Ctrl+C 组合键才停止。

-a：将地址解析为计算机名。

-n count：发送由 count 指定数量的 ECHO 数据包，默认值为 4。

-l length：发送由 length 指定数据长度的 ECHO 数据包。默认值为 32 字节，最大值为 65527 字节。

②ipconfig 命令。ipconfig 命令可以查看主机内 IP 协议的具体配置信息，以此来检验 TCP/IP 协议的设置是否正确。如果 ipconfig 命令后面不跟任何参数直接运行，程序将显示网络适配器的物理地址、主机的 IP 地址、子网掩码以及默认网关等，如图 7-22 所示。还可以列出查看主机的相关信息，如主机名、DNS 服务器、节点类型等。其中网络适配器的物理地址在检测网络错误时非常有用。同样在命令提示符下键入 ipconfig /? 可获得 ipconfig 的使用帮助，键入 ipconfig all 可获得 IP 配置的所有属性。

ipconfig 命令主要参数及功能描述如下：

-all：显示系统的所有网络信息，包括主机名、节点类型、网络适配器名、MAC 地址、DHCP 租赁信息等。

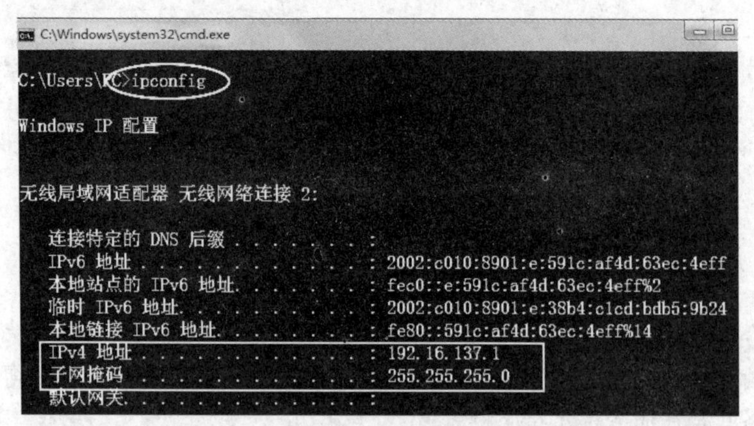

图 7-22 ipconfig 后不加参数返回的信息

③tracert 命令。tracert 命令用于跟踪路由信息，诊断网络路径连通性问题，它主要用来查看数据包从本机到另一台计算机或者网站所经过的路径，并记录显示数据包经过的中间节点和到达时间。如图 7-23 所示是显示本地计算机到 www.baidu.com 所经过的 4 个路由。因此，借助 tracert 命令还可以判断网络故障发生在哪个位置。

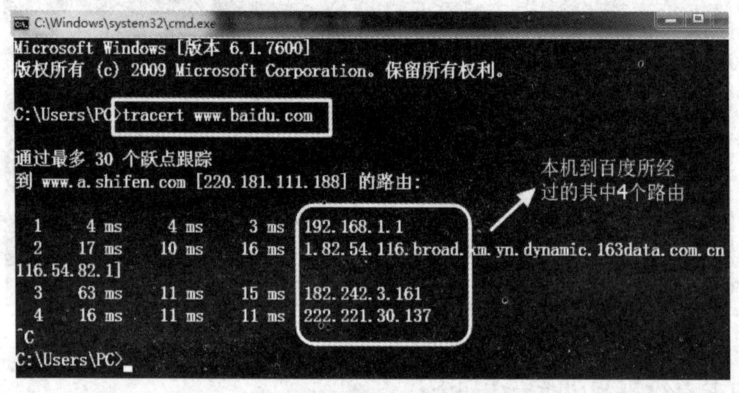

图 7-23 跟踪路由信息

tracert 命令主要参数及功能描述如下：

-d：不解析 IP 地址的主机名，可以更快地显示路由器路径。

-h maximum_hops：指定搜索到目标地址的最大跳跃数。

-j host_list：按照主机列表中的地址释放源路由。

-w timeout：指定超时时间间隔，程序默认的时间单位是毫秒。

④netstat 命令。netstat 命令是网络状态查询工具，可以帮助了解网络的整体运行情况，查询到当前 TCP/IP 网络连接的情况和相关统计信息，如显示网络连接、路由表和网络接口信息，统计当前有哪些网络连接正在进行。如图 7-24 是显示 IPv4 统计信息，了解计算机是怎样与 Internet 连接的。netstat 命令本身带有多种参数，可以使用 netstat/? 命令来查看该命令的使用格式以及详细的参数说明。

netstat 命令的主要参数及功能描述如下：

-a：显示所有连接和侦听端口。

-e：显示以太网统计信息。

-n：以数字表格形式显示地址和端口号。

-r：显示路由表信息。

-s：显示指定协议统计信息。

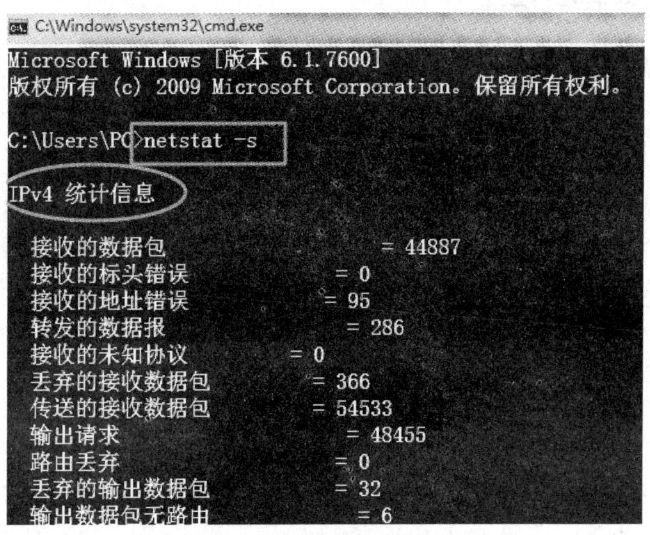

图 7-24　显示 IPv4 统计信息

3. 无线局域网

无线局域网（WLAN）是利用无线通信技术在一定的局部范围内建立的网络，是计算机网络与无线通信技术相结合的产物，它以无线多址信道作为传输媒介，提供传统有线局域网（LAN）的功能，能够使用户真正实现随时、随地、随意的宽带网络接入。

组建无线局域网的硬件设备主要有无线网卡、无线 AP、无线网桥、无线路由器等一些无线设备，日常生活中性价比最高、最常用的就是无线 AP 和无线路由器。

无线路由器是无线 AP 和宽带路由结合的产物，既有无线 AP 的功能，又有宽带路由的功能，可以使很多带有无线网卡的计算机和带有 WiFi 功能的手机连接到 Internet 上。无线局域网的组建和有线局域网类似，只不过在配置路由器时要设置无线用户名和上网口令。配置时需要先打开计算机的无线功能，通过连接到相应的无线用户上输入口令连接上网，如图 7-25 所示。

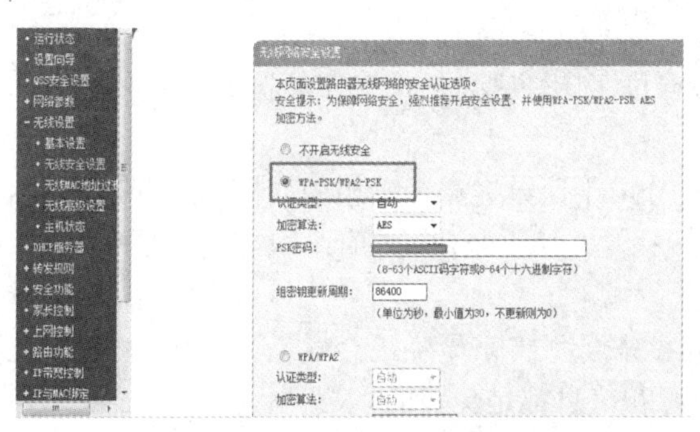

（a）无线网络基本设置

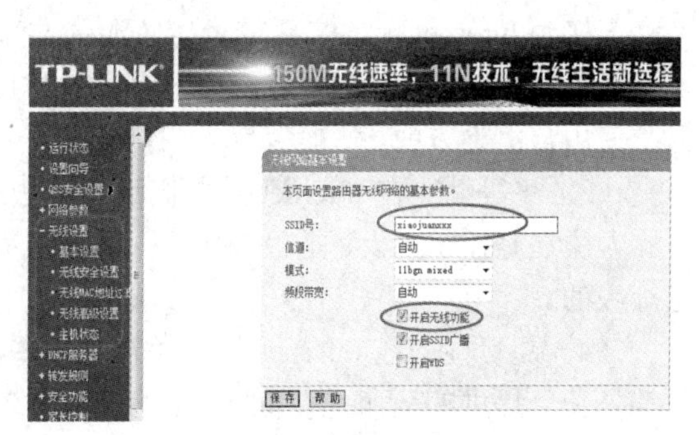

（b）无线网络安全设置

图 7-25　无线局域网设置

7.3 Internet 基础

7.3.1 Internet 的产生及发展

Internet 是在美国的军用计算机网 ARPANET 的基础上经过不断发展变化而成的。Internet 的起源可分为以下三个阶段：

（1）Internet 的雏形形成阶段。

1969 年美国国防部高级研究计划署（Advanced Research Projects Agency，ARPA）开始建立一个名为 ARPANET 的网络，当时建立这个网络的目的只是为了将美国的几个军事及研究用电脑主机连接起来，人们普遍认为其是 Internet 的雏形。

（2）Internet 的发展阶段。

美国国家科学基金会（NSF），在 1985 开始建立 NSFNET。NSF 规划建立了 15 个超级计算中心及国家教育科研网——用于支持科研和教育的全国性规模的计算机网络 NFSNET，并以此作为基础实现同其他网络的连接。NSFNET 成为 Internet 上主要用于科研和教育的主干，部分代替了 ARPANET 的骨干地位。

（3）Internet 的商业化阶段。

20 世纪 90 年代初商业机构开始进入 Internet，使 Internet 迈入了商业化的新进程，也成为 Internet 大发展的强大推动力。1995 年，NSFNET 停止运作，Internet 彻底商业化了。

Internet 的迅猛发展从 1996 年起，世界各国陆续启动下一代高速互联网络及其关键技术的研究，商业网络和大量商业公司进入 Internet，使 Internet 能为用户提供更多的服务，Internet 迅速普及和发展起来。现在 Internet 日益多元化，进入到人们日常生活的各个领域。网络的出现，改变了人们使用计算机的方式，而 Internet 的出现，又改变了人们使用网络的方式。Internet 使计算机用户不再被局限于计算机上，不受特定网络的约束，只要进入了 Internet，就可以利用网络和各种计算机上的丰富资源。

7.3.2 Internet 的特点

为了更好地理解 Internet，在此将其特点进行归纳。Internet 具有以下特性：

（1）开放性。Internet 是世界上最开放的网络。任何一台计算机只要支持 TCP/IP 协议就可以连接到 Internet 上，实现信息等资源的共享。

（2）自由性。Internet 是一个无国家的虚拟自由王国。它包括信息流动自由、用户言论自由及使用自由等方面。

（3）平等性。在 Internet 中人们没有等级之分，不论年老年少，相貌如何，或者是学生、商界人士还是建筑工人，是否是残疾人等都没有关系。个人、企业、政府组织之间也是平等的、无等级的。

（4）免费性。在 Internet 上，虽然有一些付款服务（将来无疑还会增加），但绝大多数服务都是免费提供的。而且在 Internet 上有许多资源和信息都是免费的。

（5）交互性。Internet 作为一个平等自由的信息交流平台，信息的流动和交流是相互的，沟通双方可以平等的彼此进行交互作用。

（6）合作性。Internet 是一个没有中心的自主式的开放组织。Internet 上的发展强调的是资源共享和双赢的发展模式。

（7）虚拟性。Internet 的一个重要特点是通过对信息的数字化处理，以信息的流动来代替传统的实物流动，从而具备许多现实世界具有的特性。

（8）全球性。Internet 从商业化运作开始，就表现出无国界性，信息流动是自由的、无限制的。

7.3.3　TCP/IP 协议

通过通信信道和设备互连起来的位于多个不同地理位置的计算机系统，要使其能协同工作实现信息交换和资源共享，它们之间必须具有共同的语言。交流什么、怎样交流以及何时交流，都必须遵循某种互相都能接受的规则。这些规则的集合就是网络协议（Protocol）。

TCP/IP 协议是 Internet 赖以生存的基础，连入 Internet 的计算机必须遵循 TCP/IP 协议才能进行通信。TCP/IP 协议实际包含 TCP（传输控制协议）和 IP（网际协议）两个协议。

TCP（Transmission Control Protocol）能够检测到数据包在传送过程中是否丢失，如果丢失就重新传一次；TCP 也能检测到那些未能按顺序到达的数据包（选择了不同路由而造成延时），把顺序调整正确；TCP 还能检测到一个数据包多个副本到达目的地的情况，把多余的滤除。

IP（Internet Protocol）定义数据分组格式和确定传送路径。IP 协议的基本传输单位是数据包，即数据在传输时分成若干段，每个数据段称为一个数据包，即 IP 包。每台利用 Internet 通信的计算机，都必须把数据装配成一个个 IP 包进行传送。传送路径使得数据包从源计算机经路由器连接的物理网络到达目标计算机。TCP 与 IP 巧妙地协同工作，保证了 Internet 上数据的可靠传输。

综上所述，IP 协议负责数据的传输，保证计算机发送和接收分组数据；TCP 协议负责数据的可靠传输，提供可靠的、可控的、全双工的信息流传输服务。它们在功能上是互补的，只有两者结合，才能保证 Internet 上的数据在复杂环境下的正常运行。凡是连接到 Internet 的计算机，都必须同时安装和使用这两个协议，因此经常把这两个协议称作 TCP/IP 协议，它们共同组成了互联网上数据传输的“交通规则”。

应用层也有许多协议，并包含了所有的高层协议，常用的有：超文本传输协议（HTTP）、简单邮件传输协议（SMTP）、文件传输协议（FTP）等。

7.3.4　Internet 的地址和域名

1．Internet 的地址

Internet 是通过路由器将物理网络互连在一起的虚拟网络。在一个具体的物理网络中，每台计算机都有一个物理地址（Physical Address），物理网络靠此地址来识别其中每一台计算机。在 Internet 中，为解决不同类型的物理地址的统一问题，在 IP 层采用了一种全网通用的地址格式，即为网络中的每一台主机分配一个 Internet 地址，从而将主机原来的物理地址屏蔽掉，这个地址就是 IP 地址。互联网中的每一台计算机都必须拥有一个唯一的 IP 地址以供识别。

IP 地址一般由网络号和主机号组成，网络号表明主机所连接的网络，主机号标识该网络上特定的那台主机。

IP 地址用 32 个比特（4 个字节）表示。为便于管理，将每个 IP 地址分为四段（一个字节一段），用三个圆点隔开，每段用一个十进制整数表示。可见，每个十进制整数的取值范围是 0～255。例如：某计算机的 IP 地址可表示为 11001010.01100011.01100000.10001100，也可表示为 202.99.96.140。

由于网络中 IP 地址众多，所以又将它们按照第一段的取值范围划分为五类：0～127 为 A 类，128～191 为 B 类，192～223 为 C 类，D 类和 E 类留作特殊用途，如图 7-26 和表 7-1 所示。

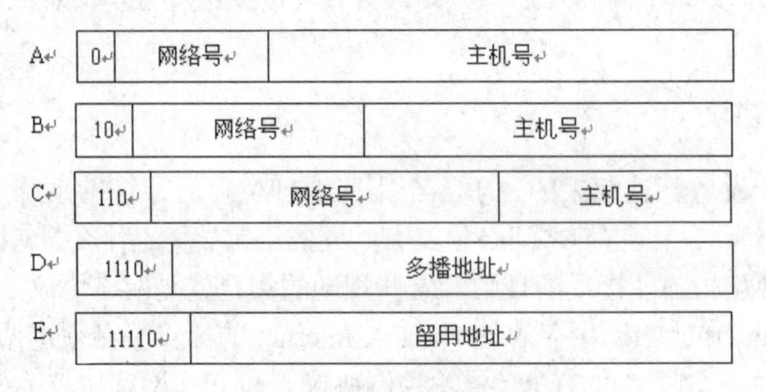

图 7-26　IP 地址划分

表 7-1　IP 地址的分配和子网掩码

类别	IP 地址范围	子网掩码	网络地址数	网络内主机数
A	0.0.0.0～127.255.255.255	255.0.0.0	128	16777214
B	128.0.0.0～191.255.255.255	255.255.0.0	16256	65554
C	192.0.0.0～223.255.255.255	255.255.255.0	2064512	254

由于 32 位 IP 地址表示的网络数是有限的，随着局域网数目及机器数的增加，就会出现网络数不够的问题，解决的办法是引入掩码，为各类网定义子网。

划分子网实际上就是从主机号中借用若干个比特作为子网号，而主机号也就相应减少了若干个比特，子网位从主机号的最左边开始连续借用。此时，IP 地址为三级结构，即：

IP 地址={<网络号>，<子网号>，<主机号>}

在组建计算机网络时，通过子网技术将单个大的网络划分为多个小的网络，并用路由器等网络设备连接起来，可以减轻网络拥挤，提高网络性能。

子网号在网外是不可见的，仅在子网内使用。子网号的位数是可变的，为了反映有多少位用于表示子网号，采用了子网掩码。掩码也是采用 32 个比特（4 个字节）表示，方法也是用圆点分开。我们通常用到的掩码，其网络地址、子网地址部分都对应“1”，主机地址部分则为“0”。每类网都有默认的子网掩码，如表 7-1 所示。

2. 域名

由于 IP 地址是 32 位的二进制数，不方便记忆使用，另外从 IP 地址上看不出拥有该地址的组织的名称或性质。互联网为了向用户提供一种直观明了的主机标识符，采用了一种字符型的主机命名机制，使主机名（域名）和 IP 地址形成一一对应关系，这就是域名系统。

域名系统采用分层结构。一般域名由几个域组成，域与域之间用小圆点“.”分开，最末的域称顶级域，其他的域称子域，每个域都有一个意义明确的名字，分别叫作顶级域名和子域名。域名地址从右向左分别用以说明国家或地区的名称、组织类型、组织名称、单位名称和主机名等。其一般格式为：

主机名.商标名（企业名）.单位性质.国家代码或地区代码

其中，商标名或企业名是在域名注册时确定的。例如对于域名 news.cernet.edu.cn，最左边的 news 表示主机名，cernet 表示中国教育科研网，edu 表示教育机构，cn 表示中国。

7.3.5　Internet 的接入方式

个人或企业的计算机都不是直接接入 Internet，而是通过 ISP（如中国电信、中国联通、中国网通、首创网络等）接入 Internet 的。ISP 是 Internet Service Provider（因特网服务提供商）的简称，是用户接入 Internet 的桥梁，它不仅为用户提供 Internet 的接入，也为用户提供各类信息服务。

从用户的角度来看，ISP 位于 Internet 的边缘，用户通过某种通信线路连接到 ISP 的主机上，再通过 ISP 的连接通道接入 Internet，如图 7-27 所示。

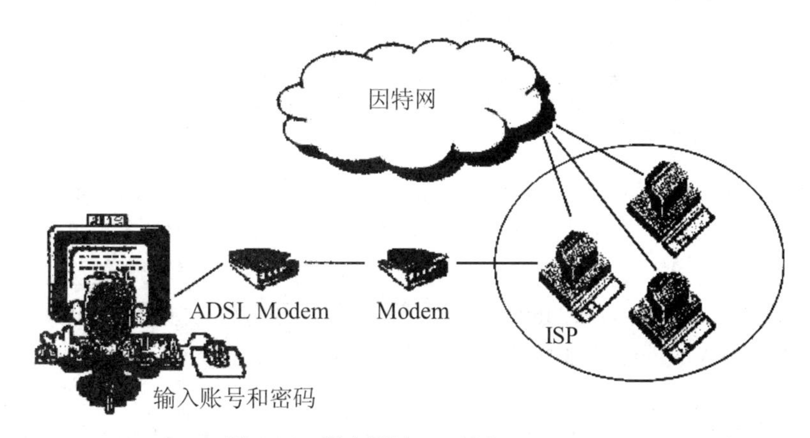

图 7-27　用户通过 ISP 接入 Internet

常见的因特网接入方式如下：

（1）ADSL 接入。

ADSL 是 Asymmetric Digital Subscriber Line（非对称数字用户线路）的简称，是一种利用电话线和公用电话网接入因特网的技术。用户只需要使用一个 ADSL 终端（也称 ADSL Modem）来连接电话线路。它的上行和下行速度不同，下行最快速度可达 8Mb/s，上行最快速度可达 lMb/s。采用电话线上网，但上网、电话互不干扰。

ADSL 接入简单，安装方便，成为家庭上网的一种主要方式。用户使用 ADSL 接入因特网时，先使用 ADSL 拨号软件建立连接。输入用户名和密码后（在电信部门申请到的），从电信部门获得一个动态 IP 地址，即可接入因特网。

（2）局域网接入。

一般单位、学校或公司的局域网用户都是通过局域网接入 Internet 的。局域网接入就是通过传输介质将本地计算机与服务器连接，并利用服务器接入 Internet 的方式。例如校园网中每台机器都是通过同轴电缆以及其他传输介质（如网络集线器等）与服务器相连，服务器给联网的每台机器分配唯一的 IP 地址，并通过服务器接入 Internet。用户从网络管理员处获得 IP 地址、子网掩码、网关及 DNS 等参数进行配置。首先单击任务栏的“网络”图标，再单击“打开网络和共享中心”链接，在打开的窗口中单击“本地连接”，选择“属性”，弹出“本地连接 属性”对话框（见图 7-28），选择“Internet 协议版本 4（TCP/IPv4）”，在“TCP/IP 协议版本 4（TCP/IPv4）属性”对话框中设置参数（见图 7-29），即可通过局域网连接 Internet。

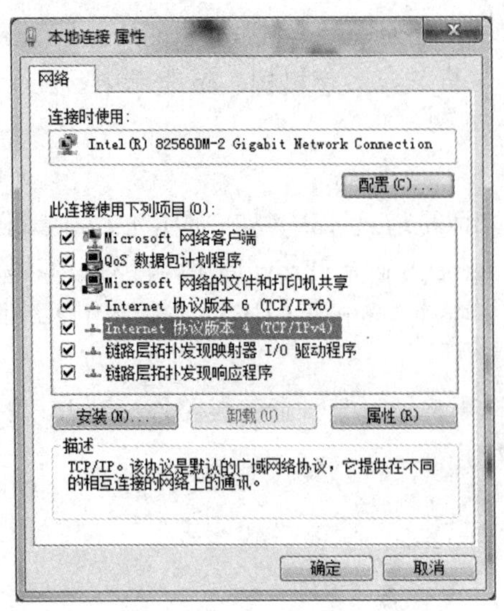

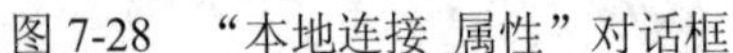
图 7-28 “本地连接 属性”对话框

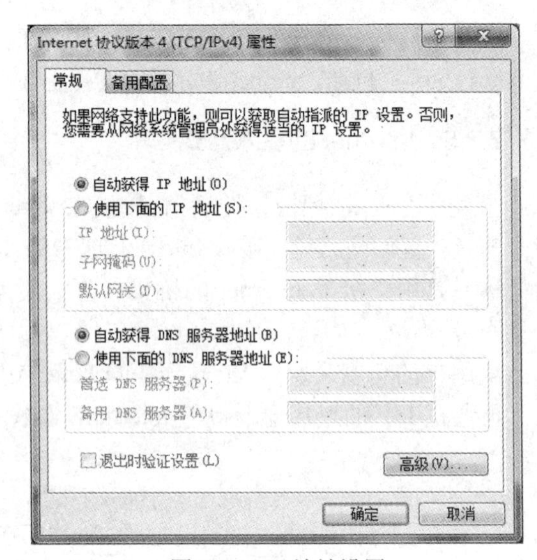

图 7-29 IP 地址设置

局域网接入方式传输容量较大，可提供高速、高效、安全、稳定的网络连接。局域网接入 Internet 的方式有多种，对于大、中型局域网来说，通常使用硬件设备如交换机、路由器或专线接入 Internet；而对于学生宿舍这种小型网络则用软件实现局域网接入，可以通过在计算机上安装网关代理软件（如 WinGate、SyGate 等）、代理服务器（如遥志代理服务器 CCProxy、WinRoute 等）或者 Windows 内置的“Internet 连接共享”共享上网。

（3）无线网络接入。

无线网络接入是一种有线接入的延伸技术，也是当前常用的一种接入 Internet 的方法。无线接入使用无线射频（RF）技术越空收发数据，减少有线连接，因此无线网络系统既可达到建设计算机网络系统的目的，又可让设备自由安排和移动。无线网络一般会作为有线网络的一个补充方式，在已接入 Internet 的无线局域网（WLAN）的无线接入点的覆盖范围之内，装有无线网卡的用户计算机或者手机可利用无线终端接收器进行轻松灵活的无线上网。

目前手机无线网络应用最为广泛，接入 Internet 的技术主要有 GPRS 和 EDGE，中国移动是采用基于 TD-WCDMA 技术的运营商，主要品牌有“G3”“全球通”，中国电信是采用基于 CDMA 技术的运营商，主要品牌有“天翼”“天翼 WIFI”，中国联通是采用基于 WCDMA 技术的运营商，主要品牌有“沃 3G”“沃家庭”。

7.4 Internet 的服务

7.4.1 信息浏览与检索

以百度搜索引擎为例：

（1）基本搜索。只要在搜索框中输入关键词，并敲一下回车键（Enter），或用鼠标单击“百度搜索”按钮即可得到相关资料。输入的查询内容可以是一个词语、多个词语、一句话。百度就会自动找出相关的网站和资料，并把最相关的网站或资料排在前列。

（2）准确的关键词。百度搜索引擎严谨认真，要求“一字不差”。例如：分别输入[舒淇]和[舒琪]，搜索结果是不同的。分别输入[电脑]和[计算机]，搜索结果也是不同的。因此，如果您对搜索结果不满意，建议先检查输入文字有无错误，并换用不同的关键词搜索。

（3）输入两个关键词搜索。输入多个关键词搜索，可以获得更精确更丰富的搜索结果。例如，搜索[北京 暂住证]，可以找到几万篇资料。而搜索[北京暂住证]，则只有严格含有“北京暂住证”连续 5 个字的网页才能被找出来，不但找到的资料只有几百篇，资料的准确性也比前者差得多。因此，当你要查的关键词较为冗长时，建议将它拆成几个关键词来搜索，词与词之间用空格隔开。多数情况下，输入两个关键词搜索，就已经有很好的搜索结果。

（4）减除无关资料。有时候，排除含有某些词语的资料有利于缩小查询范围。百度支持“-”功能，用于有目的地删除某些无关网页，但减号之前必须留一空格，语法是“A -B”。例如，要搜寻关于非古龙写的武侠小说的资料，可使用如下查询：“武侠小说 -古龙”。

（5）并行搜索。使用“A | B”来搜索或者包含关键词 A 或者包含关键词 B 的网页。例如：您要查询“图片”或“写真”相关资料，无须分两次查询，只要输入“图片|写真”搜索即可。百度会提供跟“|”前后任何关键词相关的网站和资料。

（6）相关检索。如果无法确定输入什么词语才能找到满意的资料，可以试用百度相关检索。可以先输入一个简单词语搜索，然后，百度搜索引擎会提供“其他用户搜索过的相关搜索词语”作参考。单击其中一个相关搜索词，都能得到那个相关搜索词的搜索结果。

（7）百度快照。百度搜索引擎已事先预览各网站，拍下网页的快照，保存在百度的服务器上，使您在不能链接所需网站时，利用百度暂存的网页也可救急。而且通过百度快照寻找资料要比常规链接的速度快得多。但原网页随时可能更新，与百度快照内容有所不同，请注意查看新版。百度和网页作者无关，并不对网页的内容负责。

（8）找专业报告。很多情况下，我们需要有权威性的、信息量大的专业报告或者论文。比如，我们需要了解中国互联网状况，就需要找一个全面的评估报告，而不是某某记者的一篇文章；我们需要对某个学术问题进行深入研究，就需要找这方面的专业论文。找这类资源，除了构建合适的关键词之外，还需要了解重要文档在互联网上存在的方式，往往不是网页格式，而是 Office 文档或者 PDF 文档。百度以“filetype:”这个语法来对搜索对象进行限制，冒号后是文档格式，如 PDF、DOC、XLS 等。例如：“霍金黑洞 filetype:pdf”。

（9）在指定网站内搜索。在一个网址前加“site:”，可以限制只搜索某个具体网站、网站频道或某域名内的网页。例如，[竞价排名 site:sina.com] 表示在 sina.com 网站内搜索和“竞价排名”相关的资料。注意：关键词与 site:之间须留一空格隔开；site 后的冒号“:”可以是半角“:”也可以是全角“：”，百度搜索引擎会自动辨认。“site:”后不能有“http://”前缀或“/”后缀，网站频道只局限于“频道名.域名”方式，不能是“域名/频道名”方式。

7.4.2 电子邮件

E-mail（Electronic Mail）是 Internet 上使用最多、应用最广的服务之一，它利用 Internet 传递和存储电子信函、文件、数字传真、图像和数字化语音等各种类型的信息，解决了传统邮件的时空限制，人们可以不分时间、地点任意收发邮件，并且速度快，大大提高了工作效率，为工作和生活提供了极大的便利。

1. 电子邮件地址

E-mail像普通的邮件一样有自己的地址，邮件服务器就是根据这个电子邮件地址传送邮件的，并且每个用户的邮件地址是唯一的，一个完整的邮件地址由以下两个部分组成，格式如下：

邮箱名@主机名.域名

中间用一个表示“在”（at）的符号“@”分开，符号的左边是对方的邮箱名，右边是完整的主机名（邮局名），它由主机名与域名组成。其中，域名由几部分组成，每一部分称为一个子域，各子域之间用圆点“.”隔开，每个子域都会告诉用户一些有关这台邮件服务器的信息，如 police110@163.com。

2. 电子邮件的收发

电子邮箱须先申请再使用，申请过程依提示进行，申请成功后即可进行相应的邮件收发业务了。

以登录并使用 163 邮箱的过程为例：首先在浏览器中输入网址 http://email.163.com/，输入个人的账号和密码进去邮箱。查看收到的电子邮件，如图 7-30（a）所示，给其他人发送电子邮件的过程如图 7-30（b）所示，收发示意如图 7-30（c）所示。

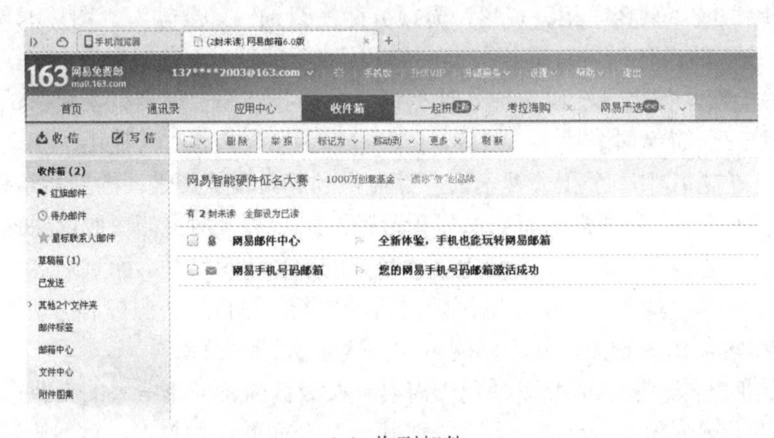

（a）收到邮件

（b）发送邮件

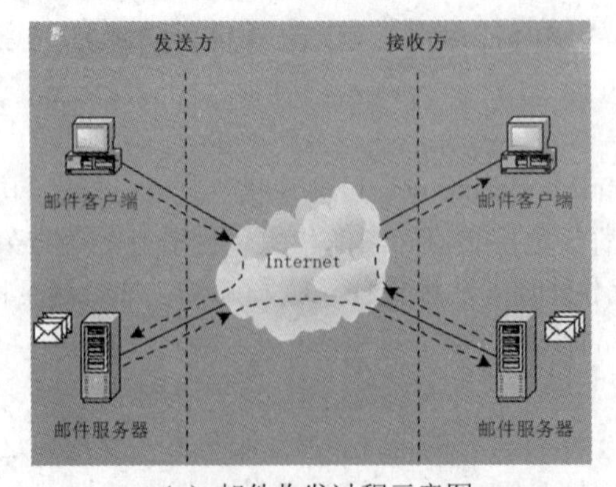

（c）邮件收发过程示意图

图 7-30　电子邮件的收发

7.4.3　FTP 与 Telnet

（1）FTP（File Transfer Protocol，文件传输协议）就是专门用来传输文件的协议，提供 FTP 服务的服务器叫 FTP 服务器。

一般来说，用户联网的首要目的就是实现信息共享，而在Internet上实现文件信息共享，首先要解决的就是不同操作系统（Windows、DOS、UNIX 等）之间的文件交流问题，这就需要建立一个统一的文件传输协议，即 FTP。基于不同的操作系统有不同的 FTP 应用程序，而所有这些应用程序都遵守同一种协议，这样用户就可以把自己的文件传送给别人，或者从其他的用户环境中获得文件。

FTP 是一个客户机/服务器系统。用户通过一个支持 FTP 协议的客户机程序，连接到在远程主机上的 FTP 服务器程序。用户通过客户机程序向服务器程序发出命令，服务器程序执行用户发出的命令，并将执行结果返回到客户机。比如说，用户发出一条命令，要求服务器向用户传送某一个文件的一份拷贝，服务器会响应这条命令，将指定文件送至用户的机器上。客户机程序代表用户接收到这个文件，将其存放在用户目录中。

匿名 FTP用来解决用户使用 FTP 上网登录这一问题，用户可通过匿名 FTP 连接到远程主机上，并从其下载文件，而无需成为其注册用户。它有一个特殊的用户 ID，名为 anonymous，Internet 上的任何人在任何地方都可使用该用户 ID。但是匿名 FTP 不适用于所有 Internet 主机，它只适用于那些提供了这项服务的主机，这样，远程主机的用户就得到了保护，避免了上载有问题的文件，如带病毒的文件。匿名 FTP 是 Internet 上发布软件的常用方法。

（2）Telnet 即 Internet 远程登录协议，可让用户计算机通过 Internet 登录到另一台远程计算机上，登录后用户计算机就仿佛是远程计算机的一个终端，可以用自己的计算机直接操纵远程计算机，享受与远程计算机本地终端同样的操作权力。使用 Telnet 的主要目的是使用远程计算机拥有的信息资源，下面以 QQ 远程协助为例进行说明。

打开你要控制或者要求被控制人的 QQ 页面，单击“远程桌面”按钮，选择你需要进行的下一步，具体步骤如图 7-31 所示。

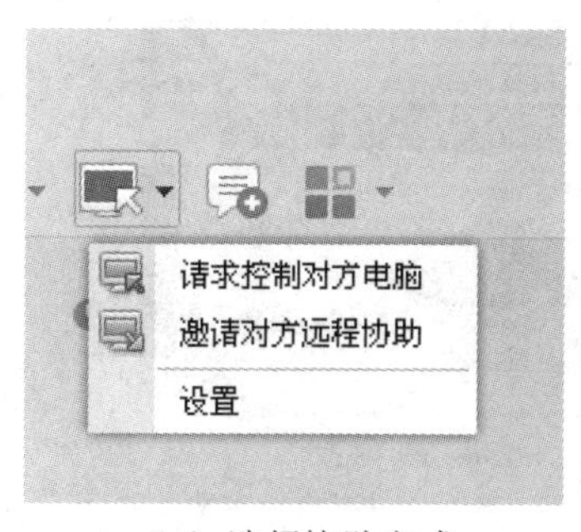

（a）选择协助方式

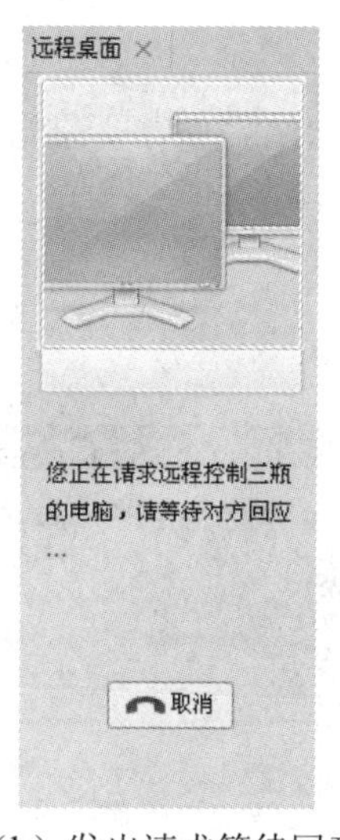

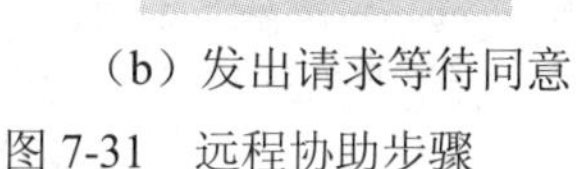

（b）发出请求等待同意

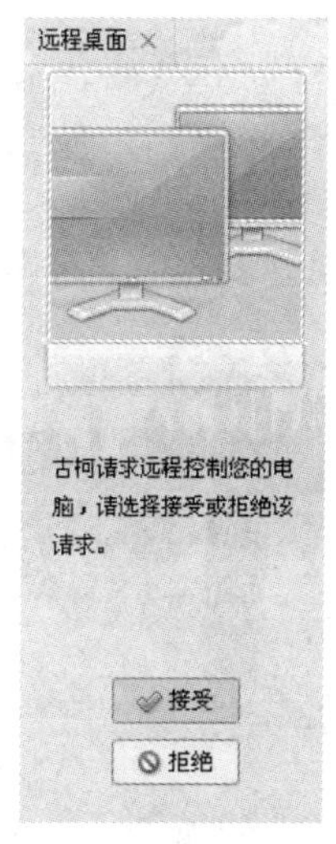

（c）远程协助成功

图 7-31　远程协助步骤

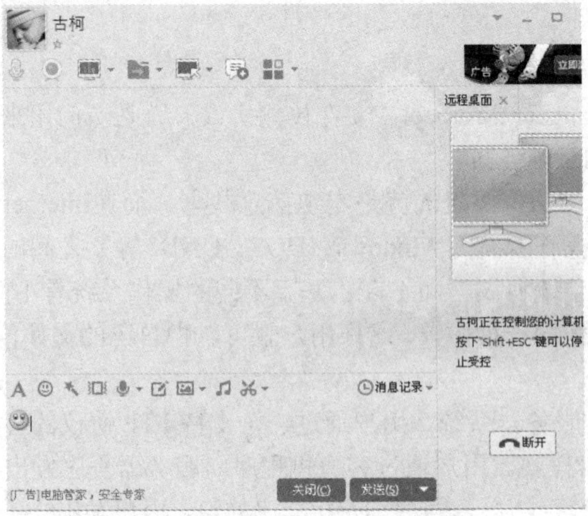

（d）操作协助成功的计算机

图 7-31　远程协助步骤（续图）

7.4.4　软件下载

通过浏览器访问软件下载的一些门户网站即可下载常用软件，如华军软件园、太平洋软件等，如图 7-32、图 7-33 所示。

图 7-32　华军软件园

图 7-33　软件下载

可以通过下载资源提供网站找到需要的软件。如一些基本的系统扩展类软件，如 WINRAR、好压等压缩/解压软件；驱动维护类软件，如驱动精灵、驱动人生等。新计算机使用时如果没有这些软件，可以下载安装，扩展系统功能。

7.4.5　其他服务

（1）网上交际：聊天、交友、玩网络游戏等。

（2）电子商务：网上购物、网上商品销售、网上拍卖、网上货币支付等。

（3）网络电话：IP 电话服务、视频电话。

（4）网上事务处理：办公自动化、远程教育、远程医疗。

7.5　云计算与物联网介绍

7.5.1　云计算

云计算是一种新兴的基于互联网的商业计算模型。它将计算任务分布在大量计算机构成的资源池上，使各种应用系统能够根据需要获取计算力、存储空间和各种软件服务。云计算是并行计算、分布式计算和网格计算的发展，或者说是这些计算机科学概念的商业实现。

1. 云计算的原理

云计算的基本原理是通过使计算分布在大量的分布式计算机上，而非本地计算机或远程服务器中，企业数据中心的运行将与互联网更相似。这使得企业能够将资源切换到需要的应用上。根据需求访问计算机和存储系统。

2. 云计算的架构

一般来讲，云计算的主要思路是对基础资源虚拟化形成的资源池进行统一的调度和管理，为用户提供包括从下到上的三个层次的服务：基础设施即服务（IaaS）、平台即服务（PaaS）和软件即服务（SaaS）。云计算平台可以分为三个逻辑层次和一个云管理平台。

最底层是基础资源层，包括物理资源和虚拟资源。它的主要功能是抽象物理硬件资源，包括计算、存储和网络等硬件资源，在资源层内实现自动化的资源管理和优化，并为外部使用者提供各种各样的 IaaS，使得硬件资源可以很容易地被访问和管理。

第二层是平台层，从云计算架构而言，平台层位于资源层和应用层之间，平台层是运行在资源层之上的一个以软件为核心，为应用服务提供开发、测试和运行过程中所需的基础服务，包括 Web 和应用服务器、数据库以及管理支撑服务等的层次。基础资源层所需要解决的是 IT 资源的虚拟化和自动化管理问题，而平台层需要解决的是如何基于资源层的资源管理能力提供一个高可用的、可伸缩的且易于管理的云中间件平台。它包括两部分：云平台框架和云平台服务组件。

最上层是应用层，是运行在平台层上的应用的集合，提供具体业务应用。每一个应用都对应一个业务需求，实现一组特定的业务逻辑，并且通过服务接口与用户交互。总的来说，应用层的应用可以分为三大类：第一类是面向大众的标准应用，比如 Google 的文档服务 Google Docs 等；第二类是为了某个领域的客户而专门开发的客户应用，比如 Salesforce CRM；第三类是由第三方的独立开发商在云计算平台层上开发的满足用户多元化需求的应用。

云管理平台为业务系统提供灵活的部署、运行与管理环境，屏蔽底层硬件、操作系统的差异，为应用提供安全、高性能、可扩展、可管理、可靠、可监控和可伸缩的全面保障，降低开发、测试、部署、运行和维护应用系统的成本。云管理平台包括三大部分内容：一是管理功能，二是用户服务功能，三是调度监控功能。

7.5.2 物联网

“物联网”是指各类传感器和现有的“互联网”相互衔接的一种新技术。它是通过信息传感设备，并按约定的协议，把任何物品通过互联网连接起来，进行信息交换和通信，以实现智能化管理的一种网络。由此概念可以看出，物联网的核心和基础仍然是互联网，是对互联网的延伸和扩展；其用户端延伸和扩展到了任何物品与物品之间的信息交换和通信。

物联网中利用的主要技术就是射频自动识别（RFID）技术，以该技术为支撑实现物品的自动化识别，并通过计算机互联网的传输作用，达到信息的互联与共享的目的。从层次上可将物联网的结构划分为以下三个层次：

（1）信息感知层网络。信息感知层网络是一个包括 RFID、条形码、传感器等设备在内的传感网，主要用于物品信息的识别和数据的采集。

（2）信息传输层网络。信息传输层网络主要用于远距离无缝传输由传感网所采集的海量数据信息，将信息安全传输至信息应用层。

（3）信息应用层网络。信息应用层网络主要通过数据处理平台及解决方案等来提供人们所需要的信息服务以及具体的应用。

7.5.3 云计算与物联网关系

（1）物联网与云计算——应用与平台——主机与 CPU。

云计算与物联网这两个名词总是同时出现，大家在直觉上会认为这两者在技术上是有关系的。其实不然，物联网和云计算之间只是应用与平台的关系。

通过前面对物联网的介绍可以知道，物联网就是互联网通过传感网络向物理世界的延伸，它的最终目标就是对物理世界进行智能化管理。物联网的这一使命也决定了它必然要有一个计算平台作为支撑。

由于云计算从本质上来说就是一个用于海量数据处理的计算平台，因此，云计算技术是物联网涵盖的技术范畴之一。随着物联网的发展，未来物联网势必将产生海量数据，而传统的硬件架构服务器将很难满足数据管理和处理要求，如果将云计算运用到物联网的传输层和应用层，采用云计算的物联网，将会在很大程度上提高运作效率。可以说，如果将物联网比作一台主机的话，云计算就是它的 CPU 了。

（2）云计算是物联网的核心。

建设物联网的三大基石，包括：①传感器等电子元器件；②传输的通道（比如电信网）；③高效的、动态的、可以大规模扩展的计算资源处理能力。其中，第三个基石：“高效的、动态的、可以大规模扩展的计算资源处理能力”正是通过云计算模式的帮助实现的。运用云计算模式，使物联网中数以兆计的各类物品的实时动态管理、智能分析变为可能。物联网通过将射频识别技术（RFID）、传感器技术、纳米技术等新技术充分运用到各行各业之中，将各种物体充分连接，并通过无线等网络将采集到的各种实时动态信息送达计算处理中心，进行汇总、分析和处理，从而将各种物体连接。

（3）云计算是互联网和物联网融合的纽带

物联网和互联网的融合，需要更高层次的整合，需要“更透彻的感知、更全面的互联互通、更深入的智能化”。这同样也需要依靠高效的、动态的、可以大规模扩展的计算资源处理能力，而这正是云计算模式所擅长的。同时，云计算的创新型服务交付模式，简化了服务的交付，加强了物联网和互联网之间及其内部的互联互通，可以实现新商业模式的快速创新，促进物联网和互联网的智能融合。

7.5.4　云计算在物联网中的应用

将云计算、云存储、云服务、云终端等技术应用于物联网的感知层、应用层及网络层，来解决物联网中海量信息和数据的管理问题。具体如下：

（1）可以有效地解决服务器的节点不可信的问题，可以最大限度地降低服务器的出错概率。随着科技的不断进步发展，物联网已经从原来的局域网逐渐发展成为城域网，其信息量也随之不断的增多，这样也就导致服务器的数量不断增加，进而导致节点的出错概率增加。在云计算中，可以有不同数目的虚拟服务器组，其可以按照先来先提供服务的方式，来完成节点之间的分布式的调度，这样在屏蔽相关节点的时候，也会提升响应的速率，云计算可以有效地保障物联网无间断安全服务的实现。

（2）可以保障物联网在低的投入下，获得很好的经济收益，一般情况下，服务器的硬件资源都是有一定的限度的，当服务器的响应的数量超出了自身承载数量的最大值，可能会造成服务器的瘫痪现象的发生。而云计算的出现，可以通过采用集群均衡的调度方式，在服务器访问数量达到最大负载的时候，通过改变星级的级别，以此来动态地减少或者是增加服务器的数量以及质量，达到释放访问压力的作用。

（3）可以实现物联网由局域网到互联网的过程，其能够很大程度上对信息资源进行共享，能够保障物联网的相关的信息放在互联网的云计算中心上，这样就能够保障信息的空间性，在任何地方只要有相应的传感器芯片，就能够从服务器中收到相关的信息。

习　　题

一、判断题

1．在计算机网络中，广域网的英文缩写是 LAN。（　　）
2．从使用的角度来看，静态 IP 和动态 IP 没有本质的区别。（　　）
3．调制解调器的主要作用是实现数字信号和模拟信号的转换。（　　）
4．使用收费的电子邮箱，付费方是发件方，而收件方不需要付费。（　　）
5．WWW 是目前使用 Internet 最方便．最直观的形式。（　　）
6．客户/服务模式是 Internet 的一种工作方式。（　　）
7．Internet 上的每台主机都有一个唯一的 IP 地址。（　　）
8．当个人计算机以拨号方式接入 Internet 网时，必须使用的设备是调制解调器。（　　）
9．TCP/IP 协议既可用于 WAN 又可用于 LAN。（　　）
10．一个具体的 URL 通常表示 Internet 中的信息资源。（　　）

二、选择题

1. 以太总线网采用的网络拓扑结构是（　　）。
   A．总线结构　　B．星型结构
   C．环型结构　　D．树型结构
2. ISO/OSI 参考模型从逻辑上把网络通信功能分为七层，最底层是（　　）层。
   A．网络层　　B．物理层
   C．数据链路层　　D．应用层
3. 在 Internet 中，用来进行文件传输的协议是（　　）。
   A．IP　　B．TCP
   C．FTP　　D．HTTP
4. 在 Internet 中，一个 IP 地址是由（　　）位二进制组成的。
   A．8 位　　B．16 位
   C．32 位　　D．64 位
5. Internet 的域名结构中，顶级域名为 edu 表示（　　）。
   A．商业机构　　B．教育机构
   C．政府部门　　D．军事部门
6. http://www.swsm.edu.cn 中，http 代表（　　）。
   A．主机　　B．地址
   C．协议　　D．TCP/IP
7. 接入 Internet 的两台计算机之间要相互通信，则它们之间必须同时安装有（　　）协议。
   A．TCP/IP　　B．IPX
   C．NETBEUI　　D．SMTP
8. 某学校实验室所有计算机连成一个网络，该网络属于（　　）。
   A．局域网　　B．广域网
   C．城域网　　D．Internet
9. DNS 的作用是（　　）。
   A．将 IP 地址转换成域名　　B．将域名转换成 IP 地址
   C．传输文件　　D．收发电子邮件
10. 从域名www.cq.gov.cn来看，该网址属于（　　）。
    A．教育机构　　B．公司
    C．非赢利性组织　　D．政府部门

三、填空题

1. “宽带”一般是以目前拨号上网速率的上限________Kb/s 为分界。
2. IP 地址由________和________两部分组成。
3. 一个典型的计算机网络系统，由________和________两部分组成。
4. ISO/OSI 参考模型的七层结构，从下到上，依次是________、________、________、________、________、________、________。
5. 双绞线分为________和________两种。

6．我国的域名注册由________管理，英文缩写为________。

7．HTTP 的中文全称是________。

8．通过 IE 进行网页访问时，这种访问方式采用的是________模式。

9．在计算机网络中，为网络提供共享资源的基本设备是________。

10．ISP 的中文全称是________。

四、拓展实习题

1．通过使用网络搜索引擎对所学专业的专业核心课程及就业方向进行查询，形成简单的专业应用调查报告。

2．结合所学知识，完成学生宿舍内部局域网络组建。

第 8 章　多媒体技术基础

1. 理解多媒体概念。
2. 了解多媒体计算机硬件系统和软件系统。
3. 掌握多媒体信息处理的基本知识。
4. 学会使用 Photoshop CS5 对图像进行简单处理。
5. 学会使用 Flash CS5 进行简单动画的制作。

8.1　多媒体概念

媒体是一个包容广泛的概念，是信息表示、信息传输、信息存储的综合体。我们生活中常见的媒体有报刊、杂志、电视、电话、电影、广播、广告等，是以文本、声音、图形、图像、动画、视频等方式传播或展示的。

多媒体是指能实现对文本、声音、图形、图像、动画和视频等多种不同类型媒体信息进行交互、获取、编辑、存储、传输、再现等功能的综合体。

1. 媒体的分类

根据媒体的性质，常见的分类方式是把媒体分为感觉媒体、表示媒体、显示媒体、存储媒体、传输媒体五大类。

（1）感觉媒体

感觉媒体是只能由人的感觉器官直接识别的媒体，比如视觉、听觉、触觉、味觉、嗅觉等。

（2）表示媒体

表示媒体是为了加工、处理和传入感觉媒体而人为构造出来的一类媒体。比如以信息化编码处理的文本、声音、图形、图像、音频、视频等信息文件。

（3）显示媒体

显示媒体是指媒体传输中的电信号与媒体之间转换所需要的一种媒体。一般分为两种，分别是输入显示媒体和输出显示媒体。输入显示媒体如键盘、鼠标、扫描仪等；输出显示媒体如显示器、打印机、音箱、投影仪等。

（4）存储媒体

存储媒体就是用于存储表示媒体信息的一类介质，又称存储介质，比如磁盘、磁带、光盘等。

（5）传输媒体：又称为传输介质，是一类用于将媒体传输的中间载体。

2. 多媒体技术

对多媒体信息的综合运用、处理和研究称为多媒体技术，多媒体技术主要包含以下几个方面的内容。

（1）多样性

媒体信息的多样性决定了多媒体技术的多样性，其多样性特点使得多媒体技术的表现形式和内容大为丰富。

（2）交互性

计算机多媒体技术完成的多种信息媒体与用户之间的交互，使得用户对信息的了解和感知度大大增加。

（3）集成性

是指多媒体技术的集成和多媒体信息的集成，从而使得多媒体信息展示出图、文、声并茂，使得信息展示更为生动和灵活。

（4）实时性

多媒体技术展示给用户的是栩栩如生的图、文、声同步信息，尽量避免了时差和延时、滞后问题。

总之，多媒体技术是以计算机为基础的对信息进行处理、交互、获取、编辑、存储、传输、再现等的一门综合技术。

8.2　多媒体计算机系统

对多媒体进行交互、获取、编辑、存储、传输、再现的计算机系统称为多媒体计算机系统。多媒体计算机系统在信息表示、信息传输、信息存储过程中主要依靠软件系统和硬件系统两大部件完成。

多媒体计算机系统主要构成如图 8-1 所示，主要由硬件系统和软件系统两大部分构成，硬件系统好比多媒体计算机系统的躯体，软件系统好比其灵魂，二者缺一不可。

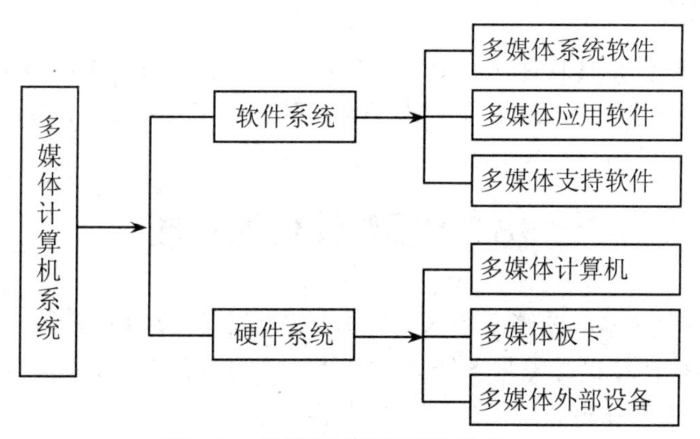

图 8-1　多媒体计算机系统构成

8.2.1　多媒体计算机硬件系统

多媒体计算机硬件系统由多媒体计算机、多媒体板卡、多媒体外部设备几大主要部件构成。

1. 多媒体计算机

可以是 MPC，也可以是图形工作站或者由个人计算机（PC）扩充多媒体套件升级构成。多媒体计算机要具备处理图形、图像、声音、视频等功能，所以必须有具备高速运算处理能力的 CPU，以及较大的内存空间，还要有具备较高分辨率的显示卡和具备较强功能的声卡、视频卡等硬件设施。

2. 多媒体板卡

主要包含声卡、显卡、视频卡等。

3. 多媒体外部设备

主要包含显示器、扫描仪、触摸屏等。

8.2.2 多媒体计算机软件系统

多媒体计算机软件系统主要包含多媒体系统软件、多媒体应用软件、多媒体支持软件等。

1. 多媒体系统软件

主要包括多媒体驱动程序和多媒体操作系统两大类软件。

2. 多媒体应用软件

多媒体应用软件又称为多媒体产品或者多媒体应用系统，它是由各应用领域的专业人员使用多媒体编程语言，或者多媒体创作工具开发设计实现的直接面向用户的最终多媒体产品。例如各种多媒体教学软件、电子影像、电子图书等直接面向用户的软件都属于多媒体应用软件。

3. 多媒体支持软件

是指多媒体开发或创作工具，它是多媒体开发人员用于编辑、获取、处理、编制多媒体信息的一系列工具软件，统称为多媒体支持软件。

多媒体支持软件大体可以分为素材制作工具、多媒体创作工具、多媒体编程语言工具三个大类。

常见的多媒体素材制作工具软件比如文字特效制作软件 Word（艺术字）、Cool 3D，音频处理软件 Audition、Cakewalk SONAR，图形图像处理软件 Photoshop、Fireworks，动画制作软件 Flash、3D MAX。

常见的多媒体创作工具软件比如 PowerPoint、Authorware 和 Dreamweaver 等。

常见的多媒体编程语言工具软件比如 Visual Basic、Visual C++、Java 等。

8.3 多媒体信息处理

多媒体信息包含文本、图形、图像、动画、声音、视频以及其他一系列模拟、数字信号等各类信息，多媒体计算机必须具备处理多媒体信息的综合能力。本节只简单讲述音频信息处理、图形图像信息处理和视频信息处理三个内容。

1. 多媒体信息压缩和解压缩技术

（1）无损压缩

是利用数据的统计冗余进行压缩，可完全恢复原始数据而不引起任何失真，所以压缩率受到数据统计冗余度的理论限制，一般为 2:1 到 5:1。

（2）有损压缩

是利用了人类对图像或声波中的某些频率成分不敏感的特性，允许压缩过程中损失一定的信息；虽然不能完全恢复原始数据，但是所损失的部分对理解原始图像的影响较小，因此压缩比较大，可高达几十到几百倍。

2. 多媒体信息存储技术

多媒体信息存储技术目前一般采用磁盘、硬盘、光盘存储等。光盘存储有 CD、VCD、DVD 几种存储。VCD 一般存储容量在 600M～800M 之间，采用 MPEG-1 压缩技术。DVD 一般存储容量在 4.7G～17G 之间，采用 MPEG-2 压缩技术。

8.3.1　音频信息处理

1. 声音的本质

声音是由物体振动产生的，其振幅、频率和周期随时间而发生相应变化，以声波的形式传输的一种模拟信号。必须通过介质（空气或固体、液体）才能被传播，我们常说的声音是一种能被人或动物听觉器官所感知的波动现象。频率在 20Hz～20kHz 之间的声波才能被人耳识别。

2. 音频信息处理

多媒体计算机不能直接处理模拟信号，所以在对音频信息文件进行处理时，首先必须将模拟信号转换为数字信号。

模拟信号转换为数字信号需要经过采样、量化、编码三个步骤。

采样是把模拟音频信号变为数字音频信号的过程，首先要在模拟信号的声波上每隔一定的时间间隔抽取一个幅度值，从而形成一系列连续的离散信号的过程。

量化是把采样后的离散信号转化为多媒体计算机能够识别的数据，一般是一系列二进制代码，这个过程叫做量化。

编码是将量化后的数据以一定的格式编辑出来，形成一系列便于多媒体计算机处理的信息码的过程。

3. 数字音频信息格式分类

在多媒体计算机上流行的音频文件很多，常见的格式有波形文件、MIDI 文件、MPEG 文件、流式波形文件几类。

常见的波形文件有*.WAV、*.VOC、*.AU 等格式文件。

常见的 MIDI 文件有*.MID、*.CMF、*.WRK 等格式文件。

常见的 MPEG 文件有*.MP2、*.MP3 等格式文件。

常见的流式波形文件*.WMA、*.RA 等格式文件。

4. 数字音频文件处理

即对数字音频信息文件进行录制、降噪、合成、剪辑、编辑、滤波、压缩、存储等相关操作。

8.3.2　图形图像信息处理

1. 图形图像基本概念

计算机领域的图形图像是两个不同的概念。一般由计算机绘制的画面称之为图形，是以矢量图的形式存在的。比如用直线、圆、矩形、曲线、等绘制而成，或者由这些元素构成的画面称为图形。

由输入设备从外部获取再输入给计算机的画面称为图像，一般是以位图的形式存在的。比如扫描仪、数码相机、摄像机等相关外部设备捕捉到的真实画面就叫作图像。

- 位图：是由许多像素点组成的，每个像素点都有一个确切的颜色。它的优点是能够制作出形象逼真、色彩丰富的图像，很容易在不同软件之间进行图像交换。缺点是无法制作真正的 3D 图像，拉升、压缩旋转时会失真，占用存储空间相对较大，其清晰度与分辨率有关。
- 矢量图：是以数学方法描述记录图像内容，比如用直线、圆、矩形、曲线等绘制而成的图形，因此其优点是占用存储空间相对较小，进行缩放、旋转都不会失真。其缺点是不能精确地描述自然逼真的图像，形式单一，也不容易在不同软件之间进行图像交换。清晰度与分辨率无关。

2. 图形图像的处理

图形是计算机绘制而成的矢量图，所以对图形的数字化过程相对简单，只需要进行指令性处理即可，不必逐点进行数字化。

图像则是由外部设备输入的内容丰富的模拟对象，所以对图像的处理过程相对复杂。其处理方式和声音数字化处理类似，需要进行采样、量化、编码三个过程才能对图像进行数字化。

3. 图形图像文件格式分类

常见的图形图像文件格式有*.BMP、*.DIB、*.GIF、*.TIF、*.JPEG、*.PNG 等。

- *.BMP 和*.DIB 为位图文件格式，Windows 操作系统环境下都支持的一类形象较为逼真，但是占用空间较大的位图格式。
- *.GIF 文件数据量小，广泛使用于网页设计制作中，具备可设计制作透明背景等优点。
- *.JPEG 文件压缩比高，压缩质量较高，占用空间较小，被广泛使用。
- *.PNG 文件具备流式读写性能，所以广泛使用于网页设计文件中。

4. 数字图形图像文件处理

对数字图形图像文件的处理技术内容广泛，如对图形图像信息的捕捉、编码、编辑、分析、绘制、特效等技术都属于数字图形图像处理的内容。常见的处理软件有 Fireworks、Photoshop、CorelDRAW、Freehand 等。

8.3.3 视频信息处理

1. 视频文件基本概念

视频有模拟视频和数字视频两大类，视频是包含了文字、图像、声音的视像信息的综合体，对视频的采集、处理、传播、存储技术的不断提高，是多媒体技术追求的目标。

2. 视频信息处理

多媒体技术对视频文件的处理，和对声频、图形图像文件的处理一样，首先必须对视频文件进行数字化。

数字化过程同样是需要经历采样、量化、编码三个关键步骤，才能完成对视频文件的数字化。

3. 视频文件格式分类

视频文件格式一般分为影像文件和动画文件两大类。影像文件是由影像设备录入的文件，包括同步录入的音频、视频、图像的一个系列综合体文件，比如*.AVI、*.MPEG、*.ASP 等格式的影像文件。

动画文件是由动画制作软件设计制作而成的文件，比如使用 Flash、3D MAX 等动画制作软件设计制作而成的视频文件就属于动画视频文件。

4. 数字视频文件处理

对数字视频文件的处理技术包括对视频信息的采集、剪辑、编辑、整理、特效等技术。常见的视频处理软件有 Premiere、Video for Windows、Digital Video Predictor 等。

8.4　Photoshop CS5 基础

Photoshop 是一款广泛应用于数字艺术设计、出版印刷、数码摄影、数字网络、广告设计、影视后期制作等诸多领域的专业数字图像处理软件。它是由 Adobe 公司开发的图像处理系列软件之一，因其专业和强大的功能，推出之后就深受广大用户喜爱，成为首屈一指的专业化数字图像处理软件。

8.4.1　认识 Photoshop CS5

Photoshop 由 Adobe 公司推出之后，随着产品的不断升级和优化，功能越来越强大，市场占有率也逐步攀升。本节将以 Photoshop CS5 为例对 Photoshop 进行讲述，Photoshop CS5 有扩展版和标准版两个版本。标准版适合于一般用户和专业设计人员、摄影师使用，扩展版在标准版的基础上增加了用于创建和编辑 3D 动画的一些扩展功能。

1. Photoshop CS 关键术语和概念

（1）位图与矢量图

位图和矢量图的概念是认识和理解图像制作最基本和核心的概念，本概念前文已经述及，请参阅 8.3.2 节。

（2）分辨率

分辨率就是单位长度上显示的像素或点的个数，一般是以“水平像素数×垂直像素数”表示，其基本单位为：像素/英寸（厘米）。单位长度内像素越多，则分辨率也就越高，图像也就越清晰。

（3）颜色模式

Photoshop 中的颜色模式决定显示或者打印的 Photoshop 文件色彩模型。常见的颜色模式有位图模式、灰度模式、双色调模式、索引颜色模式、RGB 颜色模式、CMYK 颜色模式、Lab 颜色模式、多通道模式。

2. 常用文件存储格式

Photoshop 支持 20 多种图像格式文件，能对这些格式文件进行读取、编辑、保存、转换等相关运用。Photoshop 支持的常见图像格式文件包含*.PSD、*.BMP、*.TIFF、*.JPEG、*.EPS、*.GIF、*.PCX、*.Film、*.PICT、*.PNG、*.PDF、*.TGA 等格式。

3. Photoshop CS5 工作界面

双击桌面上的 Photoshop CS5 应用软件图标或者执行“开始”/“所有程序”/“Adobe Photoshop CS”，即可打开 Photoshop CS5 应用软件。Photoshop CS5 工作界面如图 8-2 所示。

- 菜单栏：和其他应用软件一样，菜单栏包含了 Photoshop 中的文件、编辑、窗口、帮助等基本工具，可以通过单击下拉菜单打开相应工具项，有的工具嵌套在下拉菜单的二级目录中，可以通过单击其右边对应箭头找到并打开。
- 工具箱：包含了 Photoshop 中最常用和最基本的工具，如图 8-3 所示，移动鼠标到对应工具位置将显示工具名称，用鼠标左键单击可以选中。

图 8-2　Photoshop CS5 工作界面

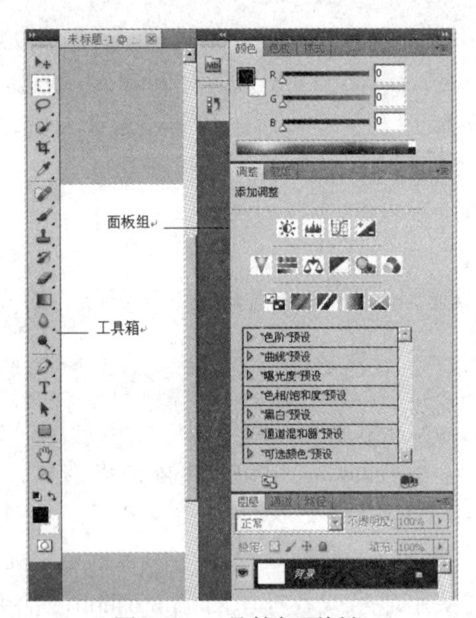

图 8-3　工具箱与面板组

- 面板组：包含了 Photoshop 中多种可以折叠、开启和隐藏的工具面板，默认情况下开启的只有常见的导航、颜色、历史记录、图层几个常规工具面板，如图 8-3 所示。若要开启或者隐藏某些面板，可以从菜单栏的“窗口”下拉菜单中勾选或取消勾选相关项。

8.4.2　Photoshop CS5 基本操作

1. 基本工具的使用

Photoshop 中工具名目和类别繁多，这里只就最基本的工具做简单介绍。

提示　在工具箱的工具组里面，有些工具右下角有个很小的指示箭头，表示该工具组有隐藏工具，可以通过鼠标右键点击小箭头打开。

在使用基本工具时，首先要关注对当前工具的属性设置，属性栏如图 8-4 所示。在绘图时要关注当前绘制图形所处的层，“图层”面板如图 8-5 所示。

- 属性栏：显示的是当前工具或者对象的基本属性，属性栏提供了工具或者对象的各种扩展属性，使得 Photoshop 的功能大大提高。初学者一定要学会使用属性设置工具或者对象的扩展功能。不同对象其属性栏不同。图 8-4 展示的就是多边形工具、画笔工具的属性栏。

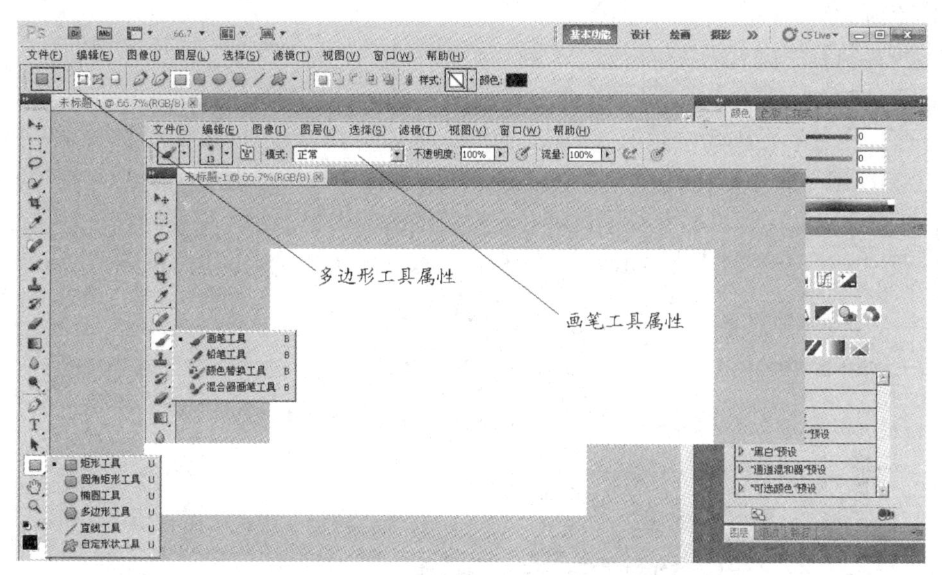

图 8-4　属性栏

- 图层：是 Photoshop 用户最先接触到的知识点，也是最重要的知识点，初学者必须要熟练掌握图层的新建、重命名、复制、删除、锁定、解锁、移动、显示、隐藏等图层最基本的功能。图 8-5 较为详细地展示了图层的基本功能。

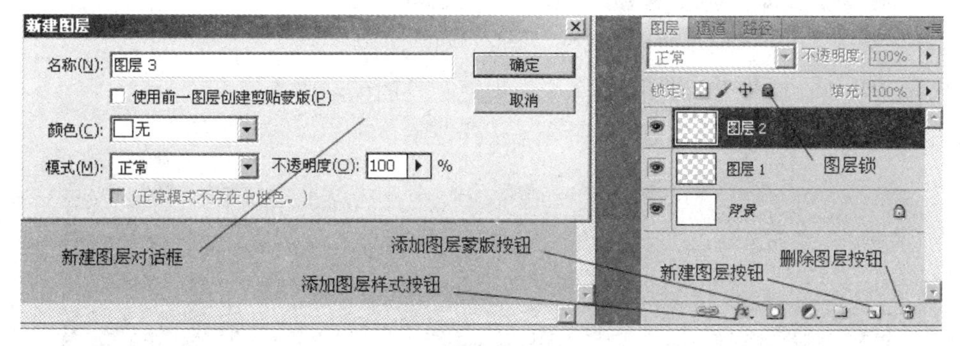

图 8-5　图层浮动窗口

对图层的锁定或者解锁，只需要对当前图层使用图层锁按钮即可实现，解锁的图层后面没有锁状态图标，锁定的图层后面有锁状态图标。对于新建文档的解锁，必须要先给图层重命名之后才可以解锁。双击图层，然后打开图 8-5 右上方所示的“新建图层”对话框，给图层命名之后，才可以对图层进行编辑操作。

对于初学者，必须清晰认识当前操作的图层，建议在使用图层过程中，把不用的图层锁定或者隐藏，在需要的时候再解锁或者开启，以免混淆。

（1）选择工具

选择工具包括选框工具组、套索工具、魔术棒工具。

【例 8.1】使用选择工具，把第 8 章所给素材库中“樱花”和“人物”两张图像中的樱花和人物分别单独抠取下来，合并到“背景”图中去。

操作步骤如下：

第一步：执行“文件”/“打开”命令，选中素材库中的“背景”图像并打开。

第二步：执行“文件”/“打开”命令，选中素材库中的“樱花”图像并打开。

第三步：用色彩范围命令抠取“樱花”图中的樱花。在打开的“樱花”图像中，执行“选择”/“色彩范围”命令，在打开的“色彩范围”对话框中，适当调整“颜色容差”滑块，并用“吸管工具”点选图像中樱花周围区域（若樱花周围的白色显示不够清晰，可以使用吸管工具左侧的带“+/-”符号的加深减去工具调整），完成后单击“确定”按钮，如图 8-6 所示。

图 8-6　抠取“樱花”过程

第四步：执行“编辑”/“清除”命令，把樱花外的色彩清除掉。

第五步：执行“选择”/“反向”命令，把樱花抠下来，如图 8-7 所示。

图 8-7　抠取“樱花”

第六步：用选择工具把樱花拖到背景文件中。

第七步：选中樱花所在图层，执行“编辑”/“变换”/“缩放”命令，对樱花的大小稍作调整，如图 8-8 所示。

图 8-8　“樱花”图片合成

第八步：用同样的思路把“人物”图像打开，并把图像中的人抠取下来，但是抠取人物的时候需要使用套索工具或者磁性套索工具。

第九步：适当调整人物大小即可，如图 8-9 所示。

图 8-9　“樱花”和“人物”合成样张

第十步：执行“文件”/“存储为”命令，把图像保存即可。

提示　若操作过程中提示图层锁定，则需要用前面介绍的方法给图层解锁。

（2）绘画、绘图和文字工具

绘画工具包含画笔工具组、修复画笔工具组、历史记录画笔工具组、渐变工具组、橡皮擦工具组。

提示

①使用画笔工具时，首先要根据需要对画笔属性进行设置，其次根据画图需要打开画笔面板对画笔进行更为复杂的设置。执行“窗口/画笔”命令可以开启或者关闭画笔面板。

②使用橡皮擦工具时，先要根据需要进行属性设置，以实现擦除部分显示符合要求的背景色及透明度等。

绘图和文字工具包括直接选择工具组、横排文字工具组、钢笔工具组、矩形工具组。

【例 8.2】使用画笔工具，将第 8 章所给素材库中“兰花”图像用【例 8.1】介绍的方法抠取出来，并设置为画笔，再应用不同的前景色，在新建图层中使用。

操作步骤如下：

第一步：执行“文件”/“打开”命令，选中素材库中的“兰花”图像并打开。

第二步：执行“选择”/“色彩范围”命令，用打开的对话框中的“吸管工具”点选兰花周围的黑色，使兰花呈现出来，如图 8-10 所示，然后单击“确定”按钮。

图 8-10　色彩范围

第三步：执行“编辑”/“清除”命令，把兰花外的色彩清除掉。

第四步：执行“选择”/“反向”命令，选中兰花。

第五步：执行“编辑”/“定义画笔预设”命令，在“名称”框中输入名称“兰花”，点击“确定”按钮（注意记住画笔编号），如图 8-11 所示。

图 8-11　画笔预设

第六步：选择画笔工具，打开画笔浮动面板，单击“画笔”选项卡，选择对话框中的“兰花”（将光标移动到兰花对应的小方框处，兰花字样会自动跳出来），适当调整“形状动态”中“大小”的像素和“间距”百分比即可。

第七步：新建画布，选择画笔工具，从刚才预设好的画笔中选择“兰花”画笔，适当调整像素直径、间距以及颜色选项（在动态颜色、动态形状右侧各项中设置，以及设置前景色、背景色颜色），用光标在图层中单击，就可以绘制出不同颜色和大小的兰花点，如图 8-12 所示。

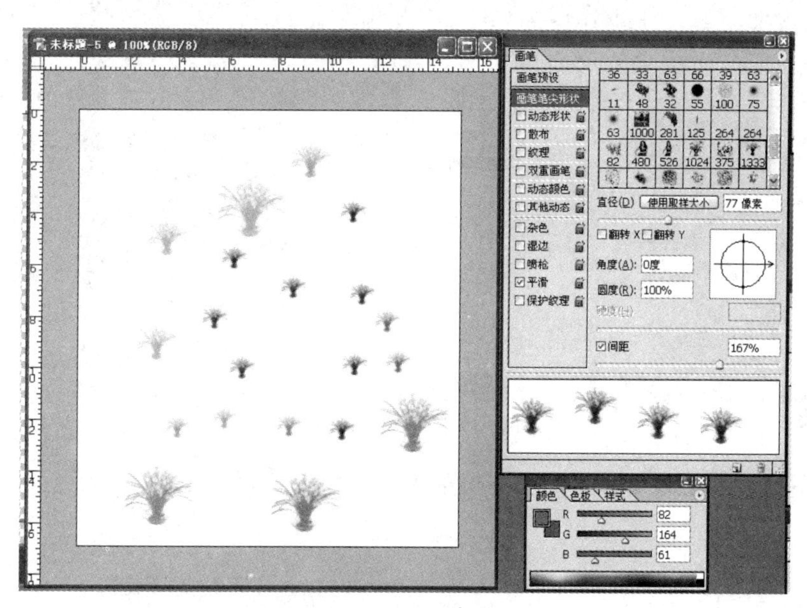

图 8-12　预设画笔应用

（3）图像编辑工具

图像编辑工具包括移动工具、裁剪工具、标尺网格参考线工具。

①使用移动工具可以将某一对象移动到其他文件中，若需要对某一块区域进行移动，必须在移动前设置选区，然后才可以使用移动工具进行移动。

②使用裁剪工具，可以将图像中没有用的部分删除。执行“视图/标尺”操作可以开启或者关闭标尺；执行“视图/显示/网格”操作可以显示或者隐藏网格线。

（4）修饰工具

修饰工具包括模糊工具组、减淡工具组。

模糊工具可以柔化、模糊图像，涂抹工具可以柔和附近的图像，锐化工具可以将相似区域的清晰度提高。

减淡工具可用来提高图像局部亮度，加深工具则用于暗化图像局部亮度，海绵工具用来调整色彩饱和度。

（5）照片修复工具

照片修复工具包括仿制图章工具、修复画笔工具、污点修复画笔工具、修补工具。

（6）旋转和变换图像工具

在编辑图像过程中，执行“编辑”/“变换路径”操作，然后选择对应的下级菜单项，即可对选中对象进行相应的旋转和变换。

2. 图层的应用

（1）“图层”面板的应用

执行“窗口”/“图层”命令，将开启或者关闭“图层”面板，如图 8-13 所示。

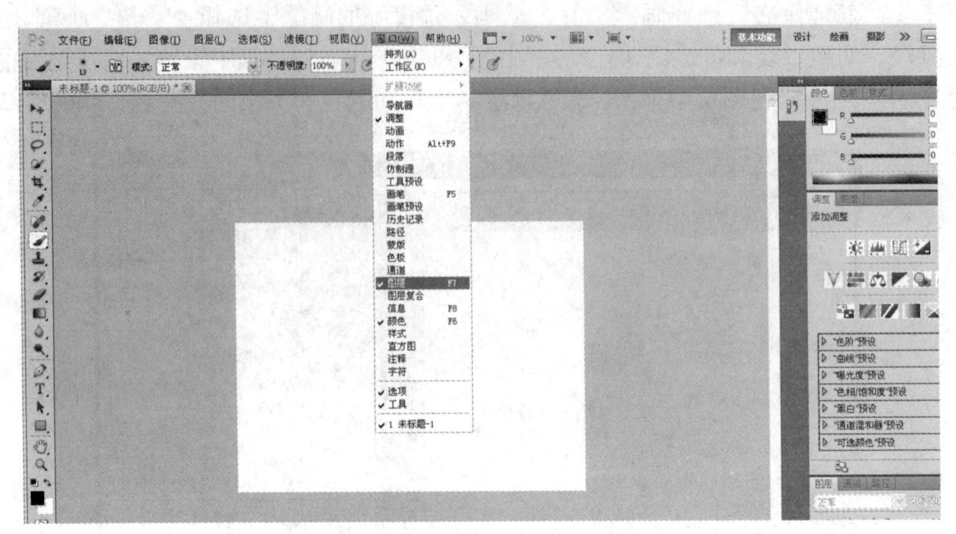

图 8-13 “图层”面板开启/关闭

单击“图层”菜单即可弹出图层下拉菜单，通过二级菜单可以打开图层的二级选项，如图 8-14 所示。

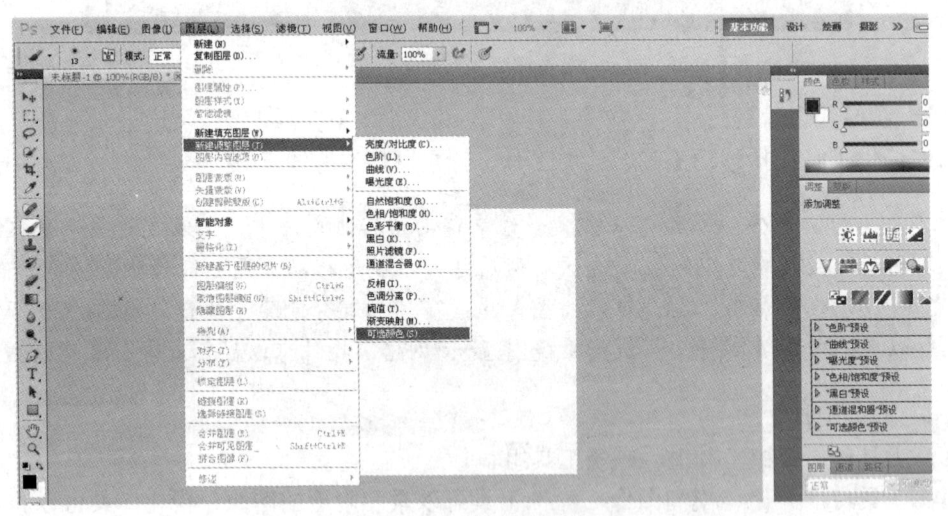

图 8-14 “图层”菜单

（2）图层混合模式

执行“图层”/“图层样式”/“混合选项”命令，或者双击“图层”面板中的图层，可以打开“图层样式”对话框，单击“混合模式”右侧下拉箭头，可以选择需要的混合模式，如图 8-15 所示。

（3）图层调整

执行“图层”/“新建调整图层”命令，对应打开子菜单中的操作，可以对图层进行相应的调整操作。

（4）图层样式混合选项

执行“图层”/“图层样式”/“混合选项”命令，或者双击“图层”面板中的图层，可以打开“图层样式”对话框，逐项设置图层样式，如图 8-15 所示。

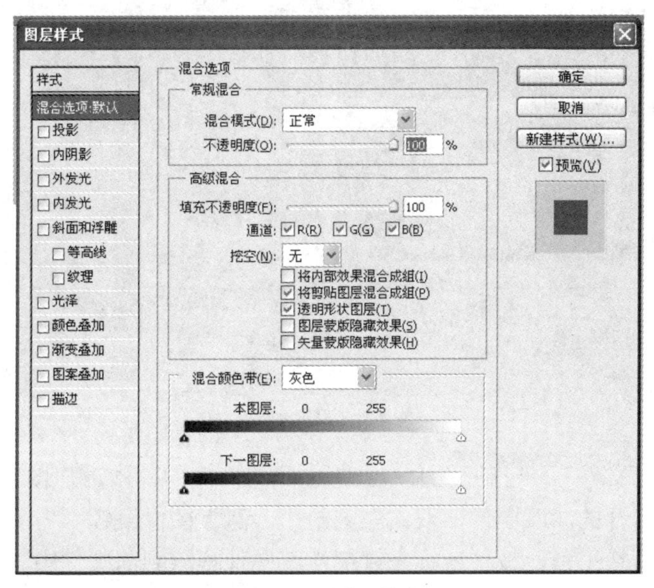

图 8-15　图层样式

【例 8.3】使用图层混合模式工具，将第 8 章所给素材库中“窗外”图像中的窗口外景换为“沙滩”图像中的景色。

操作步骤如下：

第一步：执行“文件”/“打开”命令，选中素材库中的“窗外”图像并打开。

第二步：选用套索工具，单击属性栏的“添加到选区”按钮（在套索属性栏），在窗格的内外轮廓创建选区，使整个风景都在选区内（按住 Shift 键进行多重区域选取），如图 8-16 所示。

图 8-16　选区

第三步：执行“编辑”/“拷贝”命令，新建图层并选中，执行“编辑”/“粘贴”命令，将前一步选区内的图像复制到新图层中，隐藏原图层后的效果如图 8-17 所示。

图 8-17　复制选区

第四步：执行“文件”/“打开”命令，选中素材库中的“沙滩”图像并打开。

第五步：选中打开的沙滩图像，双击左键给“沙滩”图像解锁。

第六步：使用选择工具，按住鼠标左键把沙滩图像拖放到前文件中（自己单独成一层），选中沙滩图像，执行“编辑”/“变化”/“缩放”命令，适当调整沙滩图像的大小，如图 8-18 所示。

图 8-18　添加沙滩图层

第七步：打开所有层，选中最上面一层（含有沙滩图像的图层），执行“图层”/“创建剪贴蒙版”命令，将沙滩图像所在图层设置为剪贴蒙版层，效果如图 8-19 所示。

第八步：执行“文件”/“存储为”命令，将文件按需要的格式存储在相应位置。

3. 通道与蒙版的使用

通道和蒙版是 Photoshop 中非常重要的一项基本功能，通道不但能保存图像的颜色信息，而且还是补充选区的重要方式。

图 8-19　添加剪贴蒙版

使用蒙版可以在不同图像中制作出特效和进行高品质的图像合成。

（1）通道

在 Photoshop 中，通道主要用于保存图像的颜色和信息，一般分为三种类型。

原色通道：是用来保存图像颜色数据的，一幅 RGB 颜色模式图像，RGB 通道称为主通道，是由红、绿、蓝三个通道颜色合成的。其颜色数据也分别保存在这三个通道中，只要删除或者隐藏其中任何一个通道数据，整个 RGB 颜色效果立马显现，如图 8-20 所示。

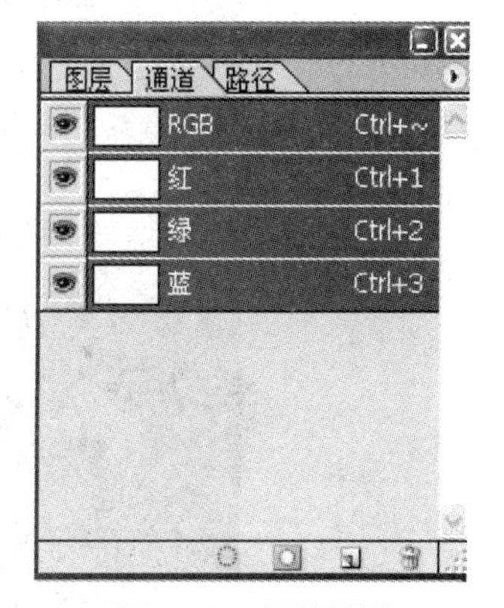

图 8-20　颜色通道

Alpha 通道：是额外建立的通道，除了用来保存颜色数据外，还可以将图像上的选区作为蒙版保存在 Alpha 通道中。

专色通道：这是一种具有特殊用途的通道，在印刷时使用一种特殊的混合油墨替代或附加到图像的 CMYK 油墨中，出片时单独输出到一张胶片上。

执行“窗口”/“通道”命令或者单击“图层”面板中的“通道”选项卡，可以开启或隐藏通道面板。

在 Photoshop 中，可以将彩色图像中的通道拆分到不同文件中，拆分出来的文档以灰色图像格式显示在屏幕上。合并通道与分离通道相反，可以将多个灰度图像合并成为一个完整的图像文件。

（2）蒙版和快速蒙版

在 Photoshop 中，使用蒙版覆盖在图像上，可以保护被遮挡区域的图像，蒙版与选区范围功能相同，二者可以相互转换。快速蒙版的功能是将选取范围快速转换为蒙版。

在 Photoshop 中，可以使用图层剪贴路径蒙版来显示或者隐藏图层区域，创建锐化边缘的蒙版。

4. 色彩调整

在 Photoshop 中，熟练掌握色彩调整，对制作出高质量的图像很有帮助。色彩调整内容包括对图像的色阶和色调的调整。

（1）直方图

在 Photoshop 中，在菜单栏执行“窗口”/“直方图”命令，可以显示或者隐藏“直方图”面板。通过面板中通道右侧的下拉列表框，可以选择不同的通道颜色选项。

（2）常用色彩调整命令

Photoshop 提供了丰富的色彩调整命令，主要包括有色阶、曲线、色彩平衡、亮度/对比度、色相/饱和度、反相、色调均化、曝光度等。在菜单栏执行“图像”/“调整”命令，在显示出的二级菜单项中选择对应色彩调整项即可打开。

【例 8.4】打开素材中的“背景”图像，对图像进行色彩平衡调整和通道选择，展示不同的效果。

操作步骤：

第一步：执行“文件”/“打开”命令，把素材中的“背景”图像文件打开。

第二步：右击图层下方的“创建新的填充或调整图层”按钮，在弹出的对话框中选择“色彩平衡”。

第三步：在打开的对话框中调整“色调”选项中各种颜色的比例和大小，注意观察图像颜色的变化，如图 8-21 所示。

图 8-21 色彩平衡

第四步：打开“通道”选项卡，关闭/开启对应的颜色通道，观察颜色的变化。

5. 路径

在 Photoshop 中路径是一种矢量图绘制工具，不但可以绘制图形，还可以创建精确的选择区域。路径工具组包含有路径工具、形状工具、路径选择工具。

（1）路径的概念及组成元素

路径是通过绘制形成的点、直线或曲线。可以对线条进行描边或填充，从而得到对象的轮廓。其特点是能够比较精确地修改或调整选区的形状，路径和选区可以相互转化。

路径最基本的组成元素包括路径中的节点和节点间的路径段两个，由此构成最基本的路径。路径是由多个节点和多条路径段连接组合而成的。

（2）路径工具的使用

在 Photoshop 菜单栏中，执行“窗口”/“路径”命令，可以显示或者隐藏“路径”面板，在面板底部区域可以选择填充路径或者描边路径。

（3）路径和选区的转换

使用“路径”面板可以将一个闭合路径转化为选区，单击“路径”面板底部的“将路径作为选区载入”按钮，即可实现路径转化为选区。若需要将一个选区范围转化为路径，则单击“路径”面板底部的“从选区生成工作路径”按钮，即可实现选区转化为路径。

（4）填充或描边路径

填充路径命令可以使用指定的颜色、图像的状态、图案或填充图层填充包含像素的路径。在“路径”面板中单击底部区域的“用前景色填充路径”按钮即可开启“填充路径”对话框，进行路径填充。

路径可以使用画笔进行描边，并可以任意选择描边的绘图工具。首先选中需要描边的路径，在“路径”面板中单击底部区域的“用画笔描边路径”按钮即可开启“描边路径”对话框，进行路径描边。

8.5　Flash 动画制作基础

Flash 是由 Macromedia 公司推出的交互式矢量图和 Web 动画制作工具软件，Macromedia 公司推出的 Flash 与 Dreamweaver、Fireworks 并称网页三剑客，后被 Adobe 公司收购。网页设计者使用 Flash 可以创作出既漂亮又可改变尺寸的导航界面以及其他许多动画效果。本节将向大家介绍 Adobe 公司推出的 Adobe Flash CS5。

8.5.1　认识 Flash CS5

1. Flash CS5 工作界面

执行“开始/程序/Adobe Flash Professional CS5”启动 Adobe Flash CS5，单击“新建栏目”下面的“ActionScript 3.0”选项，打开 Flash 工作界面窗口，如图 8-22 所示。

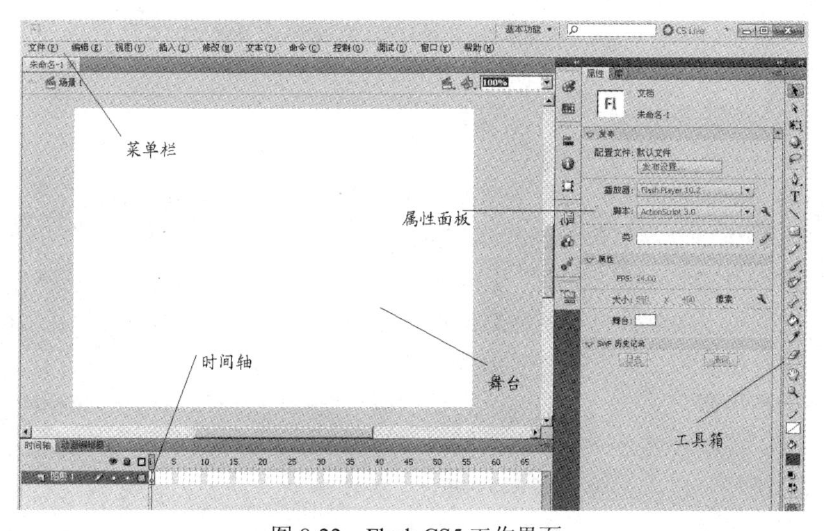

图 8-22　Flash CS5 工作界面

工作界面窗口主要包含菜单栏、工具栏、工具箱、属性面板、时间轴、场景（舞台）、浮动面板窗口。

- 菜单栏：菜单栏包含了 Flash 应用软件的所有功能。
- 工具栏：提供常用的文档基本使用工具。从菜单栏的“窗口”/“工具栏”右侧菜单可以打开或者关闭工具栏，包含主工具栏、控制器、编辑栏三项内容。
- 工具箱：提供各类矢量图形的绘制、选择、编辑工具。系统默认为打开状态，从菜单栏的“窗口”/“工具”可以打开或者关闭该项。
- 属性面板：属性面板提供了当前选中对象的详细属性以及扩展功能，具备编辑、使用、修改、设置等针对选中项的功能。
- 时间轴窗口：是制作动画的主要场所，左边是图层窗格，右边是帧窗格。执行“窗口”/“时间轴”菜单命令，可以打开或关闭时间轴窗口，如图 8-23 所示。

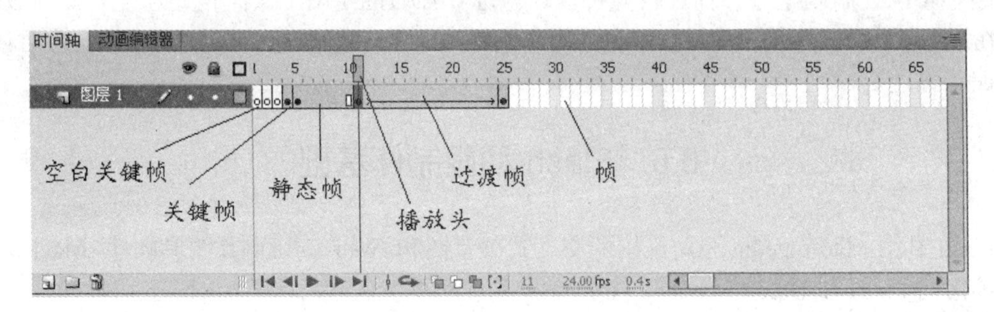

图 8-23 时间轴

- 图层窗格：图层是为了将复杂的动画分层制作，便于管理，不同图层中的内容是相对独立的。图层窗格中显示了图层的名称、类型、状态。在图层窗格可以插入新图层，更改图层名称、删除图层、隐藏图层、锁定图层、添加引导图层等。
- 帧窗格：制作和编辑动画的重要场所。它由时间标尺、时间轴线、帧格（小方格）、播放指针、信息提示及一些工具按钮组成。
- 场景：又叫舞台，或者叫作工作区域，是整个动画制作的主界面区域。
- 浮动面板窗口：浮动面板区域，一般显示从窗口菜单栏下面打开的库、颜色样本、混色器、信息、变形等非常规设计工具。

2. Flash CS5 关键术语

（1）帧

帧是时间轴上最重要的部分，每个小方框就称作一帧，是 Flash 动画制作的最基本单位。下面我们通过如图 8-23 所示时间轴来介绍 Flash 中包含的几种帧。

- 关键帧：以实心圆点表示，一段动画中必不可少的帧，处于关键动作位置的帧，关键帧之间可以由软件自动生成对应的过渡帧，从而形成动画或者静止的画面。
- 过渡帧：前后两个关键帧之间出现的帧叫作过渡帧，在 Flash 动画设计过程中，系统会根据前后两个关键帧的内容，自动生成过渡帧的内容，从而形成相应动画。
- 静态帧：静态帧就是一幅静态的画面，类似于电影胶片中的一幅画面。
- 空白关键帧：以空心圆点表示，相对于关键帧而言，空白关键帧依然是必不可少的帧，即处于关键位置，但是内容为空的帧。
- 普通帧：普通帧显示为一个个单元格。无内容的帧是空白单元格，有内容的帧显示出一定的颜色，不同的颜色代表不同的动画。

- 帧标签：用于标识时间轴中的关键帧，用红色小旗加上标签名表示，其类型可以在帧标签对应属性面板中修改。
- 帧注释：用于为处理该文件的其他人员提供提示，用绿色双斜线加注释文字表示，其类型可以在帧标签对应属性面板中修改。
- 播放头：指示当前显示在舞台中的帧，将播放头沿时间轴移动，可以轻易定义当前帧，用红色矩形表示。

（2）图层

使用图层是为了制作复杂动画。在 Flash 中每个图层都有各自独立的时间轴，在各自图层上制作动画互不影响，图层按一定次序叠加在一起，就产生综合动画效果。

（3）场景

场景是指当前动画编辑窗口中，可以编辑动画内容的整个区域，包含舞台和工作区。一个 Flash 作品可以由一个或多个场景组成，每个场景中是一段独立的动画内容，其时间轴窗口也是自己独立的。一般来说，简单的动画只需要一个场景就可以完成，而复杂的动画就需要多个场景来实现。执行“窗口”/“设计面板”/“场景”菜单命令，可以打开“场景”面板对场景进行管理。

（4）元件、实例和库

元件是指在 Flash 中创建的图形、按钮、影片剪辑且可重复使用的动画元素。Flash 创建的元件会自动存放在“库”中，把元件从“库”中拖放到场景中引用，就生成了该元件的实例。

元件与实例的关系是：一个元件可以被重复使用，生成对应的实例。元件改变，生成的对应实例也随之变化，而实例变化不会影响元件。元件的应用提高了动画制作的效率，减少了动画文件的大小，在动画制作中被广泛使用。

（5）对象

动画元素称之为对象，对象可以是形状对象或者组对象。

- 形状对象：使用绘图工具绘制的对象，形状对象在使用时可以部分或者全部选中，并对选中部分进行编辑修改。执行“修改”/“组合”操作，可以将形状对象转换为组对象。
- 组对象：文本、元件以及形状对象组合后的对象都称为组对象。组对象是一个整体，只能整体操作，我们可以执行“修改”/“分离”操作将组对象打散为形状对象。

（6）遮罩

遮罩是一个特殊的图层，它类似于一个带有天窗的档板，被遮罩图层的内容要透过这个挡板的天窗才可以看到。

8.5.2　基本操作及简单动画的制作

1. Flash 基本操作

（1）文档的新建

执行“文件”/“新建”，选择“类型”对话框中的 Flash 文档，即可新建文件。

（2）文档的保存

执行“文件”/“另存为”，给出保存文件路径，输入保存文件名称即可保存；或者单击“保存”按钮，直接以默认或者原文件名称存储文件到默认位置。

（3）舞台（场景）的设置

选中舞台，在其属性对话框中设置。或者执行“修改”/“文档”操作，打开文档属性对话框设置。

2. 基本工具的使用

（1）工具箱

工具箱是用于绘制和编辑图形的主要部分，提供了选择工具、部分选择工具、任意变形工具、填充变形工具、线条工具、套索工具、钢笔工具、文本工具、椭圆工具、矩形工具、铅笔工具、刷子工具、墨水瓶工具、颜料桶工具、滴管工具、橡皮擦工具。

以上工具箱提供的工具，其用途和特性修改以及扩充，在使用过程中务必对应工具箱里的“颜色”选项卡、“选项”选项卡，以及“属性”窗口提供的设置项，才能全面地认识和使用工具箱提供的工具。

- 选取类工具：在 Flash 中，使用选择工具，才能对对象进行选择，包含选择工具、部分选取工具、套索工具，可以根据需要使用选取类工具。
- 绘图类工具：用于图形绘制，包含线条工具、钢笔工具、椭圆工具。
- 变形工具：用于对对象进行拉伸、压缩、变形操作，包含任意变形工具、填充变形工具。
- 颜料桶工具：包含墨水瓶工具、颜料桶工具。
- 文本工具：用于输入文本。
- 刷子工具：用于绘制各类曲线或填充区域颜色。
- 滴管工具：用于将舞台对象的属性赋予当前绘图工具。
- 橡皮擦工具：用于擦除对象。
- 手型工具：用于对对象进行移动和拖放。
- 缩放工具：用于对舞台显示区域进行缩小或者放大。

（2）查看

包含手型工具和缩放工具两个子选项。

（3）颜色

包括笔触颜色、填充颜色，属于基本工具使用过程中的子项，操作时需配合各个基本工具使用。

（4）选项

包含对象绘制、贴紧至对象两个子项。

（5）属性窗口

是非常重要的工具子项，在所有基本工具的使用过程中，其属性子项都将显示对应详细属性项。

3. Flash 基本动画制作

Flash 最基本的动画制作有逐帧动画、形状补间动画、动作补间动画、引导路径动画、遮罩动画五类。

（1）逐帧动画

在时间轴上逐帧绘制帧内容称为逐帧动画，由于是一帧一帧地画，所以逐帧动画具有非常大的灵活性，几乎可以表现任何想表现的内容。

用导入的静态图像可以建立逐帧动画，将 jpg、png 等格式的静态图像连续导入到 Flash 中，可以建立一段逐帧动画。

绘制矢量图形可以建立逐帧动画，用鼠标或压感笔在场景中一帧帧地画出每帧的内容，也可以创建逐帧动画。

使用文字可以创建逐帧动画，用文字作为帧中的内容，实现文字跳跃、旋转等特效创建逐帧动画。

使用指令可以创建逐帧动画，在时间轴面板上，逐帧写入动作脚本语句来完成元件的变化，创建逐帧动画。

通过导入序列图像创建逐帧动画，可以导入 gif 序列图像、swf 动画文件或者利用第三方软件（如 Swish、Swift 3D 等）产生动画序列，创建逐帧动画。

【例 8.5】用最简单的线条工具，绘制一个具有立体感的立方体，并用逐帧动画的方法，制作成一个旋转的立方体（通过本例用心领会帧和关键帧的概念）。

操作步骤如下：

第一步：新建文档，选择线条工具，执行“窗口”/“属性”命令，把线条工具的“属性”面板打开，适当修改线条的颜色和其他属性，如图 8-24 所示。

第二步：选中图层 1 第一帧，把光标移到舞台，绘制一个适当大小的立方体。

第三步：选择颜料桶工具，执行“窗口”/“属性”命令，把颜料桶工具的“属性”面板打开，分别选择不同的填充颜色，然后再选择立方体不同的面，使立方体三面展示出不同的颜色，从而显示立体感，如图 8-24 所示。

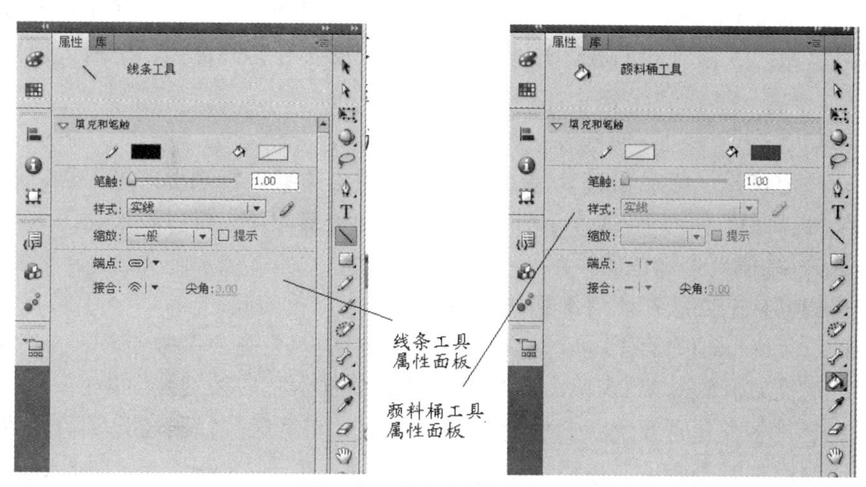

图 8-24　线条与颜料桶属性

第四步：选中第二帧，执行“右键”/“插入关键帧”命令，在第二帧插入一个同样的立方体，如图 8-25 所示。

第五步：选中第二帧，执行“修改”/“变形”/“旋转与倾斜”命令，用光标将第二帧的立方体稍微旋转和倾斜一点，如图 8-25 所示。

第六步：依次选中第三帧、第四帧、第五帧……。重复第四步、第五步的操作，直到立方体旋转回第一帧位置为止。

第七步：执行“控制”/“测试场景”操作，就可以看到动画效果。

（2）形状补间动画

形状补间动画可以实现两个图形之间颜色、形状、大小、位置的相互变化，其变形的灵活性介于逐帧动画和动作补间动画二者之间，使用的元素多为用鼠标或压感笔绘制出的形状，如果使用图形元件、按钮、文字，则必须先“打散”（执行“修改/分离”操作可以打散）才能创建变形动画。

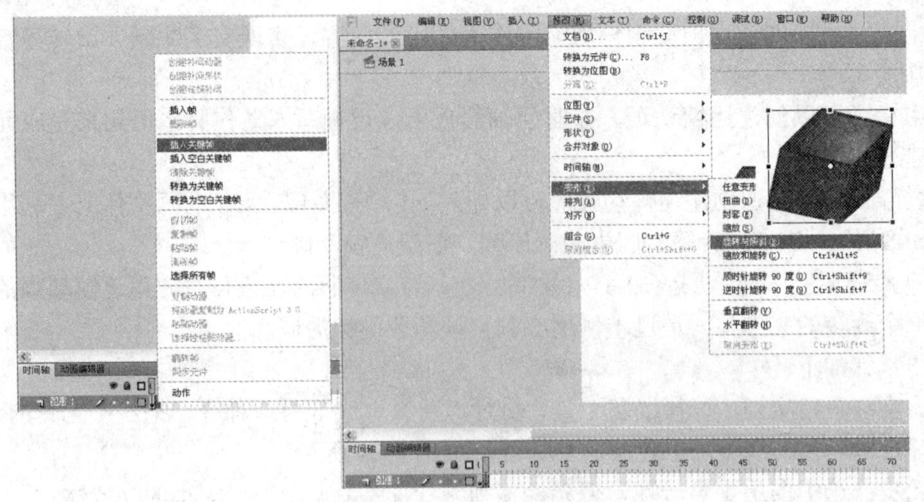

图 8-25　立方体设置

【例 8.6】制作一个形状补间动画，要求动画的开始帧是一个绿色的矩形和一个红色的圆组合在一起的对象，动画的结尾是一个蓝色的八边形。满足三个要求：第一，完成一个周期的补间（即变过去还得变回来）；第二，每段补间花费时间 20 帧；第三，补间动画过渡过程要停留 15 帧（即要停止 15 帧时间再进行补间）（通过本例用心领会关键帧、空白关键帧、时间轴的概念）。

操作步骤如下：

第一步：新建文档，选中图层 1 第一帧，选用矩形工具，将矩形的笔触颜色和填充颜色都改为绿色（可以通过“窗口”菜单，打开“属性”面板修改，也可以直接在工具箱下面的快捷属性栏修改），绘制一个绿色的矩形。

第二步：用同样的办法在图层 1 第一帧再绘制一个红色的圆。

第三步：选择时间轴的第 15 帧，执行“右键”/“插入关键帧”命令。

第四步：选择时间轴的第 35 帧，执行“右键”/“插入空白关键帧”命令。

第五步：选用多角星形工具，打开“属性”面板，将笔触颜色和填充颜色修改为蓝色，单击“属性”面板中的“选项”按钮，将边数修改为 8，单击“确定”，如图 8-26 所示。

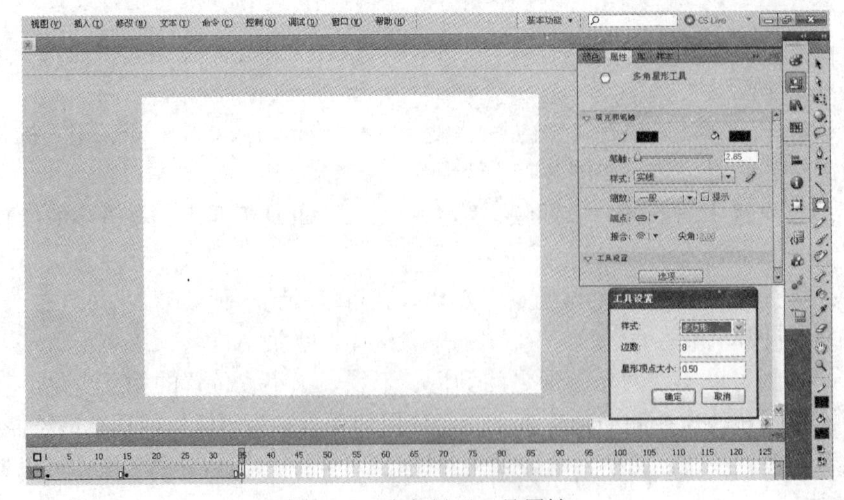

图 8-26　多角星形工具属性

第六步：选择第 35 帧，绘制一个蓝色的八边形（注意，最好不要绘制在矩形和圆的位置，两个对象要有一定的距离才能很好地展示效果）。

第七步：选择第 15 帧，执行“右键”/“创建补间形状”命令，如图 8-27 所示。若设计符合形状补间动画特征，则时间轴底色是浅绿色背景，并且有实线箭头，如图 8-27 所示。

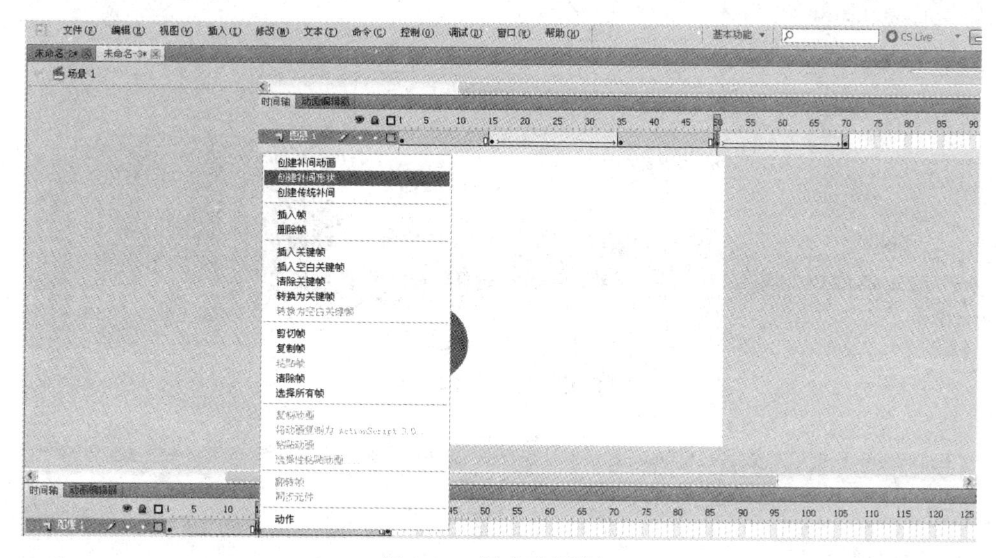

图 8-27　创建形状补间

第八步：选择第 50 帧，执行“右键”/“插入关键帧”命令。

第九步：选择第 70 帧，执行“右键”/“插入空白关键帧”命令。

第十步：选择第 1 帧，执行“右键”/“复制帧”命令。

第十一步：选择第 70 帧，执行“右键”/“粘贴帧”命令。把第 1 帧的内容复制到第 70 帧处。

第十二步：选择第 50 帧，执行“右键”/“创建补间形状”命令。

（3）动作补间动画

动作补间动画也是 Flash 中非常重要的动画之一，与形状补间动画不同的是动作补间动画的对象必须是元件（演员）或成组对象。

创建思路：在一个关键帧上放置一个元件，然后在另一个关键帧上改变这个元件的大小、颜色、透明度等，Flash 根据二者之间的帧创建的动画称为动作补间动画。

【例 8.7】制作一个左右往复运动的小球，要求运动的起点、终点均有 15 帧的停留（通过本例，认真理解关键帧、动作补间动画概念）。

操作步骤如下：

第一步：新建文档，选用椭圆工具，将椭圆工具属性栏中填充颜色改为能显示立体感的颜色，如图 8-28 所示。

第二步：选择第 1 帧，用椭圆工具在左侧绘制一个圆，选中第 15 帧，插入关键帧。

第三步：选择第 35 帧（这个帧数量可以根据自己喜好适当选择），插入关键帧。

第四步：用选择工具将第 35 帧处的小球拖放到最右端，如图 8-29 所示。

第五步：选择第 15 帧，执行“右键”/“创建传统补间”命令。

第六步：选择第 50 帧，执行“右键”/“插入关键帧”命令。

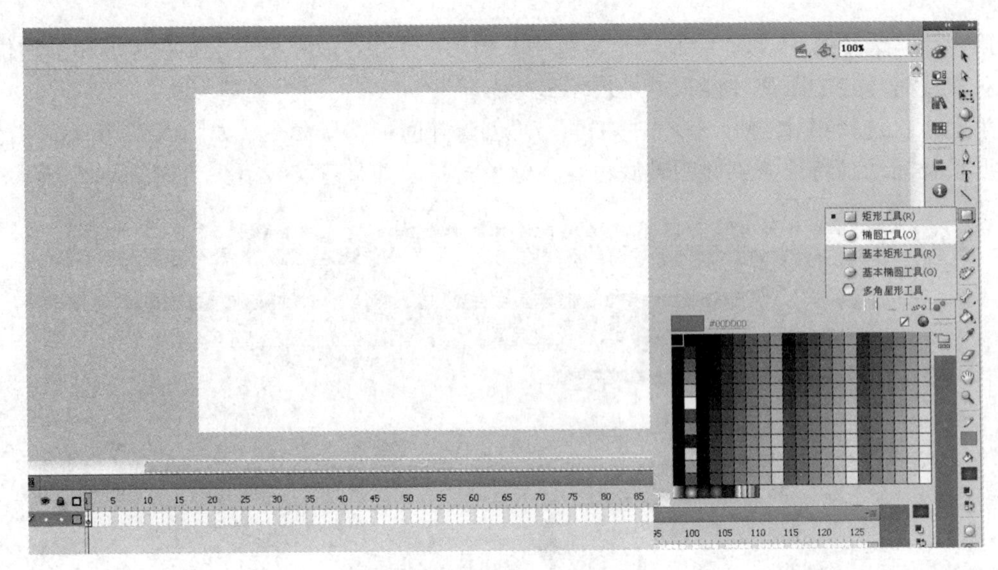

图 8-28　椭圆工具属性栏

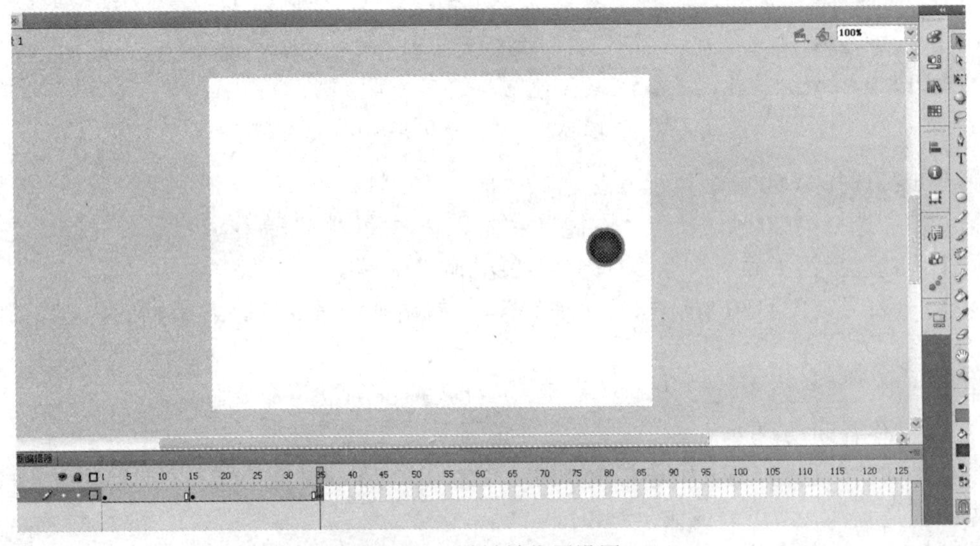

图 8-29　关键帧位置设置

第七步：选择第 70 帧，插入空白关键帧。

第八步：把第 1 帧内容复制到第 70 帧处。

第九步：选择第 50 帧，执行“右键”/“创建传统补间”命令。

第十步：拖动帧标签或者执行“控制”/“测试场景”命令，可以看到动作补间动画效果。完整做好后如图 8-30 所示。

（4）引导路径动画

由于动作补间动画实现的都是直线运动，若需要动画实现曲线运动，就要给动作补间动画添加引导层，从而实现曲线运动，叫作引导路径动画。

首先，用动作补间动画制作方法制作一个动作补间动画。

然后，在制作好的动作补间动画上添加引导层，只需执行“右键”/“添加传统运动引导层”命令即可实现添加。

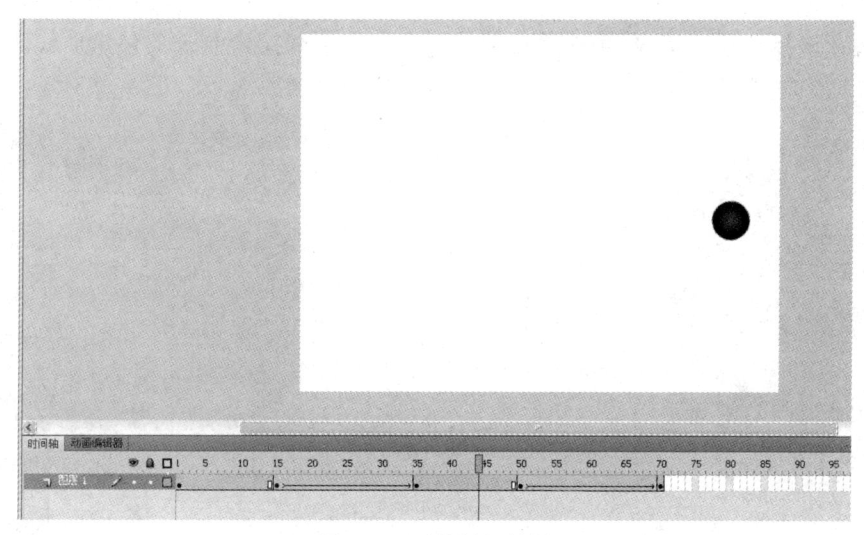

图 8-30　动作补间效果

选用工具栏的铅笔工具，在引导层上绘制运动曲线。

将动作补间动画的起始对象拖放到线条开始端，将动作补间动画的终止对象拖放到线条结束端，从而完成动作补间动画操作。

【例 8.8】用引导路径动画制作方法，制作一个能沿绘制曲线从左向右运动的小球。

操作步骤如下：

用【例 8.7】的方法，先制作一个简单的动作补间动画。

第一步：新建文档，在图层 1 第 1 帧绘制一个小球。

第二步：选择第 20 帧，执行“右键”/“插入关键帧”命令。

第三步：选用选择工具，把 20 帧处的小球拖放到场景的最右端。

第四步：选择第 1 帧，执行“右键”/“创建传统补间”命令。

第五步：在图层 1 上执行“右键”/“添加传统运动引导层”命令，如图 8-31 所示。

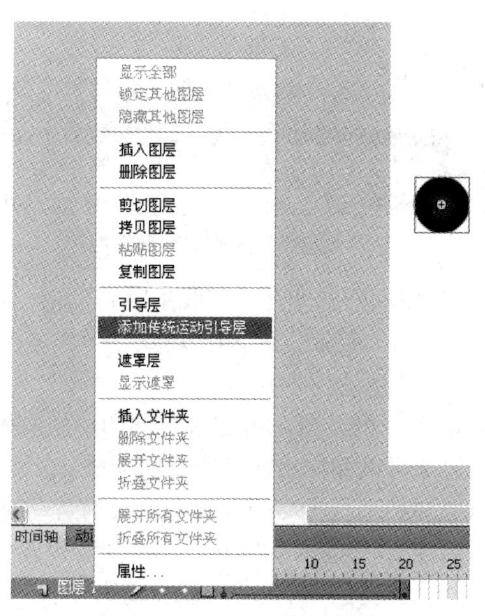

图 8-31　添加传统引导层

第六步：选择引导层第 1 帧，选用铅笔工具，在引导层绘制一条任意曲线，如图 8-32 所示。

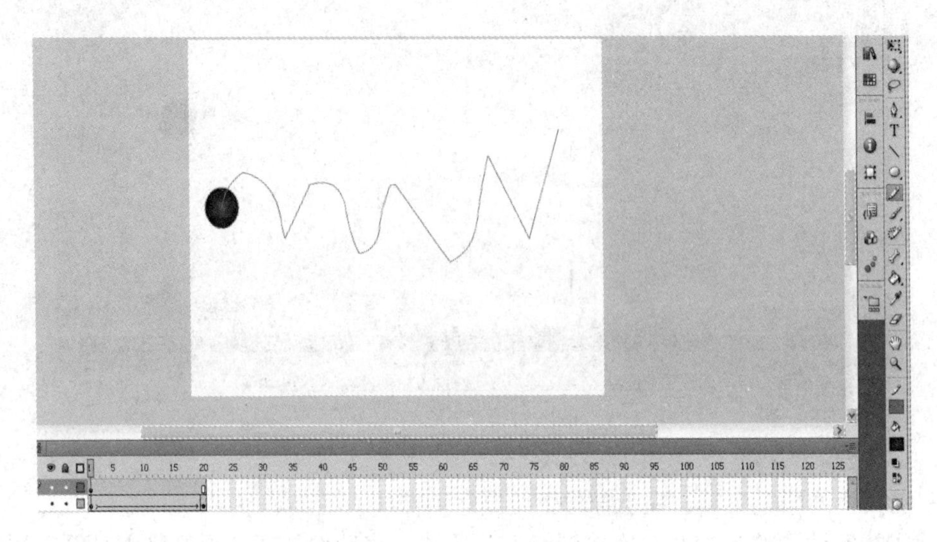

图 8-32　绘制引导曲线

第七步：选择图层 1 第 1 帧，把小球拖放到上一步绘制线条的开始端，如图 8-33 所示。

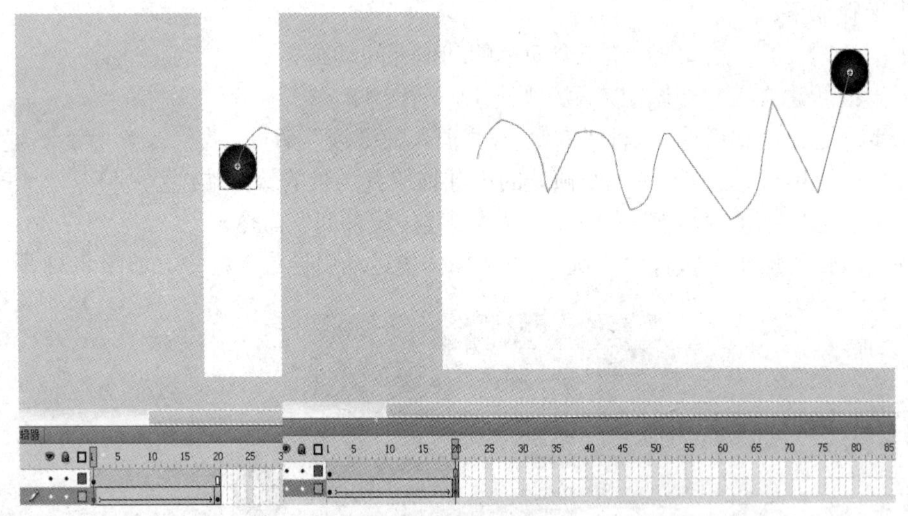

图 8-33　添加对象到引导曲线两端

第八步：选择图层 1 第 20 帧，把小球拖放到线条的结束端，如图 8-33 所示。

第九步：拖动帧标签或者执行“控制”/“测试场景”操作，可以测试引导路径动画效果。

（5）遮罩动画

遮罩是一个图层，它类似于一个天窗，透过天窗的图形将被看到，其余图形将被挡住，虽然操作和原理都很简单，但是可以制作出非常丰富的动画。

新建两层图形，分别在两层图像上制作不同的动画（要有运动交集才可以看到遮罩动画）。

选择上面一层，执行“右键”/“遮罩层”操作，将上层设置为遮罩层即可。

【例 8.9】使用素材库中的“窗外”图像，用遮罩动画方法，绘制一幅开启窗户展示窗外景色的动画。

操作步骤如下：

第一步：新建文档并修改文档属性（大小 629×494）。

第二步：执行“文件”/“导入”/“导入到舞台”命令，选择素材库中的“窗外”图像并导入，并把舞台和图像调整到完全重叠。

第三步：新建图层 2（为了不混淆操作，此时最好锁定图层 1），选择图层 2 第 1 帧，选用矩形工具，在图像窗口中心位置绘制一个狭窄的矩形（矩形工具颜色自由选择），如图 8-34 所示。

图 8-34　绘制遮罩层对象

第四步：选择图层 2 第 100 帧，插入空白关键帧，选用矩形工具，绘制一个覆盖住整个窗口的矩形（矩形工具颜色自由选择）。

第五步：选择图层 2 第 1 帧和最后 1 帧，分别执行“右键”/“创建补间形状”命令。在图层 2 制作一个形状补间动画。

第六步：选择图层 1 第 100 帧，执行“右键”/“插入关键帧”命令（注意，若图层锁定需解锁才可以操作）。

第七步：执行“控制”/“测试场景”命令（仔细观察，此时的动画是一幅从中间开始往两边开启的对窗外的遮挡过程）。

第八步：选择图层 2，执行“右键”/“遮罩层”命令。再执行“控制”/“测试场景”命令（仔细观察，此时的动画是一幅从中间开始往两边开启的对窗外的开启过程）。

8.5.3　多图层动画制作

在 Flash 动画制作过程中，根据动画设计要求，一般都不仅仅是只用某一类动画设计方案就能达到设计要求效果，也不仅仅是在一层图形窗口上就能达到设计制作要求。所以必须熟练掌握各类动画的制作方法和熟练使用图层概念，才能设计出符合设计要求的动画。

Flash 图层的灵活使用以及对应图层的时间轴上帧的灵活运用都是设计 Flash 动画必备的基本知识。

1. Flash 图层的增、删、插入、移动、重命名

（1）可以通过单击左侧的“锁定、显示\隐藏”按钮设置图层，以及对图层轮廓颜色修改

和对图层进行重命名，锁定的图层不能被编辑，隐藏的图层不被显示。

（2）用鼠标直接拖动可以修改图层所在位置。

（3）可以直接用鼠标右键实现对图层的增加、删除、插入操作。

（4）可以使用图层下面的“插入图层、删除图层”按钮实现对图层的增加、删除操作。

（5）在绘图过程中，一般要养成习惯，把不绘制的图层锁定，这一点尤其对初学者很重要，这样就不会把图形绘制到其他图层上去。

2. Flash时间轴上帧的增、删、插入、移动、复制、粘贴

（1）可以通过单击鼠标左键直接选中相应的帧，一帧图像就是一幅画面，其在动画中出现的时间对应其在时间轴刻度标示的时刻。

（2）可以通过鼠标右键进行增加、插入、删除、复制、粘贴、移动帧等相关操作。

（3）帧可以根据内容要求用鼠标右键设置为关键帧、空白关键帧。

（4）在整个动画制作过程中，一定要把握住帧和层这两个最重要的概念，需要时时记住你绘制的图形是在哪一层的哪一帧。

习　题

一、判断题

1. 触摸屏系统通常由传感器、控制器、驱动程序三部分组成。（　　）

A. 对　　B. 错

2. 语音的频率范围主要集中在100～10kHz范围内。（　　）

A. 对　　B. 错

3. 音频、视频的数字化过程中，量化过程实质上是一个有损压缩编码过程，必然带来信息的损失。（　　）

A. 对　　B. 错

4. 视频是一种动态图像，动画也由动态图像构成，二者并无本质的区别。（　　）

A. 对　　B. 错

5. Flash由于使用了矢量方式保存动画文件，并采用了流式技术，特别适合于网络动画制作。（　　）

A. 对　　B. 错

二、选择题

1. 下列哪项不是多媒体技术的主要特性（　　）。

A. 实时性　　B. 交互性

C. 集成性　　D. 动态性

2. 声音是一种波，它的两个基本参数为（　　）。

A. 振幅、频率　　B. 音色、音高

C. 噪声、音质　　D. 采样率、量化位数

3. 在音频数字化处理过程中，对幅度值编码的过程叫（　　）。

A. 编码　　B. 量化

C．采样　　D．A/D 转换

4．下列文件格式中，哪个是波形声音文件的扩展名（　　）。

A．WMV　　B．VOC

C．CMF　　D．MOV

5．Flash 是基于（　　）的多媒体创作工具。

A．流程控制　　B．时间轴

C．页面　　D．网页

6．Flash 生成的动画源文件扩展名是（　　）。

A．FLC　　B．SWF

C．FLA　　D．MOV

7．互联网上 Flash 动画的下载方式是（　　）。

A．流式下载，边下载边播放　　B．先下载完成后再播放

C．直接播放　　D．根据网络情况而定

8．下列 Flash 中关于“层”的说法错误的是（　　）。

A．用层可以控制不同元素的运动而互不干扰

B．用层可以控制不同元素的运动而进行干扰

C．层是动画层

D．层是图片层

9．Flash 的“层”不包括（　　）。

A．图层　　B．引导层

C．遮罩层　　D．蒙版层

10．Flash 中创建的元件类型不包括（　　）。

A．影片剪辑　　B．按钮

C．场景　　D．图形

三、填空题

1．影响图像文件数据量大小的主要因素是________。

2．微软开发的与 MP3 齐名的流式音频格式文件是________。

3．便携式网络图像格式文件的扩展名是________。

4．颜色的三要素是________。

5．Flash 中的运动补间动画的对象必须是________。

第 9 章　网页设计基础

1. 了解网页设计的基本知识。
2. 了解 HTML 语言。
3. 掌握 Dreamweaver CS5 基本操作。
4. 学会使用 Dreamweaver CS5 创建简单的网页。
5. 掌握站点的基本管理。

9.1　网页设计基础知识

网页设计技术根据页面性质分为动态网页设计和静态网页设计两大类。这里我们只简单对静态网页设计做一个讲解，让大家对网页设计有个概念性认识。若要深入学习网页设计，还需专门进行网页设计的系统化学习。

网页设计首先要建设一个站点，接下来再分别对前后层进行设计制作，我们平时上网所见的均为前层内容。接下来我们讲述的网页设计均指静态网页设计。

一般常见的网页设计前台技术有 XHTML 技术、CSS 技术、ECMAScript 技术、Ajax 技术等。

一般常见的网页设计后台技术有 ASP 技术、ASP.NET 技术、JSP 技术、PHP 技术等。

9.1.1　网页与网站

网页设计也叫网站建设，一般分为前台技术和后台技术。前台技术是指对网页页面的设计、构思、布局、美化、链接、更新、展示等相关工作，主要是显示层的工作；而后台技术包括对后台数据库的设计、开发、构思、管理，以及对后台数据的维护、建设、更新、删除等相关工作，属于管理层的工作。前后台工作息息相关，后台设计的效果，往往展示在前台页面，因此二者不是完全独立的，相反有着很密切的关联关系。

一般而言，网页指的是前台页面的设计布局工作，而网站是指前台和后台等全局性建设、设计、维护等包含网站前台后台的所有工作。

9.1.2　网页设计原则及步骤

首先，网页设计要有完整的设计理念和制作原则，网页设计的一般原则和步骤如下：

1. 设计草图

构思和设计好网页的基本框架，并画出框架页面的关联构思草图。

2. 准备素材

准备好设计网页所需的全部素材，包括声音、图片、动画、电影文件、视频文件等制作网页所需的材料，并且把素材按类型分类放置在不同的文件夹下面。

3. 选择工具

选择网页制作工具软件（如：Dreamweaver、FrontPage 等）创建站点，并将所有素材连同其分类文件夹复制到创建好的站点下面，如果需要临时补充素材，那必须把临时补充的素材放置到站点下相应的文件夹下面以便使用。

4. 建立基本页面

根据画好的网页设计构思草图，一次性新建并保存所有框架所需页面到站点根目录下面或者建立相应的文件夹分类存放页面。注意：保存名称最好与页面性质相关，以便于后面修改时查找。

5. 页面布局

根据要求分别编辑各个页面，页面的编辑体现了设计者的美感和艺术造诣，在编辑过程中充分利用各类素材，一方面要体现主旨和功能，另一方面也要注意色彩的搭配和页面布局的美观。编辑的方法类似于我们在办公软件里面的文档编辑操作，在这里要学会知识迁移、灵活运用。

6. 发布站点

站点建立完成并设计完成所有页面之后，我们必须把整个站点上传到互联网，才可以与别人分享。

7. 维护站点

网站上传之后，必须根据需要随时做好两方面的工作，一方面是维护和更新网站数据，另一方面也要随时更新页面的图片等相关内容，以达到美观新鲜，提高用户单击率。

9.2　HTML 语言介绍

HTML（Hyper Text Markup Language）即超文本标记语言，是制作 Web 网页的标准语言。HTML 是一种简单、全置标记的通用语言，HTML 文本是由 HTML 命令组成的描述性文本，HTML 命令可以说明文字、图形、动画、声音、表格、链接等。因此成为 WWW 上的重要应用语言，也是所有的 Internet 站点共同使用的语言，所有的网页都是以它作为语言基础而形成的。

9.2.1　HTML 文档结构

【例 9.1】通过 Dreamweaver CS5“拆分”显示的一个简单页面，如图 9-1 所示。通过页面展示代码，可以看出 HTML 语言的语法结构。

代码如下：

```
<!DOCTYPE html PUBLIC "-//W3C//DTD XHTML 1.0 Transitional//EN" "http://www.w3.org/TR/
xhtml1/DTD/xhtml1-transitional.dtd">
<html xmlns="http://www.w3.org/1999/xhtml">
<head>
<meta http-equiv="Content-Type" content="text/html; charset=utf-8" />
<title>无标题文档</title>
</head>
```

```
<body>
<img src="file:///C|/Documents and Settings/Administrator/桌面/主教材编写第八章/三峡 1.jpg"
width="514" height="300" />
三峡风光
</body>
</html>
```

图 9-1　HTML 语言的语法结构

HTML 基本语法结构：

<html>...</html>——文档开始/文档结束

<head>...</head>——文件头开始/文件头结束

<body>...</body>——网页主体开始/网页主体结束

从语法结构和例 9.1 展示设计效果可以看出，HTML 语言很简单，代码都是成对出现的。

9.2.2　HTML 常用标记

HTML 语言中，涉及到页面布局的文档结构、控制符、超链接、图像、表格标记、表单标记等。其标记格式归类如表 9-1 所示。

表 9-1　HTML 常用标记

分类	标记符	功能含义
文档结构	<HTML>…</HTML>	声明
	<HEAD>…</HEAD>	标记头文件
	<BODY>…</BODY>	主体内容标记
	<TITLE>…</TITLE>	标题标记

续表

分类	标记符	功能含义
控制符	<!--注释-->	为文件加上注释
	<DIV>…</DIV>	块区域设置
	<B>…</B>	粗体显示包含文本
	<CENTER>…</CENTER>	水平居中对齐所包含元素
	<I>…</I>	斜体显示所包含元素
	 	换行标记
	<HR>	插入水平线
	<P>…</P>	分段标记
	<PRE>…</PRE>	显示预格式化文本标记
	<U>…</U>	下划线显示所包含元素
	<FONT>…</FONT>	设置所包含文本字体的大小、颜色等标记
	<Hi>…</Hi>	定义标题标记
	<SCRIPT>…</SCRIPT>	文档中包含客户端脚本程序
超链接	<A herf="URL">…</A>	定义链接
图像	Img SRC="图像文件名"	插入图像
表格标记	<TABLE>…</TABLE>	定义表格
	<TD>…</TD>	定义单元格
	<TR>…</TR>	定义表格的行
表单标记	<FORM>	定义表单
	<INPUT>…</INPUT>	定义输入控件
	<BUTTON>…</BUTTON>	定义按钮
	<SELECT>…</SELECT>	定义选项菜单
	<OPTION>…</OPTION>	定义选项菜单，包含在 SELECT 内
	<TEXTAREA>…</TEXTAREA>	定义多行文本框

9.3　Dreamweaver CS5 简介

在众多网页设计软件中，Dreamweaver 因具有支持代码、拆分、设计、实时视图等多种创作方式的特点，往往不需要编写任何代码就可以快速设计一个完整的网页页面，所以成为网页初学者的首选。

Dreamweaver CS5 是由 Adobe 公司推出的一个较新的版本，具有自适应网络版面、创建行业标准的 HTML 和 CSS 编码功能。

9.3.1　Dreamweaver CS5 工作界面

启动 Dreamweaver CS5 之后，工作界面包含菜单栏、属性检查器、标签选择器、文档工具栏、应用程序栏、文档窗口、工作区切换器、设计器、面板组等常用内容，如图 9-2 所示。

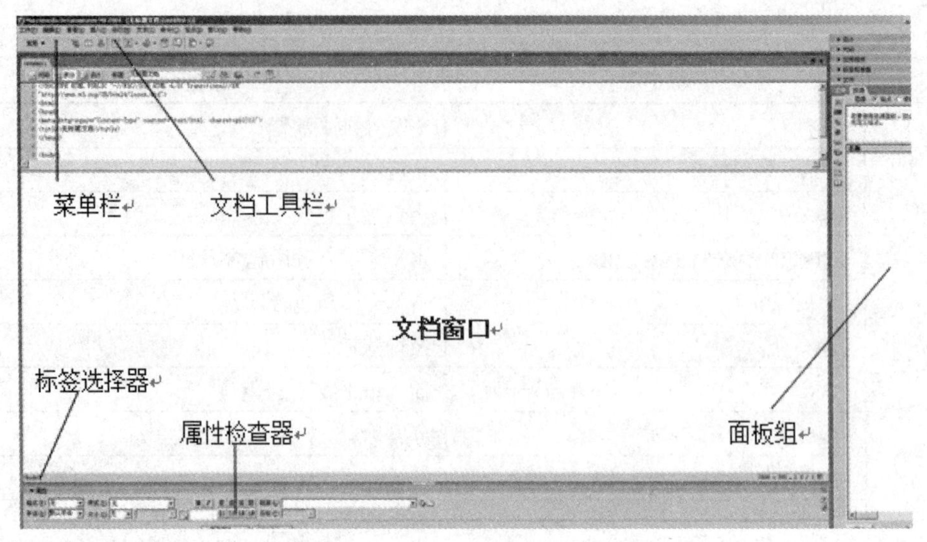

图 9-2　Dreamweaver CS5 工作界面

9.3.2　Dreamweaver CS5 基本功能

Dreamweaver CS5 是建立 Web 站点和应用程序的专业工具，它将代码编辑、程序功能开发和可视布局集成在一起，增强了程序的实用性和功能，使得各个阶层的开发者都能熟练地使用它快速创建页面，进行网页编辑，是 Web 站点和应用程序工具的最佳选择。

9.4　Dreamweaver CS5 基本操作

9.4.1　创建和管理站点

网页设计是基于站点的页面设计，因此第一步就是建立一个新的站点，只有在站点建立之后，才能通过对站点的管理，把网页设计需要的页面文件、图形图像文件、动画文件、声音文件、电影文件等一系列网页设计所需素材全部放到站点下面进行统一管理。

我们可以简单地理解为站点就是一个用于存放网站建设所需全部素材的文件夹，是系统本身认可或者记载了的可以执行站点运行的特殊文件夹。

1. 新建本地站点

新建本地站点的步骤如下：

（1）执行“站点”/“管理站点”/“新建”/“站点”（输入站点名字）命令。如图 9-3 所示。

（2）在弹出的对话框中单击“下一步”/选择“否，我不想使用服务器技术”/“下一步”，如图 9-3 所示。

（3）选择“编辑我的计算机上的本地副本，完成后再上传到服务器（推荐）”。单击“您将把文件存放在计算机上的什么位置”右侧的文件夹按钮，在需要存放的位置新建文件夹并重命名（比如命名为我的站点），如图 9-3 所示。

（4）然后在“您如何连接到远程服务器”处选“无”/“下一步”/“完成”/“完成”。

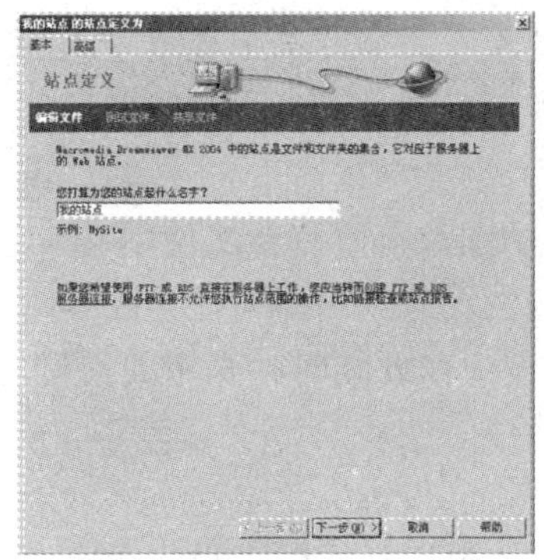

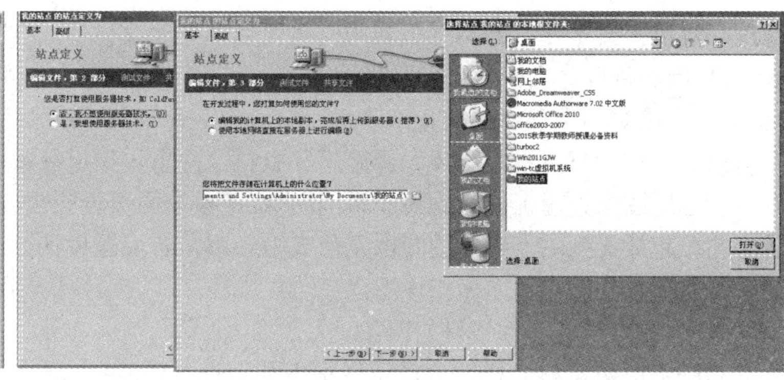

图 9-3　新建本地站点

2．站点管理

站点建立之后，为便于网页设计和站点管理，必须把所有网页制作所需素材全部复制到站点文件夹下面，才是合法有效的站点文件；若素材需要临时补充，也必须放置到该站点下面，才是合法有效的素材。否则网站运行的时候将无法显示非法文件或者素材内容。

站点文件必须要分类放置在不同的文件夹下面，所以文件夹要根据分类来命名，一般常用的命名方式是按照文本文件、声音文件、图片文件、动画文件、电影以及视频文件等来分类，文件夹名字最好使用英文，然后把制作页面的素材分类复制到相应的文件夹下面。

9.4.2　网页文件的基本操作

1．网页框架层次的整体构思和布局

网页设计是一个整体的思维过程，网站开发的第一步就是构思网页整体框架，根据构思绘制出一个层次脉络清晰的网站结构草图，如图 9-4 所示。

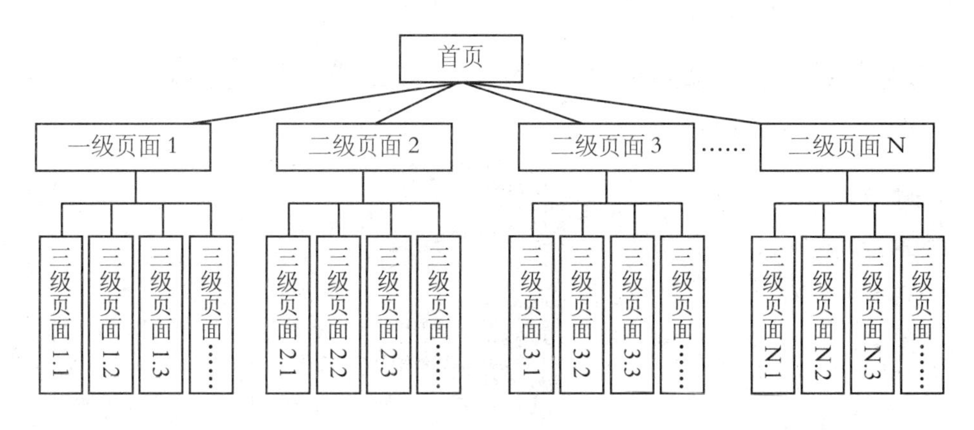

图 9-4　网页框架层次

2．网页素材的准备

（1）网页文本素材的准备

Dreamweaver CS5 支持直接输入文本、从外部粘贴文本、从外部文件导入文本几种文本素材的添加方法。

一般根据网页页面的需要，可以把规范的文本素材放置到站点文件夹下面的文本文件素材文件夹下面，最好以 Word 格式文件存放。这样在需要的时候可以对文本文件进行复制粘贴操作，直接把文本复制到网页页面中；也可以执行“文件”/“导入”命令，选中需要导入的Word文档，直接将文档导入到网页页面。

（2）网页图像素材的准备

网页图像素材可以是照片、网络下载素材（注意该渠道获得的图像需要有合法使用性），以及自己用图像处理工具绘制的一系列图像。把整个网页设计需要的图像素材尽可能全面地准备好，一起放置到站点下面的图像文件夹中备用，若页面设计过程中需要临时补充相关素材，也必须先放置到站点下面才能使用。

（3）网页声音文件素材的准备

和图形图像素材一样，可以从网络下载声音文件素材（注意该渠道获得的素材需要有合法使用性），以及自己用影音处理软件处理或编辑一系列声音文件，都可以使用。把整个网页设计需要的声音文件素材尽可能全面地准备好，一起放置到站点下面的声音文件素材文件夹中备用，若页面设计过程中需要临时补充相关素材，也必须先放置到站点下面才能使用。

（4）网页其他素材文件的准备

网页设计过程中还涉及到动画文件素材、电影文件素材等其他许多页面设计所需要的素材，都应该按照前面的准备方法，提前把文件素材分类尽量完备地准备好，并放置到站点下面对应的文件夹中。

若有临时需要增加的文件，都必须把握先放入站点下面然后才能使用的原则，进行对网页设计所需素材的准备工作。

3. 网页页面文件的基本操作

（1）网页文档的建立

站点建立之后，必须给站点添加页面。执行“文件”/“新建”命令，在打开的“新建文档”对话框中选择“空白页”和“页面类型”下面的“HTML”以及“布局”下面的“无”选项，单击“创建”按钮即可创建空白的网页文档，如图9-5所示。

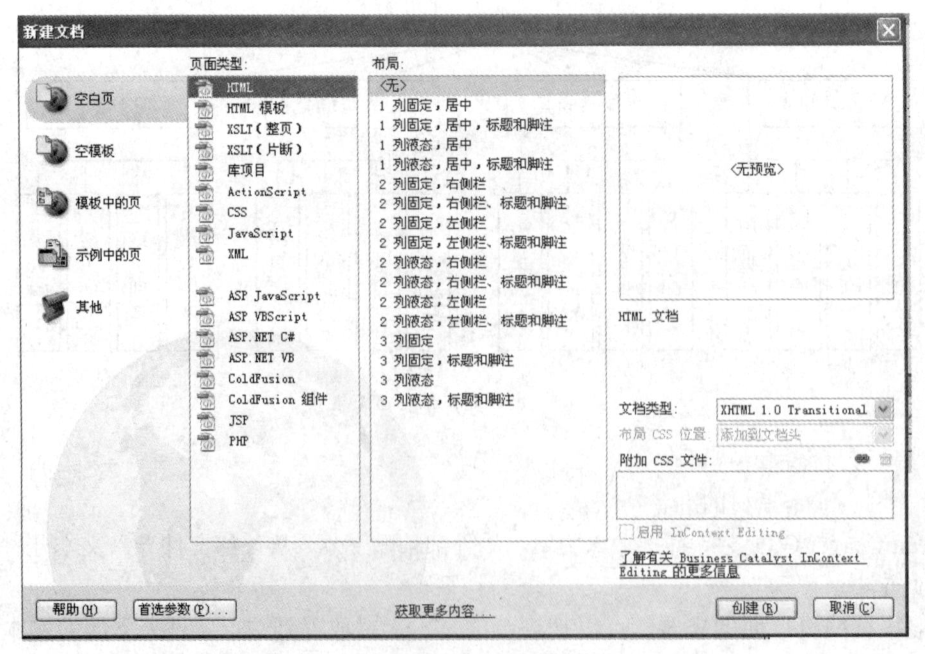

图 9-5　网页文档的建立

（2）网页文档的保存

网页文件的默认保存路径是站点根目录，要保存到站点根目录文件夹或者站点下层文件夹，在运行时才不会出错。

- 执行“文件”/“保存”命令，把文件保存在默认路径下。
- 执行“文件”/“另存为”命令，把文件保存到指定路径下。
- 执行“文件”/“保存全部”命令，把当前打开的所有处于编辑状态的网页保存到默认站点目录下。

（3）关闭网页文档

- 执行“文件”/“关闭”命令，可关闭当前打开的正在编辑的文档。
- 执行“文件”/“关闭全部”命令，可关闭当前打开的所有文档。

（4）打开和预览页面

- 执行“文件”/“打开”命令，可打开指定文档。
- 执行“文件”/“在浏览器中预览”/“IExplore”操作或直接按 F12 键可以预览页面。

9.5　网页元素的编辑及使用

网页编辑包括对网页中的文本文件、图形图像文件、声音文件、电影文件、Flash 对象文件、超链接等的编辑及使用。

9.5.1　网页文本的编辑

1. 文本的插入

（1）直接录入文本到网页页面。

（2）复制文本粘贴到网页页面。

（3）执行“文件”/“导入”操作，导入外部文件。

2. 文本的格式化

（1）文本字体设置，通过“文本属性”对话框或者“格式”菜单，可设置文本字体、字号、字形、颜色等内容。

（2）文本段落设置，通过“文本属性”对话框或者“格式”菜单，可设置段落对齐方式、项目符号、编号、段落格式等段落内容。

9.5.2　网页中图像的使用

在网页中插入图像，可以使页面更加美观生动、丰富多彩，图像的插入有普通图像、背景图像、导航条图像、分层图像、智能对象等多种图像格式。

1. 图像的插入

（1）执行“插入”/“图像”命令，可插入普通图像文件。

（2）单击“属性”面板中的“页面属性”按钮，打开“页面属性”对话框，选择“背景图像”后面的“浏览”按钮，选择图片并打开，可设置为背景图像。

（3）执行“插入”/“图像对象”/“鼠标经过图像”操作，可添加导航条图像。

2. 图像的格式化

通过图像属性面板可以实现图像格式化操作，如图 9-6 所示，图像格式化包括宽、高、编辑、对齐方式、热点、链接等诸多项目，属性面板是页面设计中非常重要的一个内容。

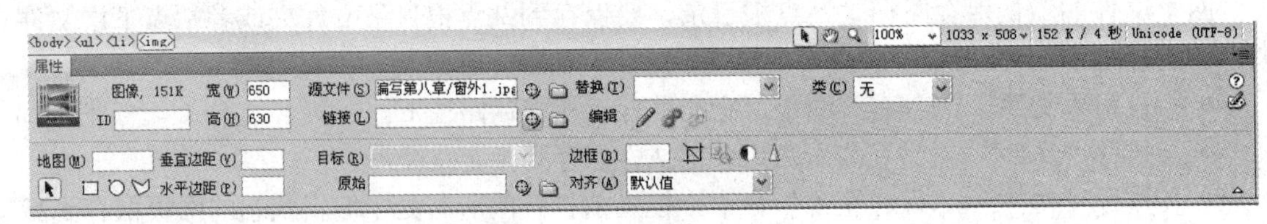

图 9-6 图像格式化操作

9.5.3 网页中 Flash 对象的使用

在网页设计中，插入各种多媒体应用及多媒体元素，使用户能够创建自己的多媒体网页，产生良好的动态视听效果。这里简单介绍 Flash 对象的插入以及格式化操作。

1. Flash 对象的插入

（1）执行“插入”/“媒体”/“SWF”命令，可以插入普通 Flash 动画。

（2）执行“插入”/“媒体”/“FLV”命令，可以插入普通 FLV 视频文件。

2. Flash 对象的格式化

点击插入的 Flash 对象，在“属性”面板中可以设置对象的常规属性，对对象进行格式化操作，如图 9-7 所示。

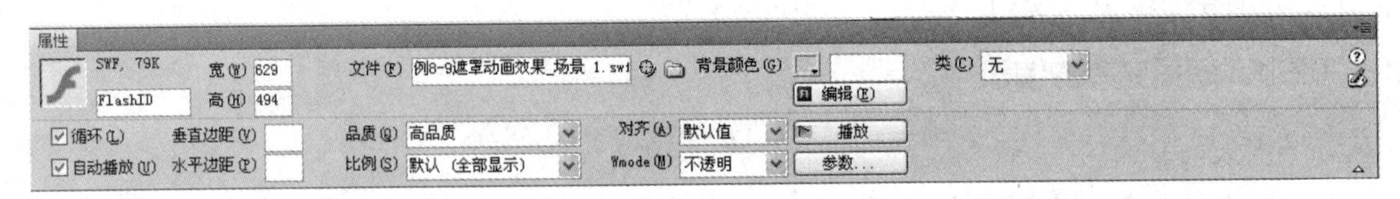

图 9-7 Flash 对象“属性”面板

9.5.4 网页中声音及视频的使用

1. 声音及视频的插入

（1）执行“插入”/“媒体”/“Shockwave”命令，可以插入普通 Shockwave 影片文件、Flash 动画、WMV、RM、MPG 等视频文件。

（2）执行“插入”/“媒体”/“插件”命令，可以插入声音文件。

2. 声音及视频的格式化

点击插入的媒体对象，在属性面板中可以设置对象的常规属性，对对象进行相应格式化操作，如图 9-8 所示。

图 9-8 声音及视频的格式化

9.5.5 超链接

超链接是互联网的精髓，设计好页面之后，根据设计草图所规划的相互关系，就需要对各个页面进行链接，从而把整个网站页面链接为一个整体。有时候也需要对其他系列文件（比如声音、图片文件、动画、PDF 文件等）进行链接，从而达到美化网页或完善网页的效果。

1. 文本超链接

（1）选择需要用来链接的目标文字。

（2）在文本的“属性”面板的“链接”框中直接输入需要链接文件的地址和名称，或者从“属性”面板的“链接”框后面，点击“浏览文件”按钮，直接打开文件所在位置，指向需要链接的文件即可，如图 9-9 所示。也可以执行“插入”/“超级链接”命令，打开“超级链接”对话框完成超链接设置，如图 9-10 所示。

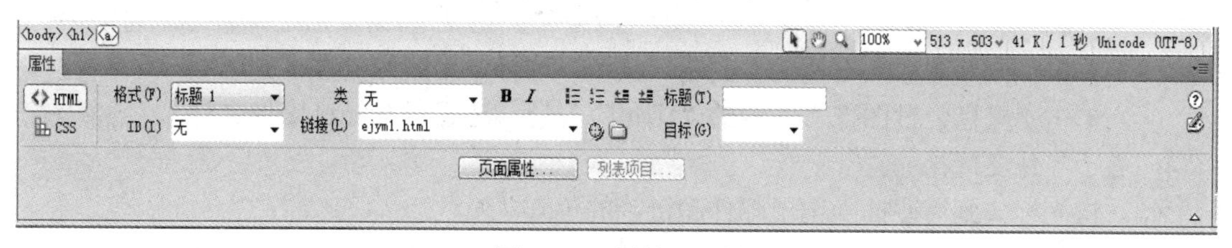

图 9-9　“属性”面板

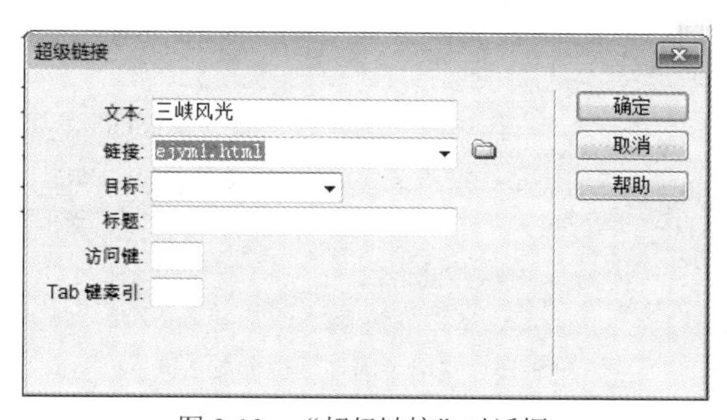

图 9-10　“超级链接”对话框

2. 图像超链接

（1）选择需要用来链接的目标图像。

（2）在图像的“属性”面板的“链接”框中直接输入需要链接文件的地址和名称，或者从“属性”面板的“链接”框后面，点击“浏览文件”按钮，直接打开文件所在位置，指向需要链接的文件即可，如图 9-11 所示。

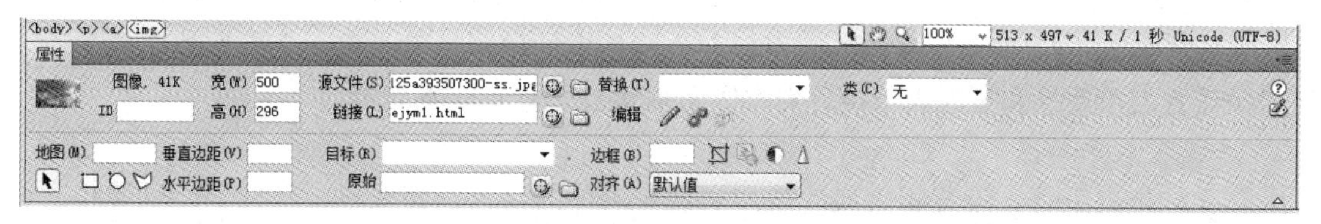

图 9-11　图像超链接

3. 导航条超链接

（1）将光标放到需要插入导航条的位置。

（2）执行“插入”/“图像对象”/“鼠标经过图像”命令，打开如图 9-12 所示对话框。

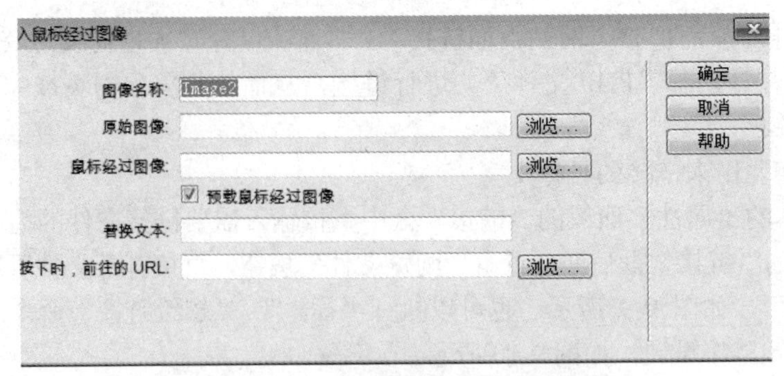

图 9-12 “导航条超链接”对话框

（3）单击“原始图像”右侧的“浏览”按钮，选择原始图像文件。

（4）单击“鼠标经过图像”右侧的“浏览”按钮，选择鼠标经过图像文件。

4. 电子邮件超链接

（1）将光标放到需要插入电子邮件超链接的位置。

（2）执行“插入”/“电子邮件链接”命令，打开如图 9-13 所示对话框。

（3）输入链接文本和电子邮箱地址。

图 9-13 “电子邮件链接”对话框

9.6 网页中表单的使用

表单的使用是通过对表单相关控件的调用，从而实现页面浏览者和网页制作者两者之间的一种信息交互功能。通过后台编码处理，可以实现许多复杂的交互功能，但是这里不述及后台编码的处理，只讲述简单的表单创建和控件调用。

1. 创建表单

执行“插入”/“表单”命令，就可以在光标指定的位置创建表单。表单创建完成之后，还必须设置表单属性和插入表单控件对象才可以运行，具备交互功能。

2. 设置表单属性

将光标指向表单，设置相关属性项，实现对表单的设置。完成对“属性”面板的相应设置之后，就可以插入表单控件了，如图 9-14 所示。“属性”面板各项功能说明如下：

- 表单 ID：是一个表单的命名，用于处理程序调用。
- 方法：传送表单数据的方式。POST 方式是将表单内的数据放在 HTTP 的文件头信息中传送，GET 方式是将表单内的数据直接附加在 URL 地址之后加“?”号传送，该方式常用于将数据传送到数据库中。
- 编码类型：编码类型有两个选项，它们是针对服务器行为的选择。

- 动作：处理表单的程序。
- 目标：反馈信息页面的打开方式。

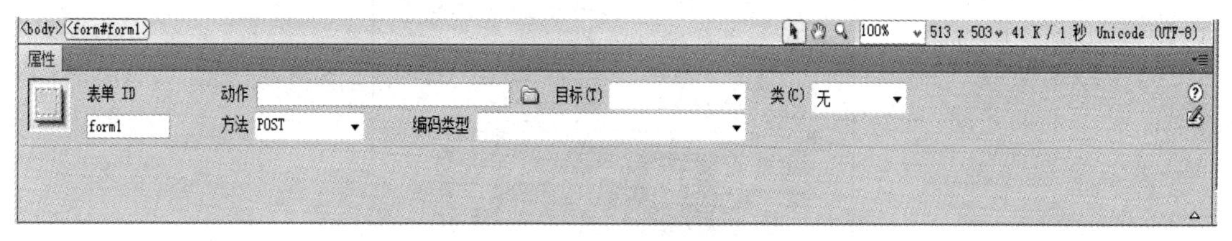

图 9-14　表单属性

3. 插入表单控件对象

表单属性设置完毕之后，还必须插入表单的相关控件和对象，才能完成表单的设置，从而实现相应的交互功能。插入的方法很简单。都是执行“插入”/“表单”命令之后，从其下拉列表中选择相应的对象即可。

（1）文本字段：接受文本字段输入的文本框。

（2）文本区域：接受字母、数字、文本等文本字段输入的文本框，可以接受多行显示，功能和文本字段相似。

（3）复选框：提供一组选项，可以选择其中的一项或者多项。

（4）按钮：用于激活程序。

（5）单选按钮组：可以一次性插入多个单选按钮，其功能等于按钮。

（6）跳转菜单：单击跳转菜单相应的项，可以跳转到对应的页面

（7）图像域：可以使用图形处理软件制作漂亮图片来代替 Dreamweaver 默认按钮。

（8）文件域：提供访问者访问本地计算机文件的通道，并将被访问的文件作为表单数据上传。

9.7　网页设计布局

网页设计布局常见的有表格设计布局页面、布局模式设计布局页面、框架设计布局页面三种基本布局模式，以及三种模式交互的混合模式布局页面。

9.7.1　表格的使用

1. 创建表格

（1）表格的插入

执行“插入”/“表格”命令之后，将弹出“表格”对话框，在相应的位置设置或输入相应数据之后，单击“确定”就插入符合要求的表格。插入表格之后，如果要对某些单元格或者整个表格进行设置，只需选中单元格或者整个表格，修改其属性对话框相关项即可，如图 9-15 所示。

（2）嵌套表格的插入

有时为了布局的需要，在表格里面还需要嵌套表格，我们只需选中要嵌套的单元格位置，然后执行“插入”/“表格”命令，就会弹出“表格插入”对话框，输入相关选项之后，就可以插入嵌套表格，对嵌入表格的设置和基本表格的设置完全一致。

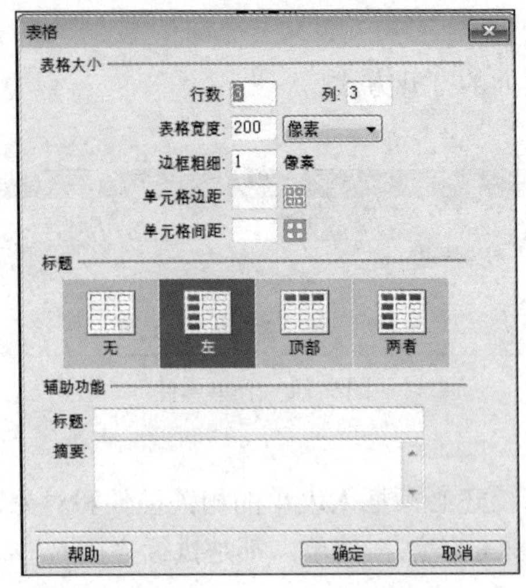

图 9-15 “表格”对话框

2. 在表格单元格中添加内容

表格的单元格里面可以添加文本、图像以及其他内容。添加的方法很简单，直接将光标移到单元格，如果要添加文本，直接录入，如果要添加图像或其他内容，就插入相应内容。

3. 编辑表格

（1）选择表格：直接单击表格就可以选中表格。

（2）单元格的拆分：选中要拆分的单元格，单击右键，执行“表格”/“拆分单元格”命令之后，将弹出“拆分单元格”对话框，输入相应值就可以拆分单元格。

（3）单元格的合并：选中要合并的单元格，单击右键，执行“表格”/“合并单元格”命令之后，就完成单元格的合并。

（4）添加和删除行或列：选中要删除的行或列，单击右键，执行“表格”/“删除行”或者“删除列”命令之后，就可以完成表格行或列的删除；选中要插入行或列的位置，单击右键，执行“表格”/“插入行”（或者“插入列”）命令之后，就可以完成表格行或列的添加。

（5）表格属性设置：选中要设置的表格，在其属性对话框中就可以完成一系列表格的属性设置。

（6）单元格属性设置：选中要设置的单元格，在其属性对话框中就可以完成单元格属性的设置。

9.7.2 框架的使用

通过框架布局，可以在一个浏览器窗口下把网页划分为多个自由的区域，从而使页面结构更加清晰，各个框架之间布局结构灵活、互不干扰。

1. 框架的创建

（1）执行“插入”/“HTML 框架”操作，可在弹出的对话框中选择对应的框架插入。

（2）在弹出的对话框中选择框架右侧文本框中下拉列表内容，即可完成对应的框架创建。其中 mainFrame 表示主框架，leftFrame 表示左侧框架，bottomFrame 表示底部框架，rightFrame 表示右侧框架。

（3）选择框架之间的分隔线，选中各框架，执行“文件”/“保存框架”命令，分别保存各框架。

2. 选择框架

（1）在“框架”面板中选择框架，执行“窗口”/“框架”操作，可以灵活选择部分或全部框架。

（2）在文档窗口中选择框架，在设计视图选中框架后，其边框被虚线环绕。

3. 设置框架属性

选中框架之后，在属性对话框中可以设置相关的框架属性，如边框宽度、边框颜色、边框行列选定范围、像素、百分比等。

9.8　网页的发布

网页制作完成之后，就要进行完整的测试，一般是在本地测试。测试完成之后就可以进行发布，发布出去的网页若需要修改或者添加，管理员可以在线进行后台维护，也可以在本地修改之后上传更新。

9.8.1　站点测试

（1）在本地对站点下所有页面进行运行测试，看是否能完整运行。

（2）将整个站点复制到其他位置，用浏览器浏览测试，看是否能完整运行。

（3）修改电脑分辨率进行测试，看页面是否能完整显示。

9.8.2　站点发布

（1）申请域名。现在的域名一般都需要支付一定的费用，首先查询你要申请的域名是否被人注册，若没有注册，就可以申请。

（2）域名注册之后，还需要申请网络空间，然后才能把你的网站上传到网络空间，进行维护和管理。下面以在西部数码网络空间申请“云南泉中泉”虚拟空间为例，简述空间申请与站点发布。

1）空间申请，第一步，先注册用户，如图 9-16 所示。

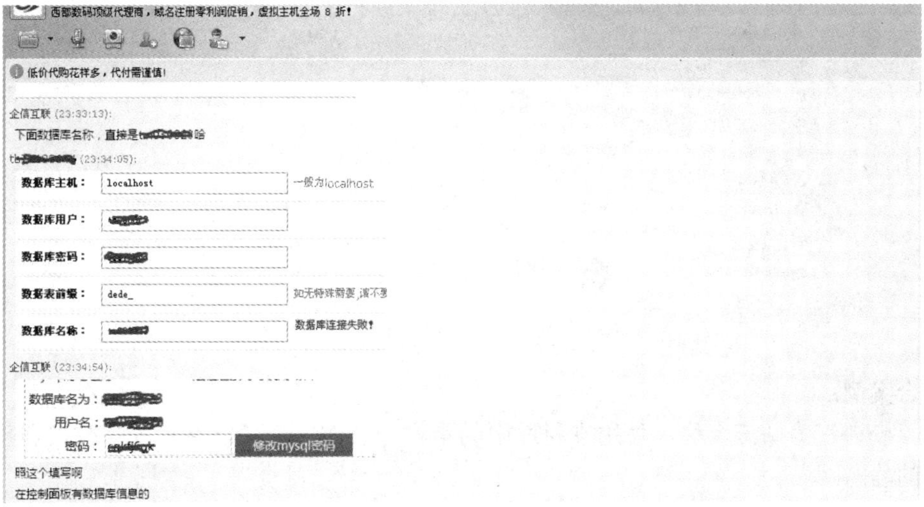

图 9-16　用户注册

2）申请付费之后，获得空间，虚拟主机管理界面如图 9-17 所示。

图 9-17　空间获得

3）获得空间之后就可以上传站点文件，发布你的站点，并通过独立主机控制面板管理你的主机，如图 9-18 所示。

图 9-18　主机管理

综合案例：

以“校训”为站点名称，使用素材库中的素材，制作一个可以展示各高校校训特点和校园名人的静态网站。

操作步骤如下。

1. 首先构思出网站草图（如图 9-19 所示）

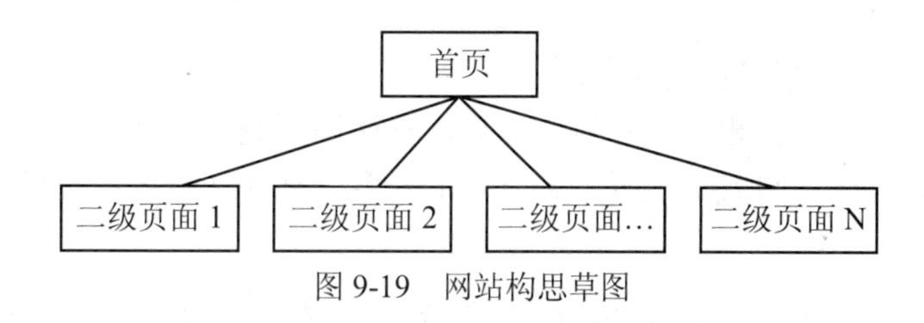

图 9-19　网站构思草图

2. 站点建立

（1）打开 Dreamweaver，执行“站点”/“新建站点”命令，打开“站点新建”对话框。

（2）在“站点名称”文本框输入“校训”，如图 9-20 所示。

图 9-20　新建站点

（3）在“本地站点文件夹”右侧，单击“浏览文件夹”图标，选择你的站点需要存放的位置，如图 9-21 所示。

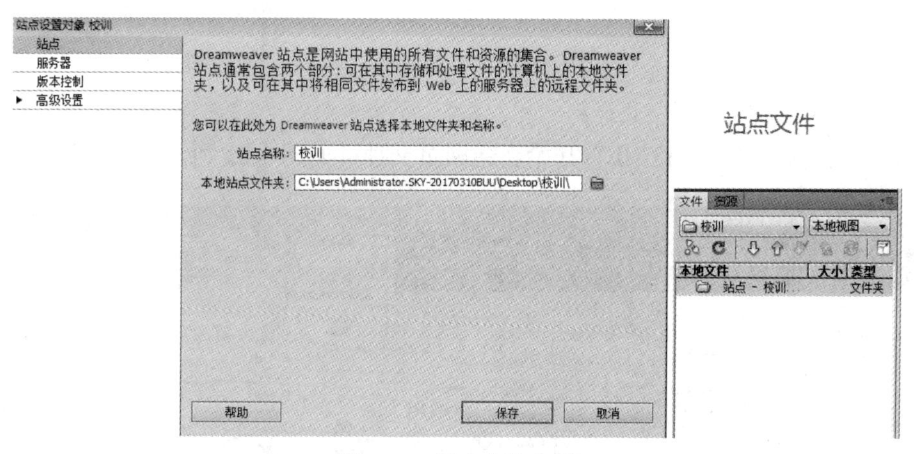

图 9-21　站点存储位置

（4）单击右上角的“创建新文件夹”图标，新建文件夹，并重命名为“校训”。

（5）选择“校训”文件夹，单击右下角的“打开”按钮。

（6）单击“选择”按钮，回到图 9-21 所示对话框，此时站点文件夹已指向新建的“校训”文件夹。

（7）单击“保存”，此时在右下角出现站点基本信息，如图 9-21 所示。

3. 站点素材文件的导入

（1）回到站点文件夹位置，打开文件夹。

（2）在站点文件夹下面根据网页制作需要，按照网页制作类型新建相关文件夹（最好用英文命名），用于分类放置网页制作所需素材，如图 9-22 所示（根据需要可新建部分或者更多文件夹）。

提示 若网页制作过程中有需要临时补充的素材，也必须先放置到该站点文件夹下面，才能正常使用，否则会导致网页运行出错。

（3）将准备好的网页素材分类复制到站点文件夹下的类目文件夹中。

（4）此时我们将看到图 9-22 所示的站点文件已经显示出站点下分类文件夹。

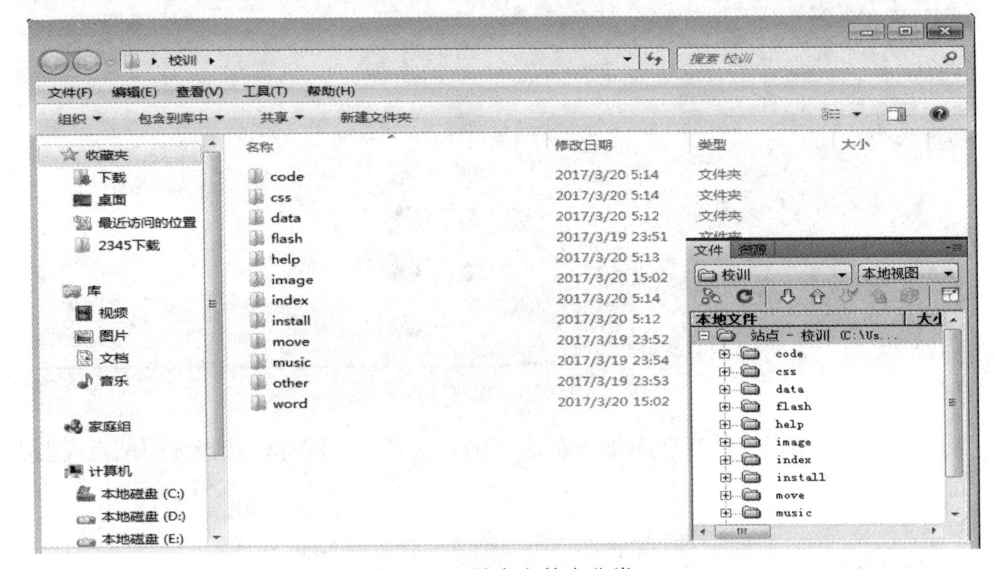

图 9-22 站点文件夹分类

4. 新建页面文件

（1）单击“新建”/“HTML”开始新建网页文件，如图 9-23 所示。

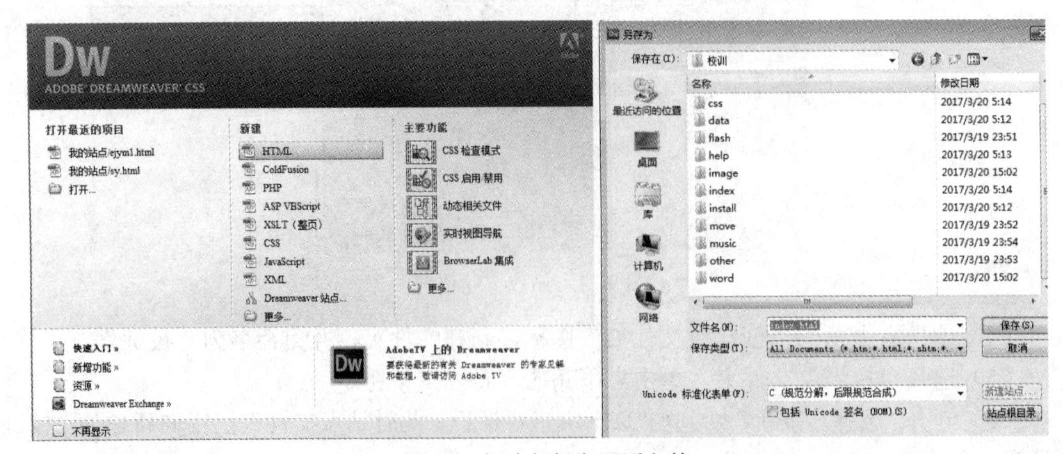

图 9-23 新建与保存网页文件

（2）执行“文件”/“另存为”命令，将首页页面命名为“index.html”并保存在站点根目录下，如图 9-23 所示。

（3）用同样的方法一次性新建好其他二级页面，以学校声母简称的小写字母命名，并保存到站点下的“other”文件夹下面。

5．页面布局

（1）用表格布局模式布局网页头部文件。打开首页文件“index.html”，采用表格布局页面头部文件。执行“插入”/“表格”命令，打开“表格”对话框，插入一个 3 行 1 列的表格，设置表格宽度为 100%，边框粗细为 0，标题设置为顶部，单击“确定”，如图 9-24 所示。

图 9-24　表格布局

（2）选中第二行表格，执行“右键”/“表格”/“拆分单元格”命令，将表格拆分为 12 列。

（3）选择第二行，设置单元格属性，将行高设置为 30 像素，对文字和单元格底纹颜色适当调整，使整个头部文字看起来稍微美观些。

（4）选中第一行，设置高度属性为 120 像素。

（5）在第一行插入素材中的“头文件.jpg”，适当调整，如图 9-25 所示。

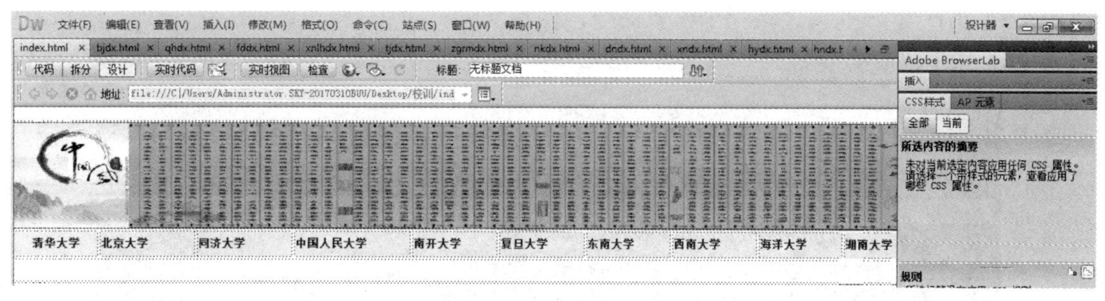

图 9-25　插入头文件图像

6．头文件格式设置

（1）打开上述布局好的页面，选中第二行第一个单元格，执行“插入”/“图像对象”/“鼠标经过图像”命令，打开如图 9-26 所示对话框。

（2）在图 9-26 所示对话框的原始图像，鼠标经过图像，按下时，前往的 URL 三个选项，分别单击右侧的“浏览”按钮，打开首页 1、首页 2、index.html，单击“确定”。

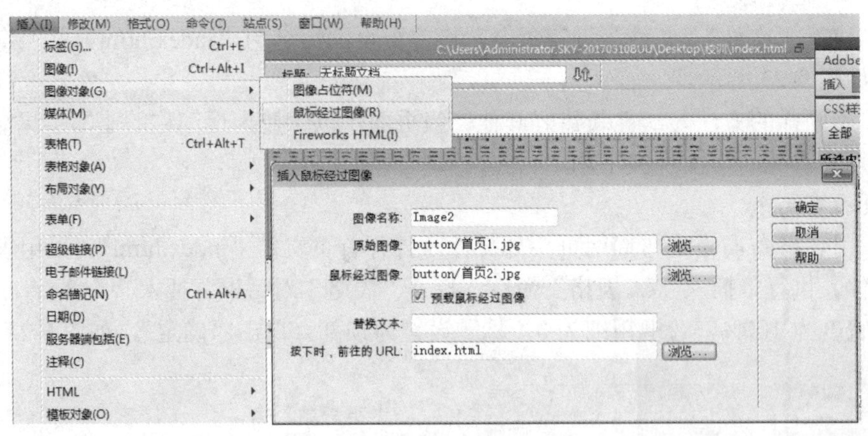

图 9-26　插入鼠标经过图像

（3）用同样的方法完成其他对应名称的操作。

（4）选择首页文件 index.html，执行“文件”/“另存为”命令，分别将首页文件“index.html”另存为其他页面，弹出的对话框时要选择覆盖已有文件选项，从而达到覆盖其他源文件页面，一次性构建其他页面头部框架的效果。

（5）执行“文件”/“保存全部”命令，保存所有页面。

（6）按 F12 键预览效果。

7. 创建普通 AP Div 布局首页文件

（1）执行“插入”/“布局对象”/“AP Div”命令。

（2）在首页页面的左端绘制一个适当大小的文本框，将站点文件夹下面“word”文件夹下面的“校训”文件内文字复制过来，粘贴到左边单元格。并适当做删减，以内容充实又美观为原则。

（3）用同样的方法，再绘制一个“AP Div”对象框，并将“竹简天安门.jpg”图像插入到框内，适当调整大小。

（4）用同样的方法在页面底部靠中间位置，再绘制一个“AP Div”对象框，并输入文字“版权所有：计算机基础教研室 2017 年 3 月”，适当调整页面背景颜色。

（5）执行“文件”/“保存全部”命令，保存文件。

（6）按 F12 键预览效果。效果如图 9-27 所示。

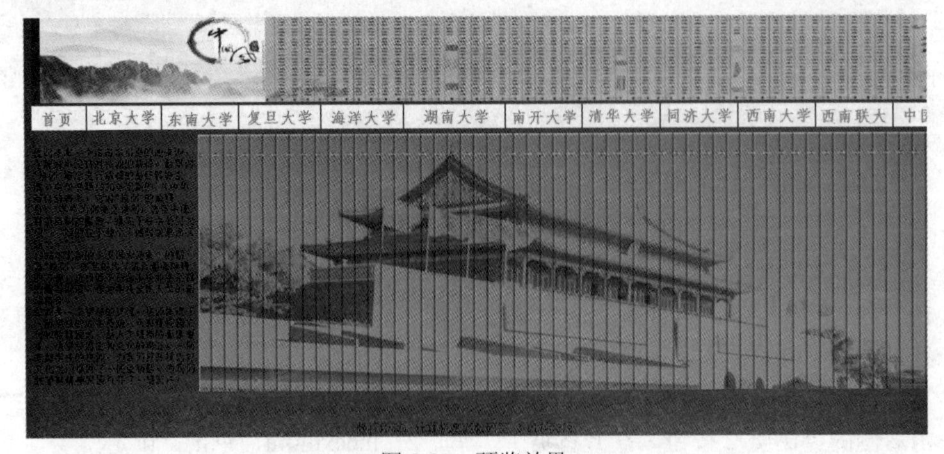

图 9-27　预览效果

8. 布局其他二级页面

（1）打开“bjdx.html”文件。

（2）选中表格第三行，输入文字“校训：爱国 进步 民主 科学”。

（3）设置“页面属性”对话框中的文本颜色和背景颜色，如图 9-28 所示。

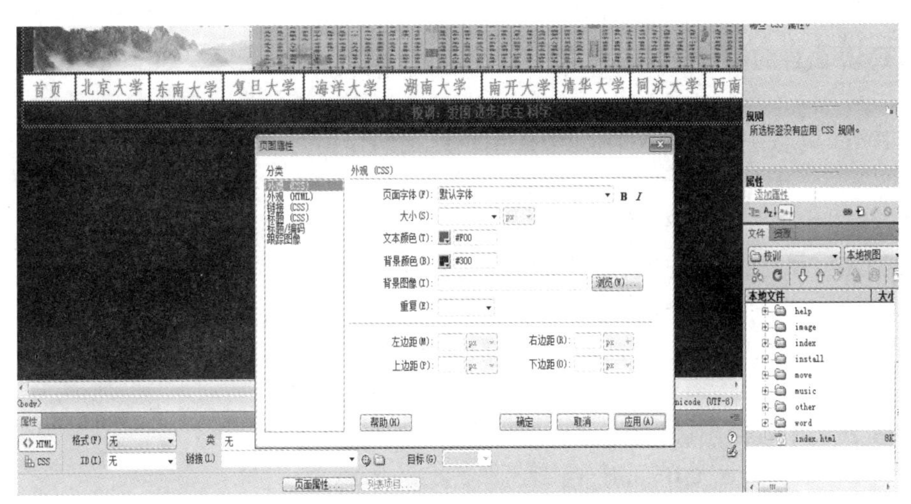

图 9-28　页面属性设置

（4）用创建普通 AP Div 布局方法布局中部和底部文件，效果如图 9-28 所示。

（5）执行“文件”/“保存全部”命令，完成文件的保存。

（6）按 F12 键运行页面。效果如图 9-29 所示。

图 9-29　二级页面效果图

仿照上述方法，用所给素材自由布局其他页面。

提示

若网页制作过程中对表格、图像、AP Div 对象的属性进行了设置，如果以像素定义宽高尺寸，则网页换不同显示器显示时，网页文件不会自动随显示器像素变化而自动变化，会存在显示不全或者显示很难看的情况；如果以百分比定义宽高，则无论在任何情况下显示都会自动按照定义好的比例自动调整。

习　　题

一、判断题

1．HTML 语言的标记是区分文本各个组成部分的分界符。　（　　）

A．对　　B．错

2．HTML 语言中的<HEAD>…</HEAD>标记的作用是通知浏览器该文件含有 HTML 标记。　（　　）

A．对　　B．错

3．站点是一系列通过各种链接关联起来的逻辑上可以视为一个整体的网页。　（　　）

A．对　　B．错

4．单击导航条上的链接，就可以跳转到相应的页面进行浏览。　（　　）

A．对　　B．错

5．表单是一个容器，只有在表单中添加了表单对象后才能使用。　（　　）

A．对　　B．错

二、选择题

1．HTML 语言中<HTML>标记是通知浏览器该文件含有（　　）。

A．网页标题　　B．HTML 标记

C．超级链接信息　　D．图形

2．“代码”视图是一个用于编写和编辑（　　）语言代码的手工编码环境。

A．Excel　　B．Word　　C．FoxPro　　D．HTML

3．“属性检查器”（　　）所选对象或文本的各种属性。

A．可查看和更改　　B．可查看但不能更改

C．不可查看也不能更改　　D．以上都不对

4．格式化文本时在“字体”下拉列表框中包含一个或多个字体组合，中间用（　　）分隔。

A．冒号　　B．逗号　　C．破折号　　D．分号

5．格式化文本时字体大小的度量单位有（　　）。

A．像素、厘米、点数、英尺等　　B．英寸、厘米、点数、米等

C．像素、厘米、点数、市尺等　　D．像素、厘米、点数、英寸等

6．在“电子邮件链接”对话框中，在“文本”文本框中输入（　　）。

A．空白

B．电子邮件地址

C．用于超链接的文本和电子邮件地址

D．用于超链接的文本

7．要插入 Flash 按钮，则在“插入 Flash 按钮”对话框中的“按钮文本”文本框中输入（　　）。

A．Flash 按钮的文件名　　B．要显示在按钮上的文本

C．要链接的文本　　D．以上都不对

8．表格创建后在单元格中可以插入（　　）。

A．文本、图像　　B．动画　　C．表格　　D．以上都对

9．“合并单元格”功能可以将（　　）。

A．一行单元格合并为一个　　B．一列单元格合并为一个

C．一个矩形区的单元格合并为一个　　D．以上都对

10．在“文档”窗口中选中框架应执行按住（　　）键的同时单击某个框架即可以选择该框架。

A．Alt　　B．Ctrl　　C．Shift　　D．Alt+Ctrl

三、填空题

1．站点也是一种文档的________组织形式，它同样是由文档和文档所在的文件夹组成。

2．导航条能十分有效地实现超链接功能，它总结了整个站点主要页面的________，通过单击导航条上的链接，就可以跳转到相应的页面进行浏览。

3．所谓电子邮件超链接就是指当浏览者单击该超链接时，系统会启动客户端________程序。

4．视频可被下载给用户，或者可以在下载它的同时________它。

5．用 HTML 语言写的页面是普通的________文档，它可以被任何文本编辑器读取。

参考文献

[1]　王爱民．大学计算机基础[M]．北京：高等教育出版社，2002．
[2]　张洪明．大学计算机基础[M]．昆明：云南大学出版社，2013．
[3]　舒望皎．大学计算机应用基础教程[M]．北京：人民大学出版社，2010．
[4]　刘文平．大学计算机基础[M]．北京：中国铁道出版社，2012．
[5]　陈秀峰．Word 2010 从入门到精通[M]．北京：人民邮电出版社，2010．
[6]　梁先宇．计算机应用基础实训及习题[M]．北京：北京理工大学出版社，2008．
[7]　高传善．计算机网络教程[M]．北京：高等教育出版社，2013．
[8]　刘东杰．大学计算机基础[M]．北京：中国铁道出版社，2016．
[9]　景凯．计算机应用基础[M]．北京：中国水利水电出版社，2014．
[10]　陆家春．大学计算机文化基础．北京：北京交通大学出版社，2010．
[11]　傅晓锋．局域网组建与维护实用教程．北京：清华大学出版社，2011．
[12]　陈伟，王巍．计算机文化基础．北京：清华大学出版社，2012．
[13]　蔡平，王志强，李坚强．计算机导论．北京：电子工业出版社，2012．
[14]　武春岭．信息安全技术与实施．北京：电子工业出版社，2012．
[15]　吴东伟．Dreamweaver CS6 从新手到高手[M]．北京：清华大学出版社，2015．
[16]　张顺利．Flash CS6 动画制作入门与进阶[M]．北京：机械工业出版社，2015．
[17]　容会．办公自动化案例教程[M]．北京：中国铁道出版社，2016．
[18]　陈国良．大学计算机——计算思维视觉[M]．北京：高等教育出版社，2014．
[19]　李涛．Photoshop CS5 中文版案例教程[M]．北京：高等教育出版社，2012．
[20]　徐日．Access 2010 数据库应用与实践[M]．北京：清华大学出版社，2014．